地球信息科学基础丛书

无人机地理影像直播技术

张永生 于 英 薛 武 著

科学出版社

北 京

内 容 简 介

本书对无人机地理影像直播从数据获取到数据处理全流程涉及的核心技术进行了比较详细的论述和介绍，主要包括无人机三轴陀螺稳定云台与光电吊舱、相机内参数标定、多传感器几何标定、无人机视频地理信息直播、无人机影像多视特征提取与匹配、区域网平差、立体影像密集匹配、数字正射微分纠正等方面的理论和方法等。本书对所有技术方法既有比较完整的理论阐述，又有具体的实验分析。书中所介绍的技术方法主要为满足无人机地理影像直播中的数据处理速度方面需求，并在一定程度上兼顾精度指标。

本书可供遥感、测绘、导航、地理空间信息、地理空间情报、无人机应用等领域的科研工作者、相关学科专业的高年级本科生、研究生阅读参考。

图书在版编目(CIP)数据

无人机地理影像直播技术/张永生，于英，薛武著. —北京：科学出版社，
2020.3

(地球信息科学基础丛书)

ISBN 978-7-03-064505-0

Ⅰ. ①无⋯　Ⅱ. ①张⋯　②于⋯　③薛⋯　Ⅲ. ①无人驾驶飞机–航空摄影测量–遥感图象–数字图象处理　Ⅳ. ①P231

中国版本图书馆 CIP 数据核字(2020)第 031127 号

责任编辑：李秋艳　张力群/责任校对：樊雅琼
责任印制：吴兆东/封面设计：图阅社

科 学 出 版 社 出版
北京东黄城根北街 16 号
邮政编码：100717
http://www.sciencep.com

北京虎彩文化传播有限公司 印刷
科学出版社发行　各地新华书店经销

*

2020 年 3 月第 一 版　开本：787×1092　1/16
2021 年 4 月第三次印刷　印张：15
字数：350 000

定价：129.00 元
(如有印装质量问题，我社负责调换)

前　言

在灾害监测、抢险救援、反恐维稳、重大群体行动等场合，对事件发生和演化的现场需要进行实时监视、目标跟踪与三维定位，以及快速实施定量化评估。传统基础测绘所沿用的数据采集与处理流程、地理信息延时或滞后服务的保障模式，已经难以满足对任务或事件快速反应、精确评估、科学决策、有效应对的较高要求。因此，探索地理空间信息直接服务、甚至直播服务的新思路，构建地理空间信息快速响应的技术体系，成为摆在我们面前不容回避、不可懈怠的重要任务。

纵观航空航天遥感测绘的发展，不难看出经典的航空航天遥感总体上是以满足静态基础测绘要求，以可延时、预分工、多步骤测绘作业的模式发展的。而在应对动态测绘、应急保障的新要求时，现有技术手段则显得捉襟见肘。这种状况正在迅速推动无人飞行器在动态测绘领域的技术发展。无人机特别是旋翼无人机作为一种灵活性、机动性兼备的灵动型飞行观测平台，其在观测区域上空悬停和绕飞的能力，有利于对目标区连续观测、凝视观察和动态跟踪成像，显然是地理影像直播技术的首选遥感平台。针对这一现实需求，我们于 2011 年率先提出"现场直播式地理空间信息服务的构想与体系"，并得到"十二五"装备预先研究项目(编号：40601020104)的重点支持。在合作伙伴的通力配合下，历时五年在理论方法、关键技术、装备试验等方面取得重要突破，本书正是对该项研究的全面总结。本书的编写，既注重基础理论和核心技术，也十分重视实用技术和试验测试方法手段，多项相关的理论技术成果已经在实践中进行了应用和验证。本书的初稿作为教学材料，已在中国人民解放军战略支援部队信息工程大学的研究生、本科生教学中试用近五年，并进行多次修编和完善。

本书是作者所在课题组近几年在无人机地理影像直播技术方面的学术科研成果的总结，在写作过程中也参考、借鉴、吸收了国内外同行的研究成果和有益经验。中国人民解放军战略支援部队信息工程大学张强、莫德林、戴晨光、王涛、董广军、纪松、李磊，中国船舶重工集团第七一七研究所张建民，天津全华时代航天科技发展公司田凯，中国人民解放军总参谋部第六十研究所张冠辉，对本书的完成也有贡献，在此一并表示感谢。限于作者的专业范围、技术视野和学术水平，疏漏和不当之处在所难免，敬请读者批评指正。

作　者

2019 年 12 月

目　录

第1章 绪 论

随着国家经济社会发展，开展广泛精确的对地观测技术研究，为宏观决策和各行业经济建设提供地理空间数据支撑，是测绘地理信息部门的重要任务。同样，我国国防和军队建设取得了长足进步，面对战场环境构建和变化监测的需求，构建更加可靠迅捷的对地观测技术手段，为军事斗争准备提供信息支撑，也是摆在测绘地理信息工作者面前十分重要的任务。从载荷平台高度的角度来看，对地观测技术手段大体上可以分为卫星、航测大飞机和无人机。比较理想的策略是，充分发挥不同遥感平台的优势，在大的空间范围内，发挥卫星影像和航测大飞机影像宽覆盖、大范围的优势，作为基础数据进行宏观分析，对于局部"热点"区域，利用时效性更好、空间分辨率和定位精度更高的无人机影像进行重点监测。

1.1 无人机的基本概念

1.1.1 无人机定义

无人机英文缩写为 UAV (unmanned aerial vehicles)，其应用已从最初的军事领域扩展到民用领域，甚至用于个人消费，"无人机+"产业正掀起一波发展浪潮。关于无人机的定义，目前没有统一的说法，不同的应用领域根据生产工艺、任务需求的不同，对无人机的定义有所差异。

2002 年 1 月美国联合出版社出版的《国防部词典》中，对无人机的解释为：无人机是指不搭载操作人员的一种动力空中飞行器，采用空气动力为飞行器提供所需的升力，能够自动飞行或进行远程引导；既能一次性使用也能进行回收；能够携带致命性或非致命性有效载荷。

2004 年《中国大百科全书·航空航天卷》将无人驾驶飞机定义为：无驾驶员或"驾驶"(控制)员不在机内的飞机，简称无人机；把飞机定义为由动力装置产生前进推力，由固定机翼产生升力，在大气层中飞行的重于空气的航空器。这种定义将无人直升机等排除在外，局限为固定翼无人机。

2015 年 12 月测绘出版社出版的《无人机测绘技术及应用》一书中，将无人机定义为一种由动力驱动，机上无人驾驶，可自主飞行或遥控飞行，能携带任务载荷，可重复使用的航空器。

事实上，从当前无人机应用技术现状和未来发展趋势来看，可认为无人机就是无人驾驶航空器的简称，其涉及航空动力推进技术、传感器技术、通信技术、智能控制技术和智能信息处理等技术。对遥感领域而言，无人机越来越成为对地观测任务载荷的常用平台。

1.1.2 无人机分类

国内外无人机相关技术飞速发展，无人机系统种类繁多、用途广泛、特点鲜明，致使其在尺寸、质量、航程、航时、飞行高度、飞行速度、任务等多方面都有较大差异。因此，无人机根据不同场景、平台、应用方式，可进行不同分类。

1. 应用领域

按应用领域分类，无人机可分为军用和民用两大类。

(1)军用无人机，根据不同的军事用途和作战任务，无人机又可分为靶机、无人侦察机、无人战斗机、通信中继无人机、诱饵无人机、电子对抗无人机和校射引导机等类别。

(2)民用无人机，可分为遥感测绘无人机、环境污染监测无人机、灾情调查无人机、气象探测无人机、治安巡逻无人机和通信中继无人机等。

2. 军事

根据无人机参与军事的规模和级别，一般可分为战略、战役和战术三个层次。

(1)战略型无人机，即执行有关国家安全和战争全局行动的无人机，一般为高空、长航时无人机。

(2)战役型无人机，即执行军、师、旅、团级别战役级行动、获取所需信息的无人机，一般为中空、中程、短程无人机。

(3)战术型无人机，即执行营、连以下部队战术级行动、获取所需信息的无人机，一般为近程无人机。

3. 航程

航程是无人机的重要性能指标，指无人机起飞后中途不加油所能飞越的最大距离。一般而言的任务半径指顺利完成指定任务的最大距离，一般是最大航程的 25%～40%。按任务半径或续航时间分类，可分为近程、短程、中程和远程无人机四种。

(1)近程无人机，任务半径一般在 30km 以内，续航时间 2～3h。

(2)短程无人机，任务半径一般为 30～150km，续航时间 3～12h。

(3)中程无人机，任务半径一般为 150～650km，续航时间 12～24h。

(4)远程无人机，任务半径一般在 650km 以上，续航时间 24h 以上。

4. 飞行高度

按无人机任务飞行高度分类，可将其分为超低空无人机、低空无人机、中空无人机、高空无人机和超高空无人机。

(1)超低空无人机，任务高度一般为 0～100m。

(2)低空无人机，任务高度一般为 100～1000m。

(3)中空无人机，任务高度一般为 1000～7000m。

(4)高空无人机，任务高度一般为 7000～18000m。

(5)超高空无人机,任务高度一般大于 18000m。

5. 大小和质量

无人机按尺寸大小或质量可分为微型无人机、轻型无人机、小型无人机和大型无人机。

(1)微型无人机是指空机质量小于等于 7kg。

(2)轻型无人机质量大于 7kg,但小于等于 116 kg 的无人机,且全马力平飞中,校正空速小于 100km/h,升限小于 3000m。

(3)小型无人机,是指空机质量小于等于 5700kg 的无人机,微型和轻型无人机除外。

(4)大型无人机,是指空机质量大于 5700kg 的无人机。

6. 飞行速度

无人机按飞行速度可分为亚音速[①]无人机、超音速无人机和高超音速无人机。

(1)亚音速无人机:航速小于 1 马赫[②]的无人机。

(2)超音速无人机:航速为 1~5 马赫的无人机。

(3)高超音速无人机(high supersonic speed plane):是依靠气升动力,以 5 倍音速以上的速度长时间在大气中稳定飞行的无人机。

7. 飞行方式

无人机按飞行方式可分为固定翼无人机、旋翼无人机、扑翼无人机和飞艇等。

(1)固定翼无人机是指机翼外端后掠角可随速度自动或手动调整的机翼固定的一类无人飞行器。

(2)旋翼无人机是指能够垂直起降,以一个或多个螺旋桨作为动力装置的无人飞行器。

(3)扑翼无人机是模仿昆虫和小鸟通过扑动机翼产生升力进行飞机的无人飞行器。

(4)飞艇是依靠密度小于空气的气体的静升力而升空的无人飞行器。

1.1.3 无人机的前世今生

无人机的诞生可以追溯到第一次世界大战,1914 年,英国的卡德尔和皮切尔两位将军,向英国军事航空学会提出了一项建议,研制一种不用人驾驶,而仅用无线电操纵的小型飞机向敌方目标投弹。这项建议很快得到当时英国军事航空学会理事长戴·亨德森爵士认可,并指定由 A.M.洛(A. M. Low)教授负责研制。A.M.洛于 1916 年研制出了"空中目标(aerial target)"无人飞行器,但由于试飞失败,"空中目标"无人飞行器并没有真正用于第一次世界大战(Taylor, 1977)。20 世纪 30 年代,英国皇家海军研制了一种"女王蜂(the queen bee)"无人机,该无人机巡航速度为 160km/h,用于飞行员打靶练习。

① 音速:音速约为每秒钟 340 米。

② 马赫:超高速单位,物体运动的速度与音速的比值为马赫或马赫数。

在第二次世界大战中，纳粹德国实施了一项"复仇武器1（the revenge weapon 1）"项目，专门用于对付非军事目标，其中最出名的是V-1无人机，翼展6m，机身长度7.6m，巡航速度804km/h，作战半径241km，可携带907kg炸弹。V-1无人机曾在英国造成了900平民死亡和35000平民受伤。

美国第一架无人机系统（unmanned aircraft system，UAS）出现在1959年，当时简称RPV，这是美国空军为了减少飞行员损失而实施的一项秘密计划，该计划因1960年被苏联击落一架U2无人机而得以公开。随后，美国实施了代号"红色马车（red wagon）"的高级无人机项目，1964年8月2~4日，在美国与越南的北部湾海战中，"红色马车"首次参战。在1973年2月26日美国国防部在众议院拨款委员会上作证，首次证实在越南战争中动用无人机3435架次，共损失554架无人机。

1973年第四次中东战争，叙利亚的导弹给以色列飞行员造成了重大威胁。以色列从美国获得了莱恩火蜂（Ryan firebees）无人机用于诱发埃及的防空导弹，并取得了很好的诱骗效果。之后，以色列加大了无人机的发展，并取得长足发展，在1982年黎巴嫩战争中，以色列实现了飞行员零伤亡。

20世纪80年代到90年代，无人机技术进入完善和小型化阶段。期间，以色列无人机技术得到美国国防部认可，美国海军采购的以色列"先锋（pioneer）无人机"，该无人机在1991年海湾战争中得到了应用。无人机已从最初的实时监视用无人机发展到无人作战用无人机，截止到2008年美国出动无人机5331架次，是同期有人机出动架次的2倍（Singer，2009）。其中的佼佼者当属通用原子公司的MQ-1"捕食者（predator）"和"全球鹰（global hawk）"无人机，"捕食者"的航程达3704km，巡航速度为130~165km/h，实用升限7620m，装备地狱火导弹，可以摧毁任何被其锁定的目标，此外，"捕食者"能够向指定目标发起激光攻击，从2005年6月到2006年6月，"捕食者"执行2073次任务，且单独出动对目标发起攻击达242架次（Singer，2009）。与"捕食者"不同，"全球鹰"是真正意义上的侦查无人机，虽然不具备攻击能力，但是"全球鹰"的航程达25000km，航速达650km/h，实用升限20000m，滞空时间41h，可实现洲际航行。全球鹰几乎全自主运行，用户只需点击"起飞"和"着陆"按钮，无人机通过GPS自主导航和通信卫星实时回传自身方位信息。此外，另一些无人机朝着微型化方向发展，它们可以从一个人的手中被掷出，可以在城市街区自由飞行，这类无人机被称为"乌鸦（ravens）"（Singer，2009）。"乌鸦"在局部战争地区，如伊拉克特别有用，能及时发现隐藏在街区中的叛乱分子和埋伏。

美国占据着世界军用无人机发展的制高点，并引领世界无人机的发展方向。以色列起步较早，并在战术无人机、长航时无人机方面具有特色和优势；欧洲各国奋起直追；中国作为后起之秀成长迅速。但是近些年随着无人机向无人机系统方向快速发展，中国已跻身无人机系统强国之列，并涌现了一系列性能优异的机型，受到国际买家的青睐。全球防务市场，以"翼龙"为代表的由中国自主研制的先进的军民两用无人机成为欧美同量级产品中最大的挑战者。

除了军用领域，民用领域同样也是风起云涌。21世纪初，由于原来的无人机体积较大，目标明显且不易于携带，所以研制出了迷你无人机，机型更加小巧、性能更加稳定，一个背包就可搞定。同时无人机更加优秀的技能，催发了民用无人机的诞生。2006 年，影响世界民用无人机格局的大疆无人机公司成立，先后推出的 Phantom 系列无人机，在世界范围内产生深远影响，帮助汪峰成功抢到头条就是大疆公司的产品，研制的 Phantom 2 Vision+还在 2014 年入选《时代》杂志。2009 年，美国加州 3DRobotics 无人机公司成立，这是一家最初主要制造和销售 DIY 类遥控飞行器(UAV)的相关零部件的公司，在 2014 年推出 X8+四轴飞行器后而名声大噪，目前已经成长为与中国大疆相媲美的无人机公司。2014 年，开源无人机飞控取得了进一步突破式的进展，除了 PIXHawk 的推出外，DroneCode 在这一年发布。2014 年，一款用于自拍的无人机 Zano 诞生，曾经被称为无人机市场上的 iPhone。2015 年是无人机飞速发展的一年，国内极飞、亿航、3D Robotics、深圳艾特、大疆、北方天途等各大运营生产商融资成功，为无人机的发展创造了十分有利的条件，还上线了第一个无人机在线社区(飞兽社区)。2016 年底，百度地图在"智能出行新启点"生态大会上展示了"下一代地图"在虚拟现实化、智能化、共享化、全球化四大方面的变革与创新。会上，发布了极具未来感的 3D 地图。百度地图采用无人机航拍采集影像，借助 3D 重建技术，360 度还原真实世界。这是国内首次在地图应用实现真实 3D，是百度"下一代地图"在刻画真实世界方面取得的一大突破，而无人机采集影像成为实现该项技术的关键点。

近年来，随着市场需求的不断增长，民用无人机逐渐走入了人们的视野，民用无人机被广泛应用于农业、商业、基建、能源和医疗等各个领域。农业领域，无人机被用于农药喷洒、农情监测、农田播种等；商业领域，无人机被用于快递运送、影视拍摄、广告宣传等；基建领域，无人机被用于城市遥感测绘、环境检测、搜索救援等；能源领域，无人机被用于燃气管道检查、地球资源勘探、石油管道巡线等。

1.1.4　无人机的发展趋势

根据应用领域的不同，未来无人机的发展趋势一般分为军用和民用两个方面进行讨论，但需要注意的是由于军民融合的深度发展，无人机的发展趋势也是交叉的。

首先，大力发展军用无人机已成为世界各军事大国发展武器装备的共识，可以预见未来军用无人机的发展正呈现出以下几个趋势(秦明等，2007)：

第一，机体小型、微型化。小型无人机的尺寸大约为 1～3m，超小型无人机大约为 0.15～1m(甄云卉和路平，2009)，而微型无人机一般小于 0.15m，小型无人机由于体积小、巡航时间和任务载荷都十分有限，但是成本低、重量轻、运动灵活和易于携带，非常适合局部战场，特别是城市街区单兵携带对重点目标发起单次，甚至是自杀式攻击。尤其适合小范围反恐侦查、拯救人质、斩首行动、破坏小型重要军事目标等。

第二，机身隐身化。未来战场上，哪一方的无人机隐身程度越高，其战场生存能力就越强，减少自我伤亡和实现战术意图的可能性也就越高。因此未来新型无人机将采用最先进的隐身技术。一是采用复合材料、雷达吸波材料和低噪声发动机。二是采用限制红外反射技术。在无人机表面涂上能吸收红外线的特制漆和在发动机燃料中注入防红外辐射的化学制剂，雷达和目视侦察均难以发现采用这种技术的无人机。三是减少表面缝隙。采用新工艺将无人机的副翼、襟翼等都制成综合面,进一步减少缝隙,缩小雷达反射面。四是采用充电表面涂层。充电表面涂层主要有抗雷达和目视侦察两种功能。充电表面涂层还具有可变色特性,即表面颜色随背景的变化而变化。从地面往上看,无人机将呈现与天空一样的蓝色;从空中往下看,无人机将呈现出与大地一样的颜色(郭宝录等,2008)。

第三,传感器综合化,机载设备模块化。在瞬息万变的战场上,敌方目标可能和大量的伪装混杂在一起,亦有可能潜伏在地下掩体中,也许一直处于不断的运动中,或是利用夜间的黑暗隐藏自己,那么就要求未来无人机具备红外、可见光、合成孔径雷达、夜视仪等多源传感器综合化、集成化的能力。才能有效地识别敌方目标,提高无人机执行任务的成功率。军用无人机发展使得机载设备日趋多样化和复杂化,对于不同类型的任务飞行,需要灵活搭载不同的机载设备,例如,只是侦查飞行任务,就需要尽量多搭载侦查设备,而减少武器装备的搭载,甚至不携带武器装备。这就需要军用无人机的有效载荷按照一定的规范实现模块化,可根据实际需求方便地搭载各种装备。

第四,高空长航时,高航速。一方面高空长航时、高航速的无人机以其较高的生存力和高效的侦察能力将使其应用范围不断得到扩大。美国先进材料、结构和航空委员会认为,未来军用无人机在 20000m 以上飞行将不会受到限制(秦明等,2007)。高空长航时、高航速的军用无人机将会成为联合作战指挥平台中的一个重要组成部分。另一方面,随着无人机在战场上的广泛应用,反无人机等拦截系统应运而生,而提高军用无人机的飞行高度和速度是降低反无人机等拦截武器拦截概率的主要途径之一。

第五,无人作战飞机(郭宝录等,2008)。未来的军用无人机从只提供战场侦察情报和战场辅助攻击的有限用途和单一角色向跟踪侦察、定点清除、辅助攻击等全方位参加战斗发展,逐步替代有人驾驶飞机,减少己方人员的伤亡,未来的空战极有可能是无人机与无人机的对决。

第六,高度智能化。当前无人机主要采用人工控制方式,存在容易受到电磁干扰、操作人员临场判断不准等弊端。未来无人机将着重提升自主运行能力,既可以人工对无人机远程控制,也可以自主工作。无人机将具备按照预先编制程序或指令完成预先设定的任务,同时面对突发事件自主做出反应以应对出现危险的能力。

其次,由于成本下降,无人机产业化进入普及时代,未来民用无人机的发展方向可概括如下:

第一,无人机将与新一代信息技术深度融合发展。一是无人机与大数据技术融合发展。无人机为收集大数据提供了广阔的视野,可以为气象监测、交通流量监控、甚至灾难预测等贡献大量多样化的数据。二是无人机与人工智能(artificial intelligence,AI)融合发展。智能无人机"警察"将对无人机监管提供新的手段。有了 AI 大脑的无人机,能够通过雷达驱动和基于视觉识别来对于目标物体进行确认与定位。未来,随着传感器不断完善和改进、远程人工交互的辅助以及无人机监管系统的建立,智能无人机将发挥更重要的作用。

第二,具有环境感知和防撞能力(孙健和倪训友,2017)。对于行业级无人机,要在山区和城市使用,避免撞山、高层建筑和其他飞行物,须具备灵敏的感知能力和机动规避能力。民用无人机将通过加装光线、距离、高度等多种环境感知传感器及陀螺仪，结合内置视觉和超声波传感器，通过感知地面纹理或相对高度来定位飞行，保障无人机在复杂环境中执行任务。

第三，信号传输能力强(孙健和倪训友，2017)。随着民用无人机增多，普通无线电射频链路已受到频率拥塞限制。民用无人机通常飞行高度低，在山谷或城市中使用，对电波反射物多，多径效应严重，需特别解决通信链路中断问题。测控和信息传输技术可全面提升无人机的信号传输能力，使其更好地执行遥感、测绘、监测等民用任务。

第四，机载设备小型化(孙健和倪训友，2017)。机载设备小型化是无人机系统始终追求的目标。随着测控系统性能提高，设备小型化的要求越来越高。同时，由于云台对重量和重心的敏感度较高，机载设备小型化有助于提高云台稳定性。

第五，安全监管规范化。无人机飞行时对其他飞行物和地面人员可能构成安全隐患，可能会带来间谍行为、交通事故、飞入政府禁区、偷拍、偷运毒品、抢占航线等严重的安全问题，这已经引起政府部门与社会各界的强烈关注。虽然现在我国无人机系统已经形成一定规模，有一定的技术储备和制造能力，但是民用无人机的飞行运营、适航管理、安全管理等还没有建立较为完善的标准规范和法规体系，在研发制造、销售使用、流转情况等方面尚无制度安排，导致各种违规飞行现象也随之而来，整体产业发展不规范。

1.2　无人机遥感系统

1.2.1　无人机遥感特点

无人机遥感支持低空近地、多角度观测、高分辨率观测、通过视频或图像的连续观测，形成时间和空间重叠度高的序列图像，信息量丰富，特别适合对特定区域、重点目标的观测。对比卫星遥感和有人机遥感，无人机遥感具有以下 5 个特点。

1. 成本低且安全可靠

相对于有人机，无人机遥感具有低成本、安全可靠的优势。无人机的研制费用、生产成本和维修费用较低，当前国产遥感无人机价格普遍不高，少的十几万，多的几十万，可多次重复使用，除重大事故外，不易损坏，也无额外使用费用；另外，无人机遥感的操作人员培训费用较低，无人机遥感的任务成本也较低。无人机在作业时，飞行控制人员和处理数据人员均远离无人机平台，获取数据后通过数据链实时传输至地面控制端，即使无人机受损，也可保障人员安全和数据安全。

2. 作业方式灵活快捷

无人机结构简单，操作灵活，作业准备时间短，对起降场地要求不高。无人机的起飞降落，受场地限制较小，在操场、公路，或其他较开阔的地面，均可起降，其稳定性、安全性好，转场等非常容易。目前无人机的起飞方式多种多样，除了滑起的方式起飞，还可通过弹射起飞，或者通过手抛的方式起飞。降落时，可直接伞降，对于野外作业来说，这是极为方便的。无人机可在云下飞行，特别适合在建筑物密集的城市地区和地形复杂区域、多云地区应用。

3. 时效性好

无人机遥感的时效性好，不受重访周期的限制，可以根据任务需要随时起降；另外，无人机测绘针对性强，可以对重点目标进行长时间的凝视监测，获得连续的观测数据。

4. 空间分辨率高且可获得多角度影像

无人机的飞行高度从几十米到数千米，搭载高精度的任务设备，分辨率可达分米级。无人机不仅能垂直拍摄获取顶视影像，还能低空多角度摄影，获取建筑物侧面高分辨率纹理影像，弥补卫星遥感和普通航空摄影获取城市建筑物时遇到的侧面纹理获取困难及高层建筑物遮挡问题，可用于高精度数字地面模型的建立和三维立体景观图的制作。

5. 云下穿梭飞行

由于航天平台会受到云层和地面天气的影响，有人驾驶飞机会受到航空管制的限制，传统遥感平台通过缩短重访周期来提高时间分辨率是很难达到目的。而无人机在云层下方，受云层的影响很小，在多云天气甚至阴天也能执行航摄任务。

1.2.2　无人机遥感组成结构

无人机遥感系统具有运行成本低、执行任务灵活性高等优点，是遥感数据获取的重要工具。总体说来，无人机遥感系统具有续航时间长、影像实时传输、高危地区数据采集、运行成本低、执行任务灵活性高、任务针对性强、遥感数据获取方便快捷等特点，正逐渐成为航空遥感系统的有益补充，是获取遥感数据的重要工具之一。

如图 1-1 所示，无人机遥感系统的组成一般包括：飞行平台、飞行导航与控制系统（简称飞控系统）、地面监控系统、任务载荷、数据传输系统、发射与回收系统、保障装备和地面数据处理系统等组成。

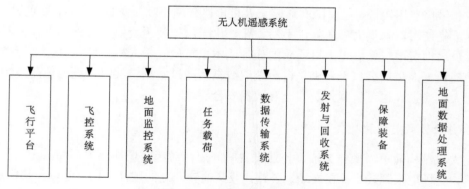

图 1-1　无人机遥感系统组成

1. 飞行平台

飞行平台即无人机本身，是搭载导航器、传感器等设备的载体，由机内控制系统自主控制执行任务或由机外控制站发遥控指令操纵执行任务的飞行器，主要由机体、动力系统、导航与控制系统、起飞和回收装置以及电子设备等组成。用于遥感的无人机，一般要求其载重大于 2kg，巡航速度为 60～160km/h，续航时间不小于 1.5h，抗风能力大于 4 级，搭载设备的任务仓尺寸应大于 25cm×20cm×25cm。

2. 飞控系统

飞控系统是保证飞行平台以正常姿态工作的系统，包括飞控板、惯性导航系统、GPS接收机、气压传感器、空速传感器、转速传感器等部件。目前大多数无人机都安装有自动驾驶仪，无人机升空后即可按照设计好的航线自动工作，而无须人为控制。因此，飞控系统质量直接影响到遥感数据的采集质量。

3. 地面监控系统

无人机升空后，虽然能在自动驾驶仪控制下自动工作，但有时会发生意外情况，最常见的是发动机机械故障、无人机失速。地面监控系统用来时刻监视无人机的工作状态，包括无线电遥控器、地面供电系统、监控计算机和监控软件，其主要功能有：

(1) 通过数据传输系统，地面监控站可以向飞控系统发送数据和控制指令等；

(2) 可接收、存储、显示、回放无人机的高度、空速、地速、方位、航向、航迹、飞行姿态等飞行数据；

(3) 能显示任务设备工作状态，显示发动机转速、机载电源电压等数值；

(4) 在机载电池电压不足、GPS 卫星失锁、发动机停车、无人机失速、飞行数据误差等超限时，有报警提示功能。

4. 任务载荷

任务载荷指获取遥感数据的传感器及其控制装置，工作时被固定安装在机身的任务仓内。传感器的控制装置通常与飞控系统一体化设计，具有控制传感器定点曝光、等时间间隔曝光和等距离间隔曝光等功能，并可记录曝光时刻经纬度、高度和飞机姿态(即横滚角、 俯仰角、航向角)等数据。

5. 数据传输系统

数据传输系统分为空中和地面两部分，包括数据传输电台、天线和数据传输接口等，用于地面监控站与飞行控制系统以及其他机载设备之间的数据和控制指令的传输。数据传输的距离一般被要求大于 10km。

6. 发射与回收系统

发射系统是为无人机在一定距离内加速到起飞速度提供保障，回收系统是确保无人机安全着陆；在起降场地条件允许情况下，一般采用地面滑跑发射、滑跑回收；在地理环境复杂、场地不具备滑跑条件时，采用弹射发射和伞降回收。

7. 保障装备

保障装备是指无人机遥感系统野外工作的运输装备和机械维护装备，是无人机航摄作业的基本保障。

8. 地面数据处理系统

地面数据处理系统是对无人机拍摄得到的遥感数据进行处理的软件系统。

如图 1-2 所示，为更清晰深入地理解无人机遥感系统的构成，本书采用层次化思想将无人机遥感系统分为数据获取层、功能层、服务层和应用层，并辅助以保障系统和数据远程传输。基于无人机平台的摄影测量工作是建立在数据获取层的基础上，研究功能层中若干关键技术的快速实现算法，构建服务层中的各种地理信息服务，从而实现应用层服务中的应急事件快速测绘、目标精确测绘、作战遂行动态测绘和相对方位精密测绘等目标。

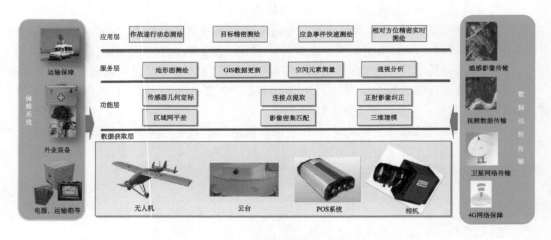

图 1-2　无人机遥感系统架构示意图

1.2.3　无人机遥感系统发展现状

得益于无人机技术、传感器技术、导航定位技术的迅猛发展，无人机遥感系统呈井喷式发展。这些无人机系统可以根据不同行业用户的需求提供种类多样的数据产品，在基础测绘、应急测绘、土地规划和城市三维建模等领域发挥重要的作用，可以说无人机为广大用户提供了从来没有过的便捷体验（Colomina and Molina，2014；李德仁和袁修孝，2014）。无人机遥感探测，根据应用目的可采用固定翼和旋翼两大类平台，其中固定翼适于中高空飞行，旋翼更适合中低空抵近探测。随着遂行测绘、动态测绘、应急测绘、精确测绘在自然灾害救援、非战争军事行动中即时地理信息保障方面的作用越来越重要，以旋翼无人机为平台搭载多任务传感器获取目标区最新现况，并快速处理探测数据为指挥控制系统即时更新信息，已成为广受关注的研究热点（张永生，2011）。特别是近几年消费级多旋翼无人机的快速发展，利用无人机航拍已经进入人们的日常生活。目前比较具有代表性的无人机有天宝公司的 UX3 无人机、拓普康公司的"天狼星"、EBee 公司的 senseFly 无人机、南方测绘公司的天巡无人机等，几种常见无人机的外形如图 1-3～图 1-6 所示，主要参数如表 1-1 所示。

表 1-1 常见无人机系统

无人机	厂商	国家	平台	传感器	主要用途
UX3	天宝公司	美国	小型固定翼	SONY_α5100	小区域精细测绘
天狼星	拓普康	日本	小型固定翼	松下 GX1 相机（1600 万像素）+RTK	小区域测绘、资源调查
senseFly	EBee	瑞士	小型固定翼	佳能 S110 NIR	地籍测量 精准农业
天巡	南方测绘	中国	小型固定翼	SONY_α5100	小区域精细测绘
ZC-5B	中测新图	中国	中型长航时	TOP-DC 相机+MEMS 惯性组合导航系统	大范围测绘 海岛礁测绘
md4-1000	Microdrones	德国	多旋翼	SONY NEX-5R	航拍、小场景建模
Inspire 1	深圳大疆	中国	4 旋翼	SONYEXMOR1	航拍、小场景建模

(a) Inspire 1   (b) md4-1000

图 1-3 多旋翼无人机

图 1-4 senseFly 无人机

图 1-5　ZC-5B 无人机

图 1-6　"天狼星"无人机

当前的无人机平台上基本都搭载有成像传感器,这些传感器相当于无人机的"眼睛",起到信息收集、环境感知的作用。常见的无人机传感器包括可见光、多光谱、红外、合成孔径雷达等,可见光传感器既有专业的航测相机,也有消费级的数码相机、摄像机等(Cramer,2017)。目前,各大传感器生产厂商看准了无人机轻小型传感器的巨大需求,纷纷研制适合于无人机平台的轻小型传感器。飞思公司针对无人机载重量小的特点,推出了适用于无人机平台的轻小型航空相机 PHASE ONE iXU-RS 系列大幅面相机。北京观著信息技术有限公司专注于航摄超微传感器的研发与生产,率先研制了 50 克 3600 万像素航摄相机和 500 克 1.8 亿像素倾斜摄影相机。常用无人机传感器的基本参数如表 1-2 所示,外观如图 1-7、图 1-8 所示。

表 1-2　常用无人机成像传感器

传感器名称	生产厂商	类型	质量/g	图像分辨率/pixel
PHASE ONE iXA180	PHASE	航空相机	1700	10328×7760
PHASE ONE iXU-RS	PHASE	航空相机	1430	11608×8708
SONY_α7	SONY	微单相机	416	6000×4000
Cannon 5DS	Cannon	单反相机	930	8688×5792
Nikon D800	Nikon	单反相机	900	7360×4912
蜂鸟 1S 正射摄影相机	北京观著	超微传感器	50	7130×5352

(a) iXA180

(b) iXU-RS

图 1-7　PHASE ONE 相机

(a) SONY_ α7

(b) Nikon D800

图 1-8　消费级相机

　　定位测姿系统(positioning and orientation system, POS)在航空摄影测量中的应用，减少了空中三角测量对地面控制点的依赖，使得直接地理定位(direct georeferencing, DG)成为可能。当前国际上比较知名的 POS 品牌主要有 Trimble/Applanix 公司的 POS/AV 系列、NovAtel 公司的 SPAN 系列、IGI 公司的 AEROControl 系列以及 Leica 公司的 IPAS 系统等。但目前在有人驾驶飞机上应用较广的几款 POS 设备由于质量、体积较大，在大多数无人机平台上直接使用困难较大。无人机遥感的迅猛发展也促使 POS 厂商纷纷研制轻小型 POS 设备，用于无人机遥感测绘。NovAtel 公司及时捕捉到这一商机，率先推出了轻小型组合导航系统，比较有代表性的是 SPAN-IGM-A1™ [图 1-9(a)]、SPAN-IGM-S1™ [图 1-9(b)]。SPAN-IGM-A1 是集成卫星导航与惯性导航的组合导航系统，能够独立工作，也能够作为 IMU 与其他 NovAtel SPAN 接收机配对。SPAN-IGM-A1 的突出特点是"轻"和"小"，值得一提的是，百度公司的无人驾驶车标配的组合导航系统就是 NovAtel 公司的 SPAN-IGM-A1。SPAN-IGM-S1 具有 Sensonor 的 STIM300 MEMS IMU 的性能，可与 NovAtel 的 OEM615 接收机集成，小巧、轻便、一体化封装，是当前市面上可商业出口的综合性能最佳的产品。业内享有盛名的 Applanix 公司也紧盯市场需求，及时推出了 POS AVX 210(图 1-10)轻量型组合导航系统，其质量仅为660g，可提供持续、稳定的高精度测量结果。上述几款轻小型 POS 的主要性能参数如表 1-3 所示。

表 1-3 代表性轻小型 POS

POS	质量 /g	尺寸 /mm	定位精度		测姿精度		
			平面/m	高程/m	横滚/deg	俯仰/deg	航向/deg
SPAN-IGM-A1™	515	152×142×51	0.01	0.02	0.040	0.040	0.220
SPAN-IGM-S1™	500	152×137×51	0.01	0.02	0.015	0.015	0.080
POS AVX 210	660	149×93×43	0.02	0.05	0.025	0.025	0.080

(a) SPAN-IGM-A1™

(b) SPAN-IGM-S1™

图 1-9 NovAtel 轻小型 POS

图 1-10 Applanix POS AVX 210

　　上述的 POS 设备和相机在搭载到无人机平台之前,需要集成到光电吊舱中构成无人机遥感的任务载荷。光电吊舱按视轴稳定技术可以分为二轴稳定光电吊舱(图 1-11)和三轴稳定光电吊舱(图 1-12 和图 1-13)。目前国内制作光电吊舱方面比较有影响力的单位有:中国船舶重工集团公司第七一七研究所、长春长光睿视光电技术有限责任公司、洛阳电光设备研究所、北京贯中精仪科技有限公司、北京华科博创科技有限公司、北京星网宇达科技股份有限公司、北京云汉通航科技有限公司、成都阿普奇科技股份有限公司、成都鼎信精控科技有限公司、江苏数字鹰科技发展有限公司、科盾科技股份有限公司、洛阳凯迈测控有限公司、深圳市潘森电子有限公司和天津汉光祥云信息科技有限公司。

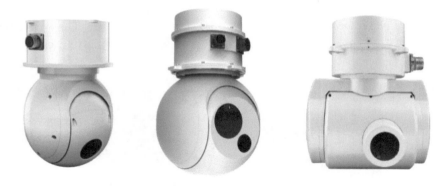

图 1-11 洛阳电光设备研究所的"龙之眼"系列两轴光电吊舱

图 1-12 德国 CMS130 三轴稳定平台

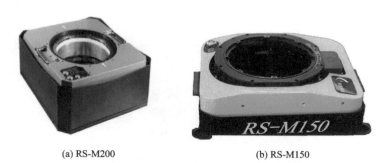

(a) RS-M200   (b) RS-M150

图 1-13 长春长光睿视的三轴稳定平台

　　其实,任何一架无人机的自驾仪已经带有位置姿态测量设备,用于无人机飞行状态的监视和操控。自驾仪是无人机的核心部件,通过软件控制伺服传动实现无人机在复杂环境下的自主起飞、巡航和着陆,将飞行员从复杂的人工操作中解放了出来。自驾仪的组成通常有传感器、处理器(机载计算机)、伺服系统等。传感器的主要作用是实时感知无人机的飞行状态,包括位置、姿态、飞行速度、各模块的工作状态等;处理器的作用是处理传感器采集的信息、监控飞行状态、接收地面指控命令和调整飞行参数等;伺服系统的作用是根据处理器发出的指令，实现对无人机飞行状态的控制与调整。自驾仪传感器的组成主要包括陀螺仪、加速度计、地磁感应和 GPS 等，常见的品牌有 MicroPilot（图 1-14）、零度智控(北京)公司的"双子星"（图 1-15）、易瓦特（图 1-16）等。

图 1-14　MicroPilot 自驾仪

图 1-15　"双子星"自驾仪

图 1-16　易瓦特自驾仪

1.2.4　无人机遥感影像处理软件

无人机航空摄影的快速发展也带动了相关软件的发展，这些软件采用了前沿的设计理念和新颖的算法，在无人机影像目标定位、密集匹配、纹理映射、三维表达中等方面有较好的表现，获得用户较高的评价。目前常见的无人机影像处理软件有 PhotoScan、Context Capture、Pix4UAV、Correlator 3DTM、God Work 和 Pixel Grid 等，下面分别予以简要介绍。

PhotoScan 是俄罗斯 AgiSoft 公司开发的一款全自动三维重建软件，界面如图 1-17 所示。由于采用的是计算机视觉多视图三维重建技术，该软件对于输入数据几乎没有要求，仅需要从不同角度拍摄的具有重叠的影像，就可以生成十分逼真的场景三维模型，如果具备相机内参数、地面控制点等信息则可以生成具有地理坐标的三维模型。PhotoScan 支持中央处理器(central processing unit，CPU)、图形处理器(graphics processing unit，GPU)并行加速，对硬件的利用效率很高，同时还支持多机分布式运算。软件通用性好，支持框幅式、鱼眼、球面相机，支持 Windows/Linux/Mac OS 操作系统，且价格比较便宜，应用范围比较广(赵云景等，2015)。

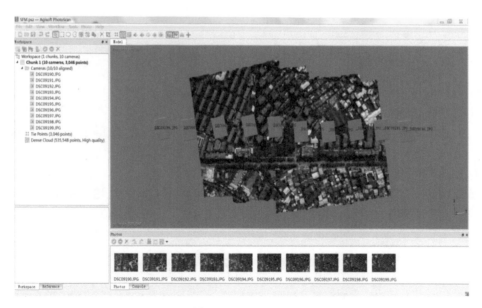

图 1-17　PhotoScan

2011 年法国国立路桥大学和法国建筑科技中心的两位学者创立了 Acute3D 公司，并推出了其代表产品 Smart3D Capture。Smart3D 综合利用了摄影测量、机器视觉、虚拟现实等最先进的技术，能够处理近景影像、无人机影像、多视角影像等。几乎不需要任何人工操作，即可快速生成高分辨率的复杂三角格网和场景三维模型，以最真实的视觉效果逼真地重现空间场景形态(薛武等，2014)。2015 年 Acute3D 公司被美国 Bentley 公司收购，Smart3D Capture 更名为 Context Capture，软件界面如图 1-18 所示。

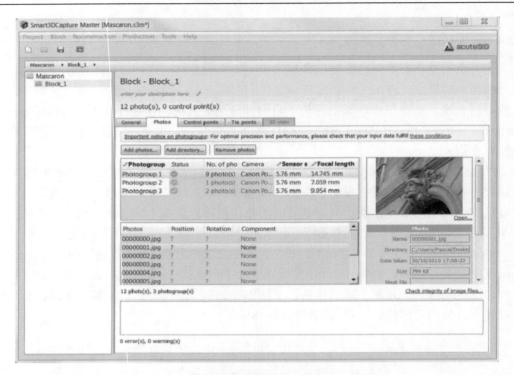

图 1-18　Context Capture

　　Pix4UAV 是瑞士 Pix4D 公司研发的集全自动、快速、高精度为一体的无人机影像处理软件，界面如图 1-19 所示。即便没有专业背景的作业员也可以轻松使用 Pix4UAV 处理无人机数据，利用无人机影像生产制作数字地表模型（digital surface model，DSM）、正射影像以及三维模型等。Pix4UAV 提供了一个完善的工作流，把原始航空影像加工成为专业 RS、GIS 软件可以读取的数字正射影像图（digital orthophoto map，DOM）、数字高程模型（digital elevation model，DEM）等数据，可以与 ERDAS、Socet set 和 Inpho 无缝衔接。由于采用了 CPU 多核并行、GPU 并行等技术， Pix4UAV 具有很高的效率。Pix4UAV 不仅支持普通光学影像，也支持近红外、热红外及多光谱影像。

　　Correlator 3D（C3D）是加拿大 Simactive 公司的旗舰产品，因其强大的处理能力和极具竞争力的价格而迅速脱颖而出。C3D 将 GPU 全面应用于摄影测量作业流程，包括生成数字表面模型（DSM）、数字高程模型（DEM）、正射影像（DOM）等。基于单台普通 PC 机即可对海量数据进行密集、超快速处理，效率可媲美价格高昂的像素工厂系统。C3D 支持多源的影像数据，可处理无人机、航空和卫星影像。C3D 界面友好（图 1-20），使复杂、专业化程度较高的摄影测量生产变得轻松、容易，即使是初学者或没有测量专业背景的作业员在经过短期培训后也可高效生产高质量测绘产品。

　　God Work 是由武汉大学郭丙轩团队研发的无人机影像自动处理系统，对传统数字摄影测量技术方法进行了优化改进，该系统能够处理非测绘相机拍摄的大重叠、小像幅、姿态变化剧烈的无人机影像。该软件还采用了最新的数字影像自动匹配、大数据存储、高性能运算等技术，大大提高了无人机影像处理的速度和自动化程度，实现了地理空间信息的快速获取与更新。

图 1-19　Pix4UAV

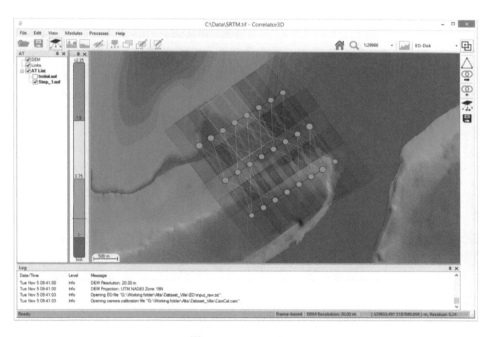

图 1-20　Correlator 3D

　　Pixel Grid 是中国测绘科学研究院研发的航空航天遥感数据处理系统,该系统采用集群分布式的计算架构,具有很高的处理效率。其中的无人机数据处理模块 Pixel Grid-UAV 能够完成无人机影像预处理、连接点提取、密集匹配、正射纠正、影像拼接和匀光匀色等。通过采用尺度旋转不变特征多基线影像匹配算法,可以有效解决大倾斜、大旋偏影像匹配的问题，进行全自动连接点选取及配准，并突破了无地面控制点下的稳健粗差探测与剔除、DSM 自动生成、准实时正射影像生成及镶嵌等关键技术。

1.3　无人机地理影像直播服务

1.3.1　无人机地理影像直播的现实需求

　　常规航天遥感测绘用于境外地区普查、详查性质的大范围静态地理信息获取，技术优势明显；经典的航空立体摄影测量手段，在境内全要素基础测绘产品生产方面性价比更优。已经成熟的和正在发展的主流航空航天测绘技术，总体上是以满足常规静态基础测绘要求，以可延时、预分工、多步骤地理空间信息生产作业的模式而发展的。而在应对动态测绘、应急测绘、动目标精确测绘的崭新要求时，现有技术手段则显得捉襟见肘。具体来说，卫星遥感由于空间平台飞行轨道的可预测、可观测、可跟踪特性，以及卫星运行周期的规律性，战时敌对双方都有足够的时间和空间避开卫星观测的覆盖范围，较为从容地进行伪装、防御、调动和部署，即便发展技术更为复杂的卫星变轨等应变能力，其实际作用也较为有限，特别是其高投入、慢产出的实际情况，非常值得我们深思。常规的有人驾驶航空遥感测绘平台，战时受飞行地域、航高和不可回避的人员伤亡代价的制约，实施战时测绘并非易事(张永生，2010)。这种状况正在迅速催化以无人机为平台的机载对地观测系统和动态测绘技术的发展。特别是在灾害监测、抢险救援和反恐维稳等重大群体行动等场合，对事件发生和演化的现场需要进行实时监视、目标跟踪与三维定位，以及快速实施定量化评估，传统基础测绘的保障模式，已经难以满足对任务或事件快速反应的较高要求。因此，发展地理空间信息直接服务、甚至直播服务 LGI(live-service for geospatial information)的新模式，突破地理空间信息快速响应的关键技术，已经成为刻不容缓的重要任务(张永生，2010，2013)。

1.3.2　无人机地理影像直播的基本思路

　　如图 1-21 所示，无人机地理影像直播的基本思路是在旋翼无人机平台上搭载遥感观测任务载荷，实现对目标区成像数据、位置和姿态辅助参数等的动态采集，同时在地面车载系统上完成准实时的高速并行数据处理作业，其主要的工作流程如下：

　　(1)在无人飞行平台上，由一套面阵电荷耦合元件(charge coupled device，CCD)相机进行非连续的高分辨率单帧成像和一套高清视频摄影机进行连续成像，实现在目标区域上空对地面立体视觉观测和基础数据采集。

　　(2)与任务载荷共平台固定安置高精度定位/定姿单元，用于实时测量任务载荷在空间的瞬时位置与姿态参数。定位/定姿单元，分别由卫星定位模块和惯性测量模块组成。其中，卫星定位模块提供空间基准和时间基准，惯性测量模块则记录连续的姿态变化参量。这组数据为成像系统的空间定位、定向和时间同步奠定可靠基础。

　　(3)数据无线传输模块，把在轨探测的有效数据，下传至地面车载接收处理系统。

　　(4)地面车载系统，分别由飞行器运控子系统、机载观测数据接收系统及近实时、准智能化的快速测绘处理子系统组成。车载系统完成对无人飞行器的控制、任务载荷的作业控制、数据接收、快速测绘处理等任务。

(5)近实时、准智能化的快速测绘处理子系统,硬件部分由一组 GPU 高速并行处理单元和高集成度的板卡处理模块,构建出小型化集群处理环境;软件则主要由位置/姿态测量数据差分和滤波处理模块、序列视频地理空间注册模块、连接点提取模块、区域网平差模块、影像密集匹配模块、正射影像纠正模块和三维建模等模块组成。

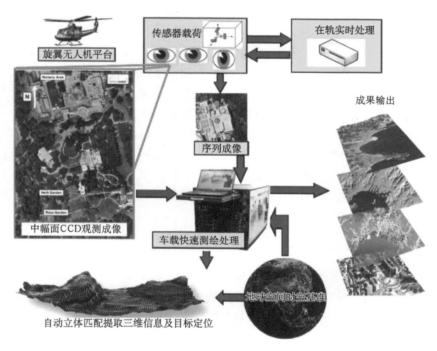

图 1-21 工作流程图

1.3.3 无人机地理影像直播的关键技术

根据本书描述的无人机地理影像直播服务的基本思路,用户在无人机飞行控制系统上划定航测区域,然后利用无人机搭载光电吊舱对航测区域进行动态观测,通过无线数据传输模块将拍摄获得的影像、视频和 POS 数据传输到地面数据处理系统。为保证无线数据传输的通畅,一般把地面数据处理系统放到车载平台上,车载平台跟随无人机移动,以保证两者间的距离始终处于无线数据传输的有效范围内。地面车载数据处理系统接收到数据后,将进行准实时的处理。 为此,无人机地理影像直播涉及的关键技术主要包括如下几个方面。

1. 集成化机载传感器载荷

执行测绘任务的无人机对载荷的体积、质量和供电等方面有一定的限制,特别是有效载荷的总质量一般要控制在 20～50kg。因此,发展轻小型的测绘传感器有效载荷,成为无人机对地观测系统设计的首要约束条件。单一功能的传感器往往难以完成综合性强的动态测绘任务,通常需要多个传感器的协同探测和功能融合,才能构成较为科学合理的作业模式。以动态位置姿态测量传感器、高分辨率光学成像传感器及序列成像视频传感器多模态组合的载荷配置方式,更加符合动态测绘和地理空间信息直播服务的现实需求。主要的传感器载荷包括:

(1)位置姿态测量传感器系统(POS)。由机载卫星导航定位接收单元和惯性测量单元组成的轻量型 POS 系统,是动态飞行条件下连续获得探测平台瞬时位置姿态参数不可或缺的基本手段,也是摆脱地面控制点约束,实现快速直接地理定位的首选技术。POS 系统可为其他同步工作的遥感传感器提供空间绝对定位定向必不可少的时空基准。

(2)中幅面光学成像传感器。面阵 CCD 器件的快速发展,使得 5000 像素×7000 像素甚至 12000 像素×12000 像素级别的单片 CCD 高分辨率光学相机相继出现。无人机飞行航高在 500～3000 m 的范围,可获得 0.05～0.3 m 的地面分辨率。

(3)序列成像视频传感器(video)。在突发事件热点区域,电视直播造成的视觉冲击和身心感受使人印象深刻。视频序列成像的每帧画面在同步 POS 测量参数的标注下,可即时转化为具有定量化地理空间信息标志的动态影像产品,比电视直播具有更加精确、量化的信息优势。这样的动态地理影像,对于快速反应、应急救援、即时决策具有更加特殊的意义和价值。

2. 机载任务载荷传感器及其集成

在飞行平台约束条件下,实现中等幅面的面阵 CCD 数字相机构成的较高分辨率的视觉传感器、可变焦的中低分辨率视频传感器、辅助传感器空间位置与姿态测量的 POS 单元、无线数据通信单元、工控计算机等主要模块的指标匹配及同步控制的相关技术,以及同平台的系统集成技术。

3. 多传感器几何定标与相机内参数校正

解决面阵 CCD 相机、POS 单元和视频传感器的零位置探测参数和传感器之间相对几何关系(偏心分量、视轴偏心角),以及影响定位精度的多参数遥感外场检校技术。此外,在采用合适的相机畸变模型的基础上,研究室内和野外等不同条件下相机参数内参数标定方法。

4. 机载平台序列影像抽帧地理空间注册与三维标定快速算法(即快速确定有效影像并准实时进行外方位元素赋值)

主要解决旋翼无人飞行器在空中悬停或绕飞状态下序列视频成像的地理空间标注技术,以同步测量的动态 POS 定位/定姿参数为基础,实现高效率的参数内插与瞬时赋值算法,依照规则的元数据体系对序列视频图像的地理空间实时注册,达到对"热点"目标区抵近观测、凝视观测的定量化表达。

5. 多视连接点自动提取技术

无人机影像成像参数的解算与优化，计算机视觉中采用运动恢复结构的方法，摄影测量中则通过空中三角测量。无论是计算机视觉中的方法，还是摄影测量的方法，均需要获取同一地物在不同影像上的对应关系，从而将离散的影像"连接"起来。

6. 无人机影像对地定位技术

以高精度的空间位置与姿态测量单元为基础，首先解决传感器位置/姿态测量数据的处理问题，即 POS 单元的全球导航卫星系统(global navigation satellite system，GNSS)卫星测量数据与惯性测量单元(intertial measurement unit，IMU)惯性测量数据卡尔曼滤波序贯处理技术。进而解决 POS 数据用于确定机载传感器定位定向参数的技术，以及非常规立体摄影测量定位模型与稳健解算方法，为高空间分辨率立体图像地理定位、重建目标区三维形态及序列视频图像地理空间注册，提供地球空间信息框架(大地坐标基准)与外方位参数。

7. 面阵 CCD 立体图像的快速自动立体匹配技术

基于视觉原理、图像灰度与特征相结合的自适应匹配算法，解决影像匹配时地物遮挡、几何变形等技术难题。在集群计算环境下，设计稳健、智能化的通用处理算法和二维分解后的多个一维线性搜索同步处理的内在并行处理算法，进而全面提高目标区数字地表模型三维信息采集的作业效率。

8. 非常规立体成像的正射微分纠正及无缝镶嵌的技术与并行算法

利用 POS 位置、姿态参数或(和)数字地表模型的机载高分辨率 CCD 图像快速几何校正及无缝镶嵌技术，以及序列图像动态嵌入正射影像的数字镶嵌与实时更新算法。在数据后处理中，以多 GPU 为核心实现大规模视觉图像数据并行处理技术，以及适合于多 GPU 处理器的高性能计算技术。

第 2 章　三轴陀螺稳定云台

依据航空摄影测量规范，在有效载荷的姿态稳定度和飞行航迹精度方面，以摄影测量与遥感为主要作业功能的无人机航空摄影系统对其有着高标准的量化要求。飞机在航摄飞行过程中，由于有效载荷的摄影位置和姿态会因空中杂散气流、机体震动或自身控制精度等多种因素的影响而受到改变，从而出现航摄漏洞、摄影测量交会角过小等不可忽视的问题，严重影响航摄效果(陈大平，2011)。其中，提高飞行航迹精度，特别是过像片重叠度、航线平直度和航高稳定度则只能通过提高飞控系统的控制精度来实现。而姿态精度的提高是在飞行平台姿态角不是特别大的情况下，主要依靠三轴陀螺稳定平台来解决(张强等，2012)。

2.1　航空遥感对飞行质量的约束

根据国家 1∶500，1∶1000，1∶2000 比例尺地形图航空摄影规范（以下简称规范)的要求，对飞行质量的约束条件主要有：像片重叠度、像片倾斜角、像片旋偏角、最小转弯半径、航线弯曲度、航高稳定度和测区航摄覆盖度等。其中像片重叠度、像片倾斜角、像片旋偏角和测区航摄覆盖度由飞控系统和三轴陀螺稳定平台共同决定。而最小转弯半径、航线弯曲度、航高稳定度和过摄站点精度仅由飞控系统决定。这里只就最小转弯半径、航线弯曲度、航高稳定度、像片重叠度、像片倾斜角和像片旋偏角的约束条件做进一步讨论。

2.1.1　最小转弯半径约束

测绘型无人机系统的任务飞行大多为数条航线平行组合而成，无人机在各航线间做"之"字形往返飞行。且由于规范的要求，要求无人机在飞行中必须直线正对进入作业航线，以避免该航线首张获取影像旋偏角过大或重叠度不够(陈大平，2011)。

由于测绘型无人机在作业飞行时要求保持固定飞行高度，沿某一直线匀速飞行，因此作业飞行可看成近似匀速直线运动。如果无人机在横滚角取某一定值转弯时，无人机将做匀速圆周运动，那么转弯半径 r 可由式(2-1)给出

$$r = \frac{v^2}{g \tan \beta} \tag{2-1}$$

式中，r 为转弯半径，m；v 为无人机的真空速，m/s；β 为飞机转弯坡度角，度(°)；g 为重力加速度，m/s²。

2.1.2　航线弯曲度约束

航线弯曲度定义为测航线两端像主点之间直线的长度和偏离该直线最远的像主点到

直线的垂距，航线弯曲度计算公式为

$$E = \frac{\delta}{L} \times 100\%　\qquad (2\text{-}2)$$

式中，E 为航线弯曲度；δ 为像主点偏离航线首末主点连线的最大距离，mm；L 为航线首末像主点连线的长度，mm。根据规范的要求，航线弯曲度不应大于 3%。

2.1.3　航高稳定度约束

同一条航线上相邻像片的航高差不应大于 20m，最大航高与最小航高之差不应大于 30m，航摄分区内实际航高与设计航高之差不应大于 50m，当相对航高大于 1000m 时，其实际航高与设计航高之差不应大于设计航高的 5%。

2.1.4　像片重叠度约束

根据航空摄影规范要求，航向重叠度一般应为 60%～65%，个别最大不应大于 75%，最小不应小于 56%；相邻航线的像片旁向重叠度一般应为 30%～35%。如图 2-1 所示，为了方便讨论，这里先给出单张像片地面覆盖公式，以飞行向为例（距离向类似），像幅、焦距、视场角、相对航高之间的关系。

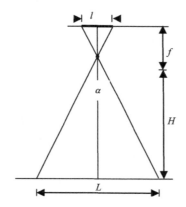

图 2-1　单张像片地面覆盖示意图

从图 2-1 中可得到：

$$\begin{cases} L = \dfrac{H}{f} l \\[2mm] L = 2H \tan \dfrac{\alpha}{2} \end{cases} \qquad (2\text{-}3)$$

式中，l 为像幅飞行向的边长；H 为相对航高；f 为焦距；α 为飞行向视场角，L 为像片在地面的飞行向覆盖的长度。

类似可以求出像片在地面的距离向覆盖长度。由航向重叠、旁向重叠和测区的范围可以得出飞行向摄站坐标公式(2-4)和距离向摄站坐标公式(2-5)。

$$S_x = L_x + \frac{L}{2} + i \cdot L(1-O_x) \quad i = 0,1,\cdots, \frac{(R_x - L_x)}{L \cdot O_x} \tag{2-4}$$

$$S_y = U_y + \frac{B}{2} + j \cdot B(1-O_y) \quad j = 0,1,\cdots, \frac{(D_y - U_y)}{L \cdot O_y} \tag{2-5}$$

式中，S_x、S_y 为待求摄站坐标；L、B 分别为像片在地面的飞行向和距离向覆盖的长度；O_x、O_y 分别为航向重叠度和旁向重叠度；L_x、R_x、U_y、D_y 为测区范围坐标。

实际应用时，允许航向重叠度和旁向重叠各有 5%的误差，因此有效摄站是一个以 (S_x, S_y) 为中心的矩形范围，无人机在飞行中必须准确的穿越这一矩形范围，即过摄站的精度必须达到 $(S_x \pm 0.05L, S_y \pm 0.05B)$ 才能保证规范对像片重叠度的要求。

2.1.5　像片倾斜角约束

像片倾斜角一般不大于 2°，个别最大不大于 4°。

2.1.6　像片旋偏角约束

航摄比例尺小于 1：7000，相对航高大于 1200m 时，旋偏角一般不大于 6°，最大不超过 8°；航摄比例尺小于 1：3500，大于或等于 1：7000 时，旋偏角一般不大于 8°，个别最大不超过 10°；航摄比例尺大于或等于 1：3500，旋偏角一般不大于 10°，个别最大不超过 12°；当采用数字测图方法时，在确保像片航向和旁向重叠度满足 2.1.4 要求的前提下，像片旋偏角可在上述各项规定的基础上，相应放宽 2°执行。

2.1.7　控制律设计指标

根据上述三个约束条件，取最严格的 1：500 比例尺地形图立体测绘要求，以佳能 EOS-1 Ds MarkII 相机（焦距 f=17mm，像元尺寸 s=0.0072mm，像幅 36mm×24mm）为例，设航线航向重叠度为 60%，旁向重叠度为 30%，计算可得到规范对飞行平台的要求为：航高为 118～236m，航线间距 116～233m。考虑到飞行安全的因素，取航高为 200m，由此得到：

（1）飞控的设计技术指标为最小转弯半径 98.8m，航线弯曲度不大于 3%，航高稳定度不大于 10m，飞行器过摄站精度小于（10.58m，7.05m）。

（2）像片的倾斜角不大于 2°，旋偏角不大于 6°，自稳平台的设计技术指标为：航偏角误差不大于 2°，航偏角修正范围为 0～360°，倾斜角误差不大于 0.5°，倾斜角修正范围为 –45°～+45°。

2.2　基于 Fuzzy-PID 的飞行控制律设计

控制律是飞行控制系统形成控制指令的算法，描述了受控状态变量与系统输入信号之间的函数关系。它表征飞行控制系统的数学模型，控制率与系统的工作模态有关，一种工作模态对应一个控制率。飞行控制律解算是飞控系统的核心任务，它接收从地面站发来的遥控指令、SINS/GPS 单元输出的实时位置、姿态数据和预先设定好的航迹路线，然后进行导航及相关控制指令的解算，最后经舵机输出给各执行舵面。

在设计无人机的控制系统时，由于无人机六个自由度气动关系交叉性强，一般分开设计无人机纵向控制和横向控制。纵向控制用来实现无人机的俯仰角和高度保持，横向控制用来实现无人机的横滚角保持和航向改变，这样的划分可使问题大为简化（谢岚，2011）。因此飞行控制律可以按"俯仰姿态保持/高度保持"和"横滚姿态保持/航向保持/横向偏离"两个控制模态。

本节飞行控制律设计以经典比例-积分-微分（proportion integration differentiation，PID）为基础，借助模糊数学（fuzzy）的方法求解 PID 控制系数。

2.2.1　PID

1. 传统 PID

PID 控制器问世至今已有近 70 年历史，因其结构简单、稳定性好、工作可靠、调整方便而成为工业控制的主要技术之一。特别在误差随时间累积系统的自动过程控制中，PID 控制器得到广泛应用。尤其是在被控系统的结构和参数不能确定，数学模型未知时，或是控制理论的其他技术难以采用时，系统控制器的结构和参数必须依靠经验和现场调试来确定时，此时最适合应用 PID 控制技术，PID 控制器只需调整 3 个参数就可以较好地达到自动调整控制值的目的。在传统的 PID 控制系统中，连续型 PID 控制器如式（2-6）所示：

$$u(t) = K_{\mathrm{P}}e(t) + K_{\mathrm{I}}\int e(t)\mathrm{d}t + K_{\mathrm{D}}\frac{\mathrm{d}e(t)}{\mathrm{d}t} \qquad (2\text{-}6)$$

式中，t 为时间参数；$u(t)$ 为输出控制信号；$e(t)$ 为给定值 $r(t)$ 与实际输出值 $u(t)$ 构成的偏差；K_{P} 为比例系数；K_{I} 为积分系数；K_{D} 为微分系数。

数字式 PID，即离散型位置式 PID 控制器的控制规则如式（2-7）所示：

$$u(n) = K_{\mathrm{P}}e(n) + K_{\mathrm{I}}\sum_{i=1}^{n}e(n) + K_{\mathrm{D}}(e(n) - e(n-1)) \qquad (2\text{-}7)$$

式中，n 为采样次数；$u(n)$ 为第 n 次采样时的输出控制信号；$e(n)$ 为给定值 $r(n)$ 与实际输出值 $u(n)$ 在第 n 次采样时构成的偏差；K_{P} 为比例系数；K_{I} 为积分系数；K_{D} 为微分系数。

比例控制是一种最简单的控制方式，其控制器的输出与输入误差信号成比例关系。偏差一旦产生，控制器立即就发生作用即调节控制输出，使被控量朝着减小偏差的方向变化，偏差减小的速度取决于比例系数 K_{P}，K_{P} 越大偏差减小的越快，但是很容易引起振荡，尤其是在迟滞环节比较大的情况下，K_{P} 减小，发生振荡的可能性减小但是调节速度变慢。但单纯的比例控制存在稳态误差不能消除的缺点，这里就需要积分控制。

在积分控制中，控制器的输出与输入误差信号的积分成正比关系。对一个自动控制系统，如果在进入稳态后存在稳态误差，则称这个控制系统是有稳态误差的系统或简称有差系统。为了消除稳态误差，在控制器中必须引入"积分项"。积分项对误差取决于时间的积分，随着时间的增加，积分项会增大。这样，即便误差很小，积分项也会随着时间的增加而加大，推动控制器的输出增大使稳态误差进一步减小，直到等于零。因此，比例+积分(PI)控制器，可以使系统在进入稳态后无稳态误差。实质就是对偏差累积进行控制，直至偏差为零。积分控制作用始终施加指向给定值的作用力，有利于消除静差，其效果不仅与偏差大小有关，还与偏差持续的时间有关。

在微分控制中，控制器的输出与输入误差信号的微分(即误差的变化率)成正比关系。自动控制系统在克服误差的调节过程中可能会出现振荡甚至失稳。其原因是存在有较大惯性组件(环节)或有滞后组件，具有抑制误差的作用，控制的变化总是落后于误差的变化。解决的办法是使抑制误差的作用的变化"超前"，即在误差接近零时，抑制误差的作用就应该是零。一般情况下，如果在控制器中仅引入"比例"项是不能满足设计要求(比例项的作用仅是放大误差的幅值)，那么需要增加"微分项"，它能预测误差变化的趋势，这样，具有比例+微分的控制器，就能够提前使抑制误差的控制作用等于零，甚至为负值，从而避免了被控量的严重超调。所以对有较大惯性或滞后的被控对象，比例+微分(PD)控制器能改善系统在调节过程中的动态特性。它能敏感出误差的变化趋势，可在误差信号出现之前就起到修正误差的作用，有利于提高输出响应的快速性，减小被控量的超调和增加系统的稳定性。但微分作用很容易放大高频噪声，降低系统的信噪比，从而使系统抑制干扰的能力下降。

2. 传统 PID 参数确定方法

PID 控制器的参数确定是控制系统设计的核心内容。它是根据被控过程的特性确定 PID 控制器的比例系数、积分时间和微分时间的大小。PID 控制器参数确定的方法很多，概括起来有两大类：一是理论计算确定法。它主要是依据系统的数学模型，经过理论计算确定控制器参数。这种方法所得到的计算数据未必可以直接用，还必须通过工程实际进行调整和修改。二是工程确定方法，它主要依赖工程经验，直接在控制系统的试验中进行，且方法简单、易于掌握，在工程实际中被广泛采用。PID 控制器参数的工程确定方法，主要有临界比例法、反应曲线法和衰减法。三种方法各具特点，其共同点都是通过试验，然后按照工程经验公式对控制器参数进行确定。但无论采用哪一种方法所得到的控制器参数，都需要在实际运行中进行最后的调整与完善。

3. Fuzzy-PID

传统 PID 控制器的主要缺点是，PID 控制器的三个控制参数需要人工或半人工的方式确定，并且一套参数只在特定的外围环境条件下可以很好地跟踪非线性模型系统，当外围条件发生突变引起误差超限，或是系统的非线性模型发生改变时，直接导致 PID 控制器响应过慢或是发生剧烈振荡，控制器失去了应有的作用而进入了一个所谓的"灰色地带"，此时需要重新修订控制器参数使控制器恢复正常。无人机在飞行过程中难免受空中瞬态气流的影响而发生姿态突变，对于质量较小的无人机系统，由于惯性小，不利影响将更加严重，而在作业飞行时由人工实时调整 PID 控制参数几乎不可能。

Fuzzy-PID 控制器是在 PID 算法的基础上，试图提出一种改进传统 PID 控制器的方法，得到一套比传统 PID 更精确的控制结果，从而更好地解决不确定系统控制的"灰色地带"问题。Fuzzy-PID 控制器以误差 e 和误差变化 ec 作为输入，利用模糊规则(fuzzy rules)进行模糊推理(fuzzy inference)，查询模糊矩阵表进行参数调整，以满足不同时刻的 e 和 ec 对 PID 参数自整定的要求。利用模糊规则在线对 PID 参数进行修改，就构成了模糊 PID 控制器，从而使对象具有良好的动、静态性能。模糊控制设计的核心是基于专家知识或控制工程师长期积累的技术知识和实际操作经验，从系统的稳定性、响应速度、超调量和稳态精度等各方面总结出的模糊推理规则(IF-THEN 规则)，建立针对 3 个参数 K_P、K_I 和 K_D 合适的模糊规则表。飞控系统采用的自适应模糊 PID 控制器结构如图 2-2 所示：

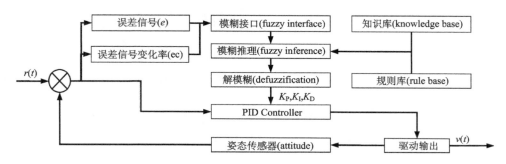

图 2-2　Fuzzy-PID 控制器结构图

图 2-2 中模糊控制系统采用单点模糊化，其输入变量是误差信号(e)和误差信号的变化率(ec)，通过模糊接口(fuzzy interface)模糊化生成模糊量，输入到模糊推理机(fuzzy inference system)，模糊推理机利用知识库(knowledge base)和规则库(rule base)的约束条件，推理得到 PID 系数的修正模糊量，最后经过解模糊实现控制量的精确输出。姿态传感器获得修正后的姿态数据在与给定量 $r(t)$ 比较得出新的误差信号(e)和误差信号的变化率(ec)，如此闭环控制，直到误差满足限差为止。

2.2.2　纵向控制律

无人机在各种不同的高度作业巡航、起飞爬升和滑行降落时都要求保持相应稳定的纵向姿态，以符合航迹规划的要求。纵向控制通过升降舵完成，包括两个回路：内回路，即俯仰姿态控制回路；外回路，即高度保持回路，高度保持外回路以俯仰姿态控制内回路为控制基础，俯仰姿态控制内回路的 PID 控制结构如图 2-3 所示。

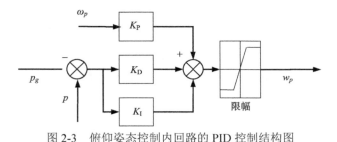

图 2-3　俯仰姿态控制内回路的 PID 控制结构图

由控制结构图可得俯仰姿态控制内回路的离散 PID 控制律如式(2-8)所示：

$$w_p = K_P\omega_p + K_I\sum(p - p_g) + K_D(p - p_g) \tag{2-8}$$

式中，w_p 表示控制率；p 为当前机体实际俯仰角；p_g 为俯仰角的期望值；ω_p 为俯仰角速度；K_P、K_I 和 K_D 为内回路 PID 的控制器参数。高度保持外回路的 PID 控制结构如图 2-4 所示。

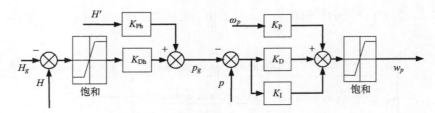

图 2-4　高度保持外回路的 PID 控制结构图

由控制结构图 2-4 可得高度控制外回路的离散 PID 控制律如式(2-9)所示：

$$\begin{cases} p_g = K_{ph}H' + K_{Dh}(H - H_g) \\ w_p = K_P\omega_p + K_I\sum(p - p_g) + K_D(p - p_g) \end{cases} \tag{2-9}$$

式中，H 为当前机体实际飞行高度；H_g 为俯仰角的期望值；H'为飞行高度变化率；K_{Ph} 和 K_{Dh} 为外回路 PID 控制器参数。从图 2-3 和图 2-4 中可以看出纵向控制实际上是一个典型的单输入单输出(single input single output，SISO)控制系统。

2.2.3　横向控制律

当无人机作直线平飞、起飞或着陆时，要求保持稳定的航向，机体不能受到横向干扰气流的影响而偏离航向；当无人机转弯时，需要机身作侧向滚转产生向心力使航向发生改变。这两种飞行动作都需要横向滚转姿态控制。横侧控制通过副翼和方向舵两个控制回路共同控制，同样横向控制也包括两个回路：内回路，即横滚角稳定控制回路；外回路，即航向保持控制回路和横向偏移控制回路，外回路控制也以内回路控制为基础。横滚角稳定控制内回路的 PID 控制结构如图 2-5 所示。

由控制结构图可得横滚角稳定控制内回路的离散 PID 控制律如式(2-10)所示：

$$\begin{cases} w_r = K_{Pr}\omega_r + K_{Ir}\sum(r - r_g) + K_{Dr}(r - r_g) \\ w_h = K_{Ph}\omega_h + K_{Ih}r + K_h\omega_h \end{cases} \tag{2-10}$$

式中，w_r 为副翼控制率；w_h 为方向舵控制率；r 为当前机体实际横滚角；r_g 为横滚角的期望值；ω_r 为横滚角速度；ω_h 为偏航角速度；K_{Pr}、K_{Ir}、K_{Dr}、K_{Ph}、K_{Ih} 和 K_h 为横滚角稳定控制内回路 PID 的控制器参数。

航向保持与控制外回路以横滚角稳定控制为内回路，用于稳定控制与保持无人机的航向。航向保持与控制外回路的 PID 控制结构如图 2-6 所示。

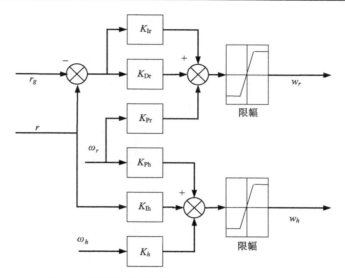

图 2-5　横滚角稳定控制内回路的 PID 控制结构图

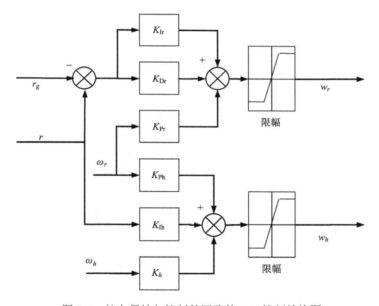

图 2-6　航向保持与控制外回路的 PID 控制结构图

由控制结构图可得航向保持与控制外回路的离散 PID 控制律如式(2-11)所示：

$$\begin{cases} r_g = K_{hg}(h - h_g) \\ w_r = K_{Pr}\omega_r + K_{Ir}\sum(r - r_g) + K_{Dr}(r - r_g) \\ w_h = K_{Ph}\omega_h + K_{Ih}r + K_h\omega_h \end{cases} \tag{2-11}$$

式中，h 为当前机体实际偏航角；h_g 为偏航角的期望值；K_{hg} 为控制器参数。

横向偏离稳定控制外回路以横滚角和偏航角控制系统作为内回路。横向的偏离一般通过副翼控制横滚角修正，方向舵用于侧向轨迹控制。横向偏离稳定控制外回路的 PID

控制结构如图 2-7 所示。

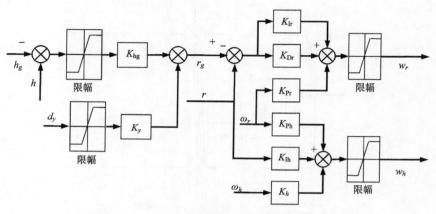

图 2-7　横向偏离稳定控制外回路的 PID 控制结构图

由控制结构图可得横向偏离稳定控制外回路的离散 PID 控制律如式(2-12)所示:

$$
\begin{cases}
r_g = K_{\mathrm{hg}}(h - h_g) + K_y d_y \\
w_r = K_{\mathrm{Pr}}\omega_r + K_{\mathrm{Ir}}\sum(r - r_g) + K_{\mathrm{Dr}}(r - r_g) \\
w_h = K_{\mathrm{Ph}}\omega_h + K_{\mathrm{Ih}}r + K_h\omega_h
\end{cases}
\tag{2-12}
$$

式中, d_y 为当前机体实际偏航距; K_y 为控制器参数。由横向控制律的控制结构可以看出横向控制是一个多输入多输出(multi input multi output, MIMO)系统。

2.3　基于 Fuzzy-PID 的飞行控制律设计

2.3.1　三轴云台控制原理

如图 2-8 所示,系统包括传感器、A/D 转换、姿态解算与罗差改正、Fuzzy-PID 模糊 PID 控制和驱动输出等 5 个子系统。

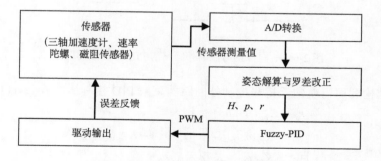

图 2-8　三轴自稳定云台系统原理图

首先由传感器子系统在同一时刻采样加速度计、速率陀螺和磁阻传感器的测量值,通过快速高分辨率 A/D 转换把模拟采集量转换为数字信号,经过捷联式姿态解算和罗差改正输出 3 个姿态角 H、p 和 r 相对于参考点的误差值；然后送入模糊 PID 控制子系统，经过处理输出 PWM 控制信号；最后驱动三个正交姿态调整舵机校正平台的姿态，达到稳定平台的目的。

本节重点讨论 Fuzzy-PID 控制和罗差改正。由于云台的三个控制轴之间两两正交，且使用单回路 PID 控制器即可满足要求。因此三个姿态角的控制回路彼此独立，可单独分别讨论。以航向角 H 姿态控制回路为例，PID 控制结构如图 2-9 所示。

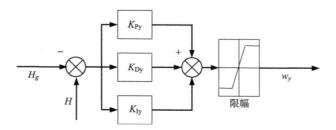

图 2-9　航向角 H 姿态控制回路的 PID 控制结构图

由控制结构图可得航向角姿态控制回路的离散 PID 控制律如式 (2-13) 所示：

$$w_y = K_{Py}H + K_{Iy}\sum(H - H_g) + K_{Dy}(H - H_g) \tag{2-13}$$

式中，w_y 为航向角姿态控制率；H 为当前机体实际航向角；H_g 为航向角的期望值；K_{Py}，K_{Iy} 和 K_{Dy} 为控制回路 PID 的控制器参数。类似可得到俯仰角 p 和翻滚角 r 的离散 PID 控制律表达式：

$$w_p = K_{Pp}H + K_{Ip}\sum(p - p_g) + K_{Dp}(p - p_g) \tag{2-14}$$

式中，K_{Pp}，K_{Ip} 和 K_{Dp} 为俯仰角 p 的控制回路 PID 的控制器参数。

$$w_r = K_{Pr}r + K_{Ir}\sum(r - r_g) + K_{Dr}(r - r_g) \tag{2-15}$$

式中，K_{Pr}，K_{Ir} 和 K_{Dr} 为翻滚角 r 的控制回路 PID 的控制器参数。

2.3.2　PID 控制律改进

1. 积分饱和

无人机的舵机控制系统中，控制量输出值要受舵机输出角度范围的约束，因此输出量必须在有限的范围内，即

$$w_{n,\min} \leqslant w_n \leqslant w_{n,\max} \tag{2-16}$$

式中，w_n 为计算输出量；$w_{n,\min}$ 为舵机输出最小值；$w_{n,\max}$ 为舵机输出最大值。如果 CPU 计算出的输出值符合式 (2-16) 的有效范围内，那么 PID 控制可以达到预期的控制效果，一旦超出上述范围，实际输出量不再是计算值，实际执行效果与预期效果不一致，这种现象称为饱和效应。

由 2.2.1 节知，在 PID 控制器中加入积分项主要为了消除系统静态误差，提高控制精度。但是当无人机在盘旋时，只要盘旋超过两圈，航向角在短时间内向同一方向变化

量就超过 720°，此时航向角变化量超出了云台航向角的修正范围 0°～360°的 2 倍，使 PID 运算积分项累计值很大，引起航向角输出控制量很大，即出现了强烈的积分饱和效应，直接导致系统振荡和调整时间过长。为了消除积分饱和带来的不利影响，通常采用以下两种方法消除。

1) 积分分离法

积分分离法的思路是，当航向角与期望值的偏差较大时，移除积分项，避免积分饱和效应的产生；当航向角与期望值的偏差 e_k 较小时，重新引入积分项，消除静态误差，从而既保证了控制精度又避免了振荡的产生。具体实现如下：

（1）根据实际情况，人为确定一个偏差量 $X>0$；

（2）当实际偏差 $|e_k|>X$ 时，采用 PD 控制，即去掉积分项；

（3）当实际偏差 $|e_k|\leqslant X$ 时，采用 PID 控制。

为此在积分项中乘以一个系数 β，β 取值如 (2-17) 所示：

$$\beta = \begin{cases} 1 & |e_k|\leqslant X \\ 0 & |e_k|>X \end{cases} \tag{2-17}$$

2) 遇限消弱积分法

遇限消弱积分法的思路是：一旦当航向角与期望值的偏差 e_k 进入饱和区，立即停止增大积分项的运算，而只进行使积分减少（削弱）的运算。具体实现过程是，在计算航向角输出控制量时，先判断前一次的控制量是否超出了极限范围，如果超出，说明已经进入饱和区，这时再根据偏差 e_k 的正负，判断输出控制量使系统加大超调还是减小超调，如果是减小则保留积分项；如果是增大超调则取消积分项。

遇限消弱积分法与积分分离法的区别在于：进入控制极限范围后，积分分离法立即停止积分，而遇限消弱积分法则有条件去除积分，这种算法可以避免控制量长时间停留在积分饱和区。

2. 航向自锁

通常无人机进入作业区域之前，从起飞到预定高度，需要经过一个长时间、同方向盘旋爬升的过程，而在这个过程中，云台航向控制一直处于积分饱和区，即航向舵机长时间处于极限状态，不利于设备长期稳定工作，因此在无人机进入区域航摄之前，云台航向始终处于零位锁定状态，当无人机达到预定位置和高度时，解除锁定状态，进入正常工作状态。飞行通常路线为"之"字形航线，要求云台锁定某一航向角，以保证像片的旋偏角不超限，例如任务航线为东西向时，要求云台航向角锁定正北或是正南。此时由于相邻两条航线是互为相反方向，因此不存在积分饱和问题。

3. 死区控制

死区，又叫死区宽度，在无人机和云台 PID 控制系统中，舵机执行机构如果动作频繁，会导致小幅震荡，造成严重的机械磨损，降低使用寿命和稳定性。从控制要求来说，飞控系统和云台控制系统允许被控量在一定范围内存在误差。允许被控量的误差大小，称为 PID 的死区宽度。

偏差 e_k 的绝对值小于设置的死区宽度时，死区的输出值保持不变。偏差 e_k 的绝对值大于设置的死区宽度时，死区的输入、输出为线性关系，按正常的 PID 规律控制。死区的输出保持不变时，PID 控制器的比例部分和微分部分均不起作用，积分部分保持不变。虽然 e_k 在死区宽度设置的范围内变化，控制器的输出却保持不变。此时系统处于开环状态，虽然控制精度略为降低，却能显著地减轻机械部分的磨损。或者说，PID 调节器的灵敏度与这个"死区"宽度有关，也就是说，PID 调节器中设置死区，牺牲的是调节精度，换来的是舵机机械寿命和稳定性。设死区宽度为 ε，在 PID 项中乘以一个系数 α 实现死区控制，α 取值如式 (2-18) 所示：

$$\alpha = \begin{cases} 0 & |e_k| \leqslant \varepsilon \\ 1 & |e_k| > \varepsilon \end{cases} \tag{2-18}$$

2.4　Fuzzy-PID 参数解算

2.4.1　模糊接口

真实物理量不能直接输入到模糊推理机中运算，必须先"模糊化"，即把真实物理量转成模糊集合 (fuzzy set)。模糊集合是表达模糊性概念的集合。又称模糊集、模糊子集。普通的集合是指具有某种属性的对象的全体。这种属性所表达的应该是清晰的概念和分明的界限。因此每个对象对于集合的隶属关系也是明确的，非此即彼。但在人们的思维中还有着许多模糊的概念，如年轻、很大、暖和、傍晚等，这些概念所描述的对象属性不能简单地用"是"或"否"来回答，模糊集合就是指具有某个模糊概念所描述的属性的对象的全体。由于概念本身不是清晰的、界限分明的，因而对象对集合的隶属关系也不是明确的、非此即彼的。这一概念是美国加利福尼亚大学控制论专家扎德 (L.A.Zadeh) 教授于 1965 年首先提出的。模糊集合这一概念的出现使得数学的思维和方法可以用于处理模糊性现象，从而构成了模糊集合论的基础。扎德指出：若对论域 (研究的范围) U 中的任一元素 x，都有一个数 $A(x) \in [0, 1]$ 与之对应，则称 A 为 U 上的模糊集，$A(x)$ 称为 x 对 A 的隶属度。当 x 在 U 中变动时，$A(x)$ 就是一个函数，称为 A 的隶属函数。隶属度 $A(x)$ 越接近于 1，表示 x 属于 A 的程度越高，$A(x)$ 越接近于 0，表示 x 属于 A 的程度越低。用取值于区间 [0,1] 的隶属函数 $A(x)$ 表征 x 属于 A 的程度高低，这样描述模糊性问题比起经典集合论更为合理，即隶属度函数 $A(x)$ 可以定义为由一实值点 $x^* \in U \subset R_n$ 向 U 上的模糊集 A' 的映射。

隶属度函数是模糊控制的应用基础，是否正确地构造隶属度函数是能否用好模糊控制的关键之一。隶属度函数的确定过程，本质上说应该是客观的，但每个人对于同一个模糊概念的认识理解又有差异，因此，隶属度函数的确定又带有主观性。

隶属度函数的确立目前还没有一套成熟有效的方法，大多数系统的确立方法还停留在经验和实验的基础上。对于同一个模糊概念，不同的人会建立不完全相同的隶属度函数，尽管形式不完全相同，只要能反映同一模糊概念，在解决和处理实际模糊信息的问题中仍然殊途同归。下面介绍几种常用的方法。

1. 模糊统计法

模糊统计法的基本思想是对论域 U 上的一个确定元素 v 是否属于论域上的一个可变动的清晰集合 A_3 做出清晰的判断。对于不同的试验者，清晰集合 A_3 可以有不同的边界，但它们都对应于同一个模糊集 A。模糊统计法的计算步骤是：在每次统计中，v 是固定的，A_3 的值是可变的，作 n 次试验，其模糊统计可按式(2-19)进行计算：

$$f_{v \to A} = \frac{C_{v \in a}}{n} \tag{2-19}$$

式中，f 为 v 对 A 的隶属频率；C 为 $v \in A$ 的次数；n 为试验总次数。

随着 n 的增大，隶属频率也会趋向稳定，这个稳定值就是 v 对 A 的隶属度值。这种方法较直观地反映了模糊概念中的隶属程度，但其计算量相当大。

2. 例证法

例证法的主要思想是从已知有限个 μA 的值，来估计论域 U 上的模糊子集 A 的隶属函数。如论域 U 代表全体人类，A 是"高个子的人"。显然 A 是一个模糊子集。为了确定 μA，先确定一个高度值 h，然后选定几个语言真值(即一句话的真实程度)中的一个来回答某人是否算"高个子"。如语言真值可分为"真的"、"大致真的"、"似真似假"、"大致假的"和"假的"五种情况，并且分别用数字 1、0.75、0.5、0.25、0 来表示这些语言真值。对 n 个不同高度 h_1，h_2，$\cdots$，h_n 都作同样的询问，即可以得到 A 的隶属度函数的离散表示。

3. 专家经验法

专家经验法是根据专家的实际经验给出模糊信息的处理算式或相应权系数值来确定隶属函数的一种方法。在许多情况下，经常是初步确定粗略的隶属函数，然后再通过"学习"和实践检验逐步修改和完善，而实际效果正是检验和调整隶属函数的依据。

4. 二元对比排序法

二元对比排序法是一种较实用的确定隶属度函数的方法。它通过对多个事物之间的两两对比来确定某种特征下的顺序，由此来决定这些事物对该特征的隶属函数的大体形状。二元对比排序法根据对比测度不同，可分为相对比较法、对比平均法、优先关系定序法和相似优先对比法等。

隶属度函数的确定准则通常有三条：第一，隶属度函数在 x^* 处的模糊集 A' 有一个最大的模糊度值；第二，隶属度函数应有助于简化模糊推理系统(fuzzy inference system，FIS)的计算；第三，如果模糊系统受到输入噪声的干扰，要求隶属度函数有一定的抑制噪声的能力。下面考察常见的三种隶属度函数：

(1)单值隶属度函数。单值隶属度函数将一个实值点 $x^* \in U$ 映射成论域 U 上的一个模糊单值 A'，A' 在 x^* 点上的隶属度值为 1，在 U 中其他所有点上的隶属度值为 0，即

$$A_{A'}(x) = \begin{cases} 1 & x = x^* \\ 0 & \text{其他} \end{cases} \tag{2-20}$$

(2) 高斯隶属度函数 [图 2-10 (a)]。高斯隶属度函数将一个实值点 $x^* \in U$ 映射成论域 U 上的一个模糊值 A'，即

$$A_{A'}(x) = e^{-(\frac{x_1 - x_1^*}{a_1})^2} \cdots e^{-(\frac{x_n - x_n^*}{a_n})^2} \tag{2-21}$$

式中，参数 a_i 为分布宽度；e 为自然数。

(3) 三角形隶属度函数 [图 2-10 (b)]。三角形隶属度函数将 $x^* \in U$ 映射成 U 上的模糊集 A'，即

$$A_{A'}(x) = \begin{cases} (1 - \dfrac{|x_1 - x_1^*|}{b_1}) \cdots (1 - \dfrac{|x_n - x_{1n}^*|}{b_n}) & |x_i - x_i^*| \leqslant b_i \, (i = 1, 2, \cdots, n) \\ 0 & \text{其他} \end{cases} \tag{2-22}$$

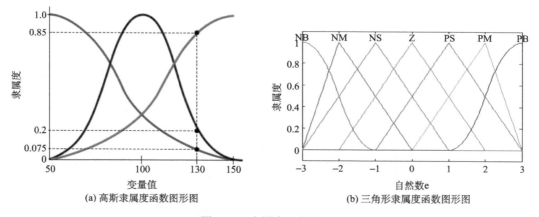

(a) 高斯隶属度函数图形图　　　　　　　　　(b) 三角形隶属度函数图形图

图 2-10　隶属度函数图形

比较上述这三种隶属度函数，得出以下几点结论 (Wang，1997)：

第一，对于任意可能采用的模糊 IF-THEN 规则的隶属度函数类型，单值隶属度函数都可以大大简化模糊推理机的计算。

第二，如果模糊 IF-THEN 规则中的隶属度函数分别为高斯隶属度函数或三角形隶属度函数，则高斯模糊器或三角形模糊器也能简化模糊推理机的计算。

第三，高斯模糊器或三角形模糊器能克服输入变量中包含的噪声，高斯隶属度函数可以通过调整分布宽度，更好地适应实际系统，而单值隶属度函数却不能抑制噪声。

2.4.2　模糊推理

模糊推理是对受多种因素影响的事物做出全面评价的一种十分有效的多因素决策方法，其特点是评价结果不是绝对地肯定或否定，而是以一个模糊集合来表示。模糊推理系统 FIS (fuzzy inference system) 包括数据库 (DB—data base)、规则库 (RB—rule base) 和推理机三部分，其目标是利用模糊集理论求解输入和输出的映射关系。

1. 数据库

数据库所存放的是所有输入、输出变量的全部模糊子集的隶属度向量值，即经过论域等级的离散化以后对应值的集合。若论域为连续域则为隶属度函数，在规则推理的模糊关系方程求解过程中，向推理机提供数据。需要说明的是，输入输出变量的测量数据集不属于数据库存放范畴。

2. 规则库

模糊控制器的规则是基于专家知识或手动操作熟练人员长期积累的经验。是按照人类的直觉推理的一种语言表示形式。模糊规则通常是由一系列的关系词连接而成，如 if-then，else，also，and，or 等。关系词必须经过翻译，才能将模糊规则数值化。规则库就是用来存放全部模糊控制规则的。在推理时为推理机提供控制规则，规则库的准确性还与专家的知识准确度有关。由规则库和数据库这两部分组成的整个模糊控制器的知识库（knowledge base，KB）。

3. 推理机

在数理逻辑中，蕴含"→"定义为命题的逻辑连接词。如果 P 和 Q 都是命题。那么蕴含式"$P{\to}Q$"表示若"P"则"Q"这一假言推理规则。根据这一规则，就能够由命题 P 的真假和蕴含式"$P{\to}Q$"推出命题 Q 的真假。而在无人机飞控中所进行的推理，使用的多数是假言推理的近似形式，而不是它的精确形式，且考虑的命题，也多数是模糊命题。例如，"若增大风门，则飞行速度提高"。前提增大风门 P，结论飞行速度提高 Q 以及推理过程都是模糊的。这种推理称为近似推理或模糊推理，而相应的蕴含规则，被称为模糊推理规则。

模糊推理的基本思想是：设 A 为前提论域 U 上的模糊命题，B 为结论论域 V 上的模糊命题，则模糊推理规则"$A{\to}B$"（记作$(A，B)$）的建立实际上就是已知前提论域 U 上的模糊子集 A 来确定结论论域 V 上的模糊子集 B。

在经典的推理规则$(a，b)$中。前提 $a{\in}U$ 和结论 $b{\in}V$ 是精确配对的。只要 a 满足就有 b。换言之，经典推理规则$(a，b)$，是 $U{\times}V$ 上的二元关系，是 U 到 V 上的普通映射。而模糊推理规则$(A，B)$，则是 U 到 V 上的模糊关系，即 $F(U)$ 到 $F(V)$ 上的模糊映射。于是，如果已知满足 $f(A)=B$ 的模糊映射 f，那么对于给定的前提 $A^*{\in}F(U)$，则由 f 可以推得结论 $B^*=f(A^*){\in}F(V)$，这就是模糊推理的基本思想，可用如下方法表示：

已知 $A{\to}B=f(A)$　　　　蕴含
且给定 A^*　　　　前提
求 $B^*=f(A^*)$　　　　结论

由此可见，确定模糊推理规则$(A，B)$，即满足 $A{\to}B=f(A)$ 的模糊映射 f，是进行模糊推理的关键。

1973 年，Zadeh 利用模糊关系把经典的蕴含概念推广到模糊蕴含概念。并运用模糊关系的合成运算提出了推理合成规则（compositional rule of interface）近似推理方法，简称

CRI 算法(陈水利，2011)。1974 年，英国学者 Mamdani 采用如下模糊蕴含关系：

$$R_{\mathrm{M}} = (A \rightarrow B) = A \times B \tag{2-23}$$

给出单输入单输出(SISO)模糊推理的 CRI 算法：

若已知 Mamdani 模糊蕴含关系 $R_{\mathrm{M}}=(A \rightarrow B)$ 和前提 $A^* \in F(U)$，可以推得近似结论 B^* $\in F(V)$ 为

$$R_{\mathrm{M}} = (A \rightarrow B) = A \times B \tag{2-24}$$

其隶属度函数为 $\forall v \in V$

$$B^*(v) = A^*(u) \circ R_{\mathrm{M}}(u,v) = \bigvee_{u \in U} [A^*(u) \wedge A(u) \wedge B(v)] \tag{2-25}$$

此算法称为顺序推理算法，可用如下的方法表示：

已知 $A \rightarrow B$　　　　　　蕴含
且给定 A^*　　　　　　　前提
求 $B^* = (A^*) \circ (A \rightarrow B)$　　近似结论

若已知 Mamdani 模糊蕴含关系 $R_{\mathrm{M}}=(A \rightarrow B)$ 和前提 $B^* \in F(V)$，可以推得近似结论 A^* $\in F(U)$ 为

$$A^* = R_{\mathrm{M}} \circ B^* = (A \times B) \circ B^* \tag{2-26}$$

其隶属度函数为 $\forall u \in U$

$$A^*(u) = R_{\mathrm{M}}(u,v) \circ B^*(v) = \bigvee_{v \in V} (A(u) \wedge B(v) \wedge B^*(v)) \tag{2-27}$$

此算法称为逆序推理算法，可用如下方法表示：

已知 $A \rightarrow B$　　　　　　蕴含
且给定 B^*　　　　　　　前提
求 $A^* = (A \rightarrow B) \circ (B^*)$　　近似结论

实际情况中，飞行纵向控制、横向控制和云台自稳定控制的每一个 PID 控制器实际上都是二输入三输出控制系统，因此，下面考虑复合模糊蕴含关系的 CRI 算法。设 $A \in F(U)$，$B \in F(V)$，$C \in F(W)$，则复合运算式(若 A 且 B 则 C)可定义成 U，V，W 间的 Mamdani 模糊关系 R 为

$$R = (A,B \rightarrow C) = A \times B \times C \tag{2-28}$$

其隶属度函数为 $\forall (u,v,w) \in U \times V \times W$，

$$R(u,v,w) = A(u) \wedge B(v) \wedge C(w) \tag{2-29}$$

一般地，设 A_1，A_2，$\cdots$，$A_n \in F(U)$，B_1，B_2，$\cdots$，$B_n \in F(V)$，C_1，C_2，$\ldots$，$C_n \in F(W)$，则复合模糊蕴含式为

$$\begin{cases} \mathrm{IF} A_1 \mathrm{and} B_1 \mathrm{THEN} C_1 \\ \mathrm{IF} A_2 \mathrm{and} B_2 \mathrm{THEN} C_2 \\ \cdots \\ \mathrm{IF} A_n \mathrm{and} B_n \mathrm{THEN} C_n \end{cases}$$

可定义成 U，V，W 间的一个 Mamdani 模糊关系 R 为

$$R = \bigcup_{i=1}^{n}(A_i \times B_i \times C_i) \tag{2-30}$$

其隶属度函数为 $\forall(u,v,w) \in U \times V \times W$

$$R(u,v,w) = \bigvee_{i=1}^{n}[A_i(u) \wedge B_i(v) \wedge C_i(w)] \tag{2-31}$$

这时 R 称为复合模糊蕴含关系，相应的 Mamdani CRI 算法为

若已知 Mamdani 模糊蕴含关系 $R_M = (A,B \to C) = A \times B \times C$ 和前提 $A^* \in F(U)$，$B^* \in F(V)$，可以推得近似结论 $C^* \in F(W)$ 为

$$C^* = (A^* \times B^*) \circ R_M = (A^* \times B^*) \circ (A \times B \times C) \tag{2-32}$$

其隶属度函数为 $\forall w \in W$

$$C^*(w) = [A^*(u) \times B^*(v)] \circ R_M(u,v,w)$$
$$= \bigvee_{u \in U, v \in V}\{[A^*(u) \wedge B^*(v)] \wedge A(u) \wedge B(v) \wedge C(w)\} \tag{2-33}$$

此顺序推理算法算法，可用如下方法表示：

已知 A_1 且 $B_1 \to C_1$　　　　　　复合模糊蕴含

已知 A_2 且 $B_2 \to C_2$

…

且给定 A^*，B^*　　　　　　前提

求 $B^* = (A^* \times B^*) \circ R_M$　　　　近似结论

若已知复合模糊蕴含关系 $R_i = A_i \times B_i \times C_i (i=1,2,\cdots,n)$ 和前提 $A^* \in F(U)$ 和 $B^* \in F(V)$，先推得近似结论 $C^* \in F(W)$ 为

$$C_i^* = (A^* \times B^*) \circ R_i \tag{2-34}$$

然后取 $C^* = \bigcup_{i=1}^{n} C_i^*$，其隶属度函数为 $\forall(w) \in W$，即

$$C^*(w) = \bigvee_{i=1}^{n}\{\bigvee_{u \in U, v \in V}[A^*(u) \wedge B^*(v)] \wedge R_i(u,v,w)\} \tag{2-35}$$

根据 Mamdani FIS 的需求，如果输出量互相独立，那么一个多输入多输出系统（MIMO）可以分解成几个独立多输入单输出（MISO）的模糊控制系统分别考虑。因此，模糊控制规则可通过公式表示为

$$\begin{cases} \text{IF } e \text{ is } X_1^1 \text{ and ec is } X_2^1 \text{ THEN } K_P = Y_P^i, K_I = Y_I^j, K_D = Y_D^k(w_1) \\ \cdots \\ \text{IF } e \text{ is } X_1^{n1} \text{ and ec is } X_2^{n2} \text{ THEN } K_P = Y_P^i, K_I = Y_I^j, K_D = Y_D^k(w_n) \end{cases} \tag{2-36}$$

式中，e 表示误差信号量；ec 表示误差信号的变化率；e 和 ec 取值为定义在论域上的模糊集合{NB，NM，NS，ZO，PS，PM，PB}，模糊集合所表示的语义分别为：负大，负中，负小，零，正小，正中，正大；$X_1^1,\cdots,X_1^n$ 表示建立在 e 上的模糊集合，$X_2^1,\cdots,X_2^n$ 表示建立在 ec 上的模糊集合；K_P，K_I 和 K_D 表示 PID 控制器的 3 个系数；Y_P^i,Y_I^j 和 Y_D^k 表示 PID 控制器系数对应的模糊集合；$w_1,w_2,\cdots,w_n$ 表示规则的权值。模糊 PID 控制系统的

K_P、K_I、K_D 的模糊控制表如表 2-1 所示。

表 2-1 Fuzzy-PID 控制规则表

e	ec						
	NB	NM	NS	ZO	PS	PM	PB
NB	PB/NB/PS	PB/NB/NS	PM/NM/NB	PM/NM/NB	PS/NS/NB	ZO/ZO/NM	ZO/ZO/PS
NM	PB/NB/PS	PB/NB/NS	PM/NM/NB	PS/NS/NM	PS/NS/NM	ZO/ZO/NS	NS/ZO/ZO
NS	PM/NB/ZO	PM/NM/NS	PM/NS/NM	PS/NS/NM	ZO/ZO/NS	NS/PS/NS	NS/PS/ZO
ZO	PM/NB/ZO	PM/NM/NS	PS/NS/NS	ZO/ZO/NS	NS/PS/NS	NM/PM/NS	NM/PM/ZO
PS	PS/NM/ZO	PS/NS/ZO	ZO/ZO/ZO	NS/PS/ZO	NS/PS/ZO	NM/PM/ZO	NM/PB/ZO
PM	PS/ZO/PB	ZO/ZO/NS	NS/PS/PS	NM/PS/PS	NM/PM/PS	NM/PB/PS	NB/PB/PB
PB	ZO/ZO/PB	ZO/ZO/PM	NM/PS/PM	NM/PM/PM	NM/PM/PS	NB/PB/PS	NB/PB/PB

注：NB：负大；NM：负中；NS：负小；ZO：零；PS：正小；PM：正中；PB：正大

表中，Fuzzy-PID 逻辑控制被划分成为 49 规则的二输入三输出 Mamdani 模糊系统，由 5 个隶属度函数描述这 5 个量，如第一条规则可解释为

$$\text{IF } e=\text{NB and ec}=\text{NB THEN } K_P=\text{PB}, K_I=\text{NB}, K_D=\text{PS} \tag{2-37}$$

2.4.3 解模糊

根据以上原则，由模糊推理可分别得出修正参数 ΔK_P，ΔK_I 和 ΔK_D 的模糊量。但是模糊量不能直接用于驱动被控对象，在实际工程中要用一个确定的值代替模糊量，即解模糊。常用的解模糊方法有三种。

1. 最大隶属度法

FIS 输出模糊控制量 w 中，选取隶属度最大的标准论域元素的最大值所对应元素 W_{max}，作为执行量，这种方法简单易行，特别适合于 w 的隶属度呈高分辨率的情形。否则会损失部分有用的信息量。若 w 的隶属度函数值普遍较小，或呈现双峰值、多峰值的情形，则此方法不能直接使用，因此该方法局限性较大，不常使用(王海江等，2004)。

2. 中心平均法(center average defuzzifier)

由于模糊集 B' 是 M 个模糊集的"模糊并"合成或"模糊交"合成，所以式(2-38)的一个效果良好逼近就是 M 个模糊集中心的加权平均，其权重等于响应模糊集的高度，即令 $\overline{y}^l$ 为第 1 个模糊集的中心，w_l 为其高度，则中心平均解模糊法可由式(2-38)确定 y^*。

$$y^* = \frac{\sum_{l=1}^{M} \overline{y}^l w_l}{\sum_{l=1}^{M} w_l} \tag{2-38}$$

中心平均法解模糊法是在模糊系统与模糊控制中最常用的解模糊法。它计算简便，

直观合理。

3. 重心法(center of gravity defuzzifier)

重心解模糊法所确定的 y^* 是 B' 的隶属度函数所涵盖区域的中心。即

$$y^* = \frac{\int_v yA_{B'}(y)\mathrm{d}y}{\int_v A_{B'}(y)\mathrm{d}y} \tag{2-39}$$

式中，$\int_v$ 为常规积分。如果将 $A_{B'}(y)$ 看成一个随机变量的概率密度函数，则重心解模糊法给出的就是这个随机变量的均值。重心法的优点在于其直观合理，精度高。缺点在于其计算要求高。考虑到系统的精度要求，采用重心法去模糊化，重心法的离散求取公式为(曹菁，2007)：

$$K_n^* = \frac{\sum[K(K_n)\times K_n]}{\sum K(K_n)} \tag{2-40}$$

式中，K^* 为去模糊化后的精确值；K_n 为模糊值；$K(K_n)$ 为模糊值的隶属度，n=P, I, D。

2.5　自主研制的 V3 型光电吊舱

无人机地理影像直播系统需要多传感器协同工作，各传感器集成在一个三轴稳定平台之上。如图 2-11 所示为中国人民解放军战略支援部队信息工程大学和中国船舶重工集团第七一七研究所共同研制的 V3 型光电吊舱，该光电吊舱搭载面阵相机、POS 系统和电视传感器，为机载准实时动态摄影测量提供稳定平台，消除载机摇摆振动对成像观测的影响，保持传感器光轴近似垂直于地平面，实现对航摄区域的摄影和记录，同时提供对拍摄区域的实时观察。对地光电吊舱主要由稳定平台、电子线路单元和显控单元三部分组成，下面分别对这三部分进行介绍。

稳定平台是传感器组件及电子线路的载体，内置高精度测角系统及伺服驱动电机，测量传感器图像所处的坐标系的角度，实现传感器组件在俯仰、横滚、航向方向的三轴复合运动。通过陀螺稳定控制，消除飞机摇摆及震动对光电平台所搭载图像传感器瞄准线的影响，实现图像传感器瞄准线的稳定。保持传感器单元按控制命令在指定的空间范围稳定搜索、监视、跟踪目标。

电子线路单元主要由控制管理模块、图像处理单元、陀螺稳定与伺服系统、测角系统、电源变换模块等组成。通过陀螺稳定回路，使平台在飞机摇摆、震动条件下保持速率闭环稳定；姿态测量系统解算出来的姿态信息通过控制管理模块计算出吊舱各轴系需要转动的角度从而实现位置闭环稳定控制，使其承载的传感器能够获取正射图像。控制信息通过无人机控制链路传送工作指令给光电吊舱，控制平台的正常运行，并报告和记录平台的工作状态。电子线路单元采用现场可编程门阵列(field programmable gate array，FPGA)和数据处理系统(data processing system，DPS)技术实现电子处理单元的模块化与集成化；运用多处理器、多串并口处理技术完成图像采集、处理及系统操控，提高了系

统的综合性能。

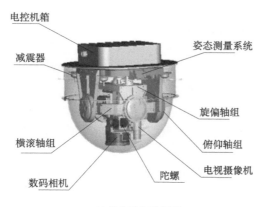

(a) 稳定平台示意图　　　　　　　　　　(b) 内部布局示意图

(c) 光电吊舱内部结构实物图

图 2-11　对地观测吊舱设备结构图

　　显控单元由处理电路、内部/外部接口、控制手柄、操控面板、开关、液晶显示器等组成，质量 3.5kg，体积 350mm×200mm×60mm(不含控制手柄高度)。

　　设备主要工作模式包括：手控观察模式、稳定拍摄模式、正射拍摄模式。各工作模式之间可切换工作。

　　手控观察模式：传感器瞄准线指向载体坐标系某特定方向，操作手能通过操控手柄手控改变瞄准线位置指向，方便对拍摄区域的实时观察。

　　稳定拍摄模式：伺服稳定回路开启，传感器瞄准线不受载机航向、横滚、俯仰等姿态的影响指向惯性坐标系某特定方向，操作者能通过操控手柄手控改变瞄准线惯性指向。

　　正射拍摄模式：伺服稳定回路开启，传感器瞄准线不受载机航向、横滚、俯仰等姿态的影响垂直指向水平地面，相机此时可以根据指令进行手控拍摄或进入连拍模式。

1. 功能

对地光电吊舱配置传感器后，可实现如下功能：

(1)具有三轴稳像和振动隔离功能。

(2)对地面进行摄影及高清成像。

(3)实时输出视频,用于无人机的控制。

(4)利用外部 GPS 实现传感器的时间同步,同时实现传感器正射成像拍照。

(5)具有像旋偏角修正功能,使相机保持近似垂直对地观测。

2. 技术指标

对地观测吊舱主要技术指标如下。

(1)三轴回转范围:航向回转范围±30°,横滚回转范围±10°,俯仰回转范围±15°。

(2)测角精度为 0.1°,稳定精度为 1mrad。

(3)姿态测量系统航向精度不大于±1°(1σ),横滚、俯仰精度不大于±0.5°(1σ)的条件下,航向姿态精度(与设计航线夹角)为±3.0°(1σ),横滚姿态精度(与水平面夹角)为±3.0°(1σ),俯仰姿态精度(与水平面夹角)为±3.0°(1σ)。

(4)三轴回转速率:角速度航向≥40°/s,角加速度≥40°/s²,角速度俯仰和横滚≥40°/s,角加速度≥40°/s²。

2.6 实验结果及分析

2.6.1 MATLAB 仿真实验

1. 仿真实验设计

为了方便比较 Fuzzy-PID 控制器和传统 PID 控制器的控制效果,在 MATLAB/Simulink tools 中分别以高度保持内回路为例设计了仿真实验。

综合考虑实验无人机的飞行特性、非线性系统模型的特点、人工操作员经验和实际飞行数据,根据根轨迹技术,无人机的高度保持回路的传递函数如式(2-41)所示,输入输出变量的模糊接口如表 2-2 所示,隶属度函数使用高斯函数。

$$G(s) = \frac{-2s - 0.6}{s^2 + 0.65s + 2.15} \cdot \frac{-10}{s + 10} \tag{2-41}$$

表 2-2 输入输出变量模糊接口范围表

输入范围	$e/(°)$	$ec/[(°)/s]$	K_P	K_I	K_D
	$-40 \sim +40$	$-10 \sim +10$	$50 \sim 60$	$0.45 \sim 0.55$	$0.03 \sim 0.05$
NB	−40	−10	50.00	0.450	0.030
NM	−15	−5	51.67	0.467	0.033
NS	−5	−2	53.33	0.483	0.037
ZO	0	0	55.00	0.500	0.040
PS	5	2	56.67	0.517	0.043
PM	15	5	58.33	0.533	0.047
PB	40	10	60.00	0.550	0.050

2. 仿真实验步骤

为了计算在给定输入情况下的输出值，仿真实验分 6 步实施：

(1)确定一套模糊推理规则，如表 2-1 所示。

(2)确定输入信号高度 h 的变化波形。为了便于分析计算结果，实验中给出了极限情况下连续三角信号(signal 1)和单阶跃信号(signal 2)，信号长度为 10s。如图 2-12 所示。

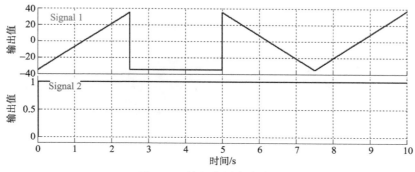

图 2-12　输入信号高度波形

(3)使用高斯隶属度函数模糊化输入变量 e 和 ec，如图 2-13(a)和图 2-13(b)所示。

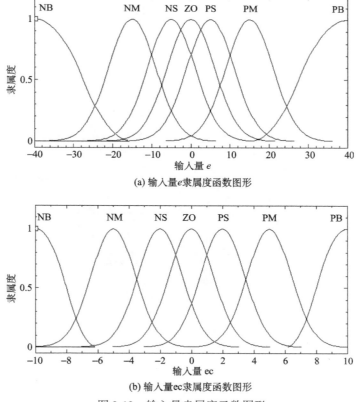

(a) 输入量 e 隶属度函数图形

(b) 输入量 ec 隶属度函数图形

图 2-13　输入量隶属度函数图形

(4) 模糊化的 e 和 ec 输入到模糊推理系统(FIS)，经过 Mamdani 推理，输出 K_P，K_I 和 K_D 三个模糊输出量，图 2-14(a)、图 2-14(b)和图 2-14(c)分别显示了三个输出量和两个输入量之间的关系。

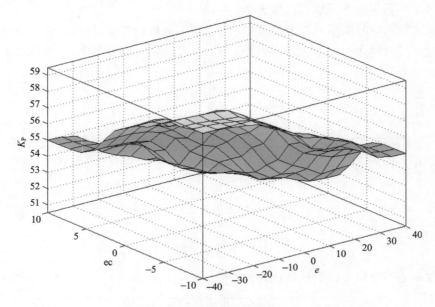

(a) 输出量K_P与输入量e、ec关系图

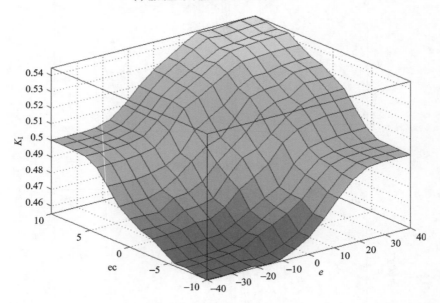

(b) 输出量K_I与输入量e、ec关系图

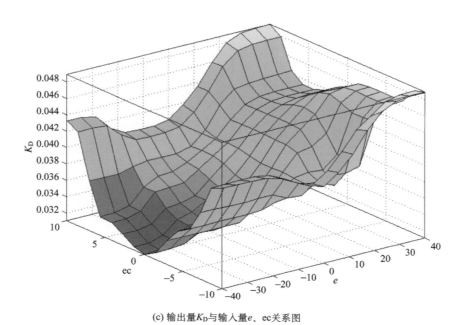

(c) 输出量K_D与输入量e、ec关系图

图 2-14　输出量与输入量 e、ec 的关系图

(5)结合模糊推理系统的输出结果和实际制约条件,确定输出量的高斯曲线隶属度函数如图 2-15(a)、图 2-15(b)和图 2-15(c)所示。

(6)把模糊输出量解模糊,计算精确输出值。

(7)仿真计算,输出仿真结果。

3. 仿真实验结果

对于三角形输入信号 1 的输入量 e、ec,Fuzzy-PID 参数 K_P,K_I,K_D,和输出量随时间的对应关系如图 2-16 所示。

输入信号 1 和输入信号 2 的传统 PID 和 Fuzzy-PID 的比较仿真结果分别如图 2-17 和图 2-18 所示。

通过仿真实验,从阶跃响应时间、失调量、超调量、上升时间、稳定时间、稳态误差和延迟时间 7 个方面比较传统 PID 和 Fuzzy-PID 的优劣,从比较结果可以看出,Fuzzy-PID 比传统 PID 在响应时间、失调量、稳定时间和稳态误差上均优于传统 PID,特别是超调量大大优于传统 PID,这个特性非常有利于无人机的稳定控制。Fuzzy-PID 的上升时间为 0.13s,比传统 PID 慢 0.05s,但在可接受范围内。比较结果如表 2-3 所示。

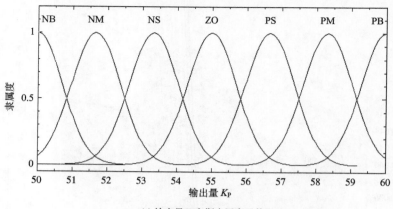

(a) 输出量K_P高斯隶属度函数图

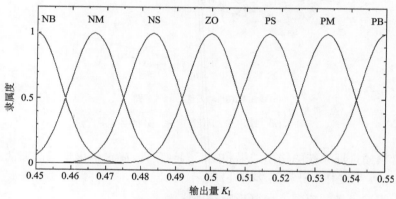

(b) 输出量K_I高斯隶属度函数图

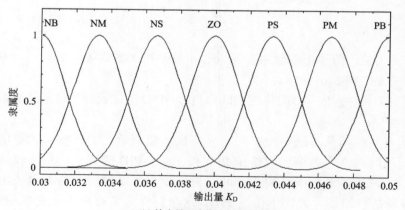

(c) 输出量K_D高斯隶属度函数图

图 2-15　输出量高斯隶属度函数图

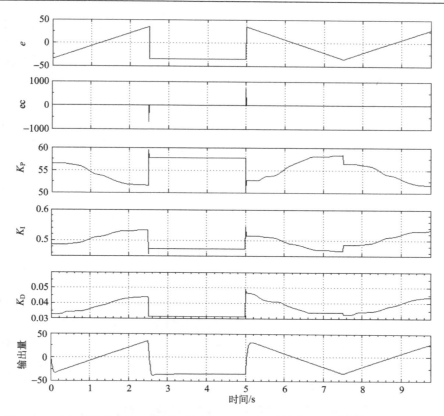

图 2-16　三角形输入信号 1 的输入量、Fuzzy-PID 参数和输出量随时间的对应关系图

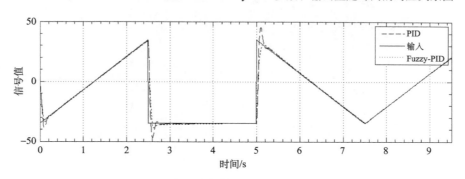

图 2-17　三角形输入信号 1 的仿真结果

表 2-3　仿真实验结果对比表（时间）　　　　　　　　　　（单位：s）

指标	响应时间	失调量	超调量	上升时间	稳定时间	稳态误差	延迟时间
传统 PID	0.27	0.049	0.335	0.08	0.19	0.022	0.02
Fuzzy-PID	0.23	0	0.092	0.13	0.1	0.02	0.02

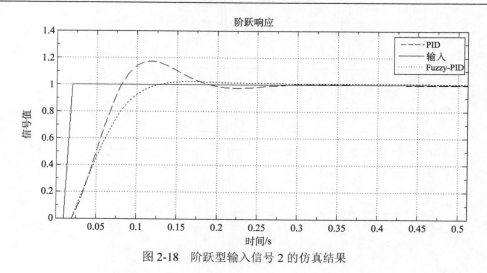

图 2-18　阶跃型输入信号 2 的仿真结果

2.6.2　云台实验结果及分析

　　将研制的 V3 型光电吊舱搭载到 Z5 无人机直升机上(图 2-19),于 2015 年 10 月在中国嵩山遥感定标场进行了云台精度检测飞行实验。中国嵩山遥感定标场位于河南省洛阳市与郑州市之间,以丘陵地形为主,植被丰富,建筑物较少,摄影比例尺约为 1∶500,所有像片达到航空摄影规范要求。

图 2-19　无人机原型系统

　　云台精度检测飞行的目的是检验横向和纵向控制律对飞行器的控制能力,由航迹数据得到航线弯曲度不大于 2.0%,最大航高差 5m,最小转弯半径为 87m。设计指标与实测指标对照表如表 2-4 所示,从表中可以看到全部指标符合设计规范要求,基本满足小区域大比例尺地形图立体测绘对稳定平台精度要求。

表 2-4　实验结果对比表

指标	最小转弯半径/m	航线弯曲度/%	航高稳定度/m	倾斜角/(°)	旋偏角/(°)	倾斜角修正范围/(°)	航向角修正范围/(°)
设计指标	98.8	3	10	3	3	−10～+10	−30～+30
实测指标	87	2.0	5	1.1	1.2	−10～+10	−30～+30

第3章 传感器综合几何定标

在无人机平台约束条件下，对地观测吊舱将面阵 CCD 数字相机和空间位置与姿态测量 POS 单元集成一体，采用三轴陀螺稳定云台技术保证了无人机影像的质量，但是为了提高无人机摄影系统定位的精度和可靠性，需要在检校场中对相机畸变参数标定技术和面阵CCD相机（或者视频摄影机）与POS单元之间相对几何关系的标定技术进行研究，最大限度地消除几何系统性误差。

3.1 坐 标 系 统

本书涉及的坐标系主要有：载体坐标系、地心大地坐标系、WGS84 坐标系、导航坐标系、物体坐标系和摄影测量坐标系。

3.1.1 载体坐标系

1. 无人机平台载体坐标系

如图 3-1 所示，无人机平台载体坐标系定义为一个右手空间直角坐标系，坐标系原点选在平台的几何中心，x 轴指向平台的前进方向，y 轴指向从平台前进方向看的右侧，z 轴依据右手法则确定为垂直指向平台的上方。在无人机平台载体坐标系中无人机的姿态可用三个参数描述：翻滚(roll, φ)、俯仰(pitch, ϖ)和偏航(yaw, κ)。翻滚角是与坐标系 x 轴之间的夹角，俯仰角是与坐标系 y 轴之间的夹角，偏航角是与坐标系 z 轴之间的夹角。

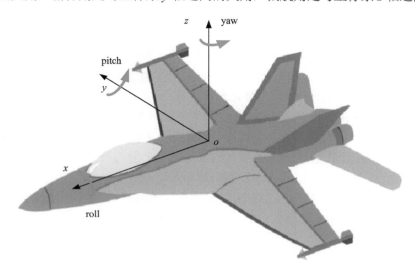

图 3-1 无人机平台载体坐标系

2. IMU 载体坐标系

IMU 载体坐标系(IMU body coordinate frame)也是右手空间直角坐标系,该坐标系将 IMU 传感器的中心(IMU 加速度计三个输入轴的交叉点)作为坐标原点,其轴向与 IMU 陀螺仪和加速度计的三个输入轴的方向一致。系统集成时,IMU 传感器安装在无人机云台上并与摄像机刚性固联,IMU 载体坐标系的 x 轴指向飞行方向,与云台的前进方向保持一致,y 轴指向 IMU 载体的右侧,z 轴垂直指向下。

如图 3-2 所示,厂家通常会在 IMU 传感器的盒子顶端标注出 IMU 载体坐标系的坐标轴方向,且会提供 IMU 坐标系的测量标志点距离 IMU 传感器中心的距离偏移量。

图 3-2　IMU 载体坐标系的坐标指向

3.1.2　地心大地坐标系(e 系)

大地坐标系主要是依靠空间大地测量手段建立的,其坐标系的原点与地球质心重合,所以称之为地心大地坐标系。如图 3-3 所示,地心大地坐标系是以与大地体最密合的地球椭球为基准建立的坐标系统,定义坐标系的原点位于椭球的中心,x 轴指向赤道与格林尼治中央经线相交的交点,z 轴指向北极,y 轴位于赤道平面内并与格林尼治中央经线成 90°,包括地心大地坐标和地心直角坐标两种形式。

地心大地坐标系采用大地纬度、大地经度和大地高来描述空间位置。纬度一般用 B 表示,从赤道面起算,规定向北为正。大地经度一般用 L 表示,以大地首子午面起算,规定向东为正,为空间点所在椭球子午面与大地首子午面之间的夹角。大地高一般用 H 表示,规定向上为正,其表示沿空间点法线到椭球面的距离。

地心直角坐标系的原点位于地球质心,z 轴指向地球北极,x 轴指向地球赤道面与大地首子午面的交点,y 轴在赤道平面内且满足右手法则。

根据上述定义,若空间点 P 的坐标可表示为地心大地坐标系 (B, L, H) 和地心直角坐标系 (X, Y, Z),其转换公式如下:

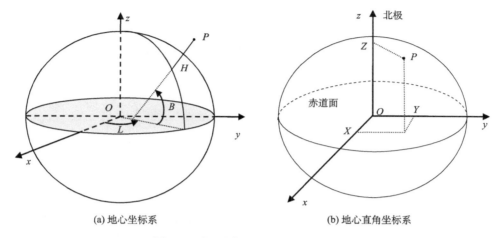

(a) 地心坐标系　　　　　　　　　　　　(b) 地心直角坐标系

图 3-3　地心坐标系与地心直角坐标系

$$\begin{cases} X = (N+H)\cos B \cos L \\ Y = (N+H)\cos B \sin L \\ Z = \left[N(1-e^2) + H \right] \sin B \end{cases} \tag{3-1}$$

式中，N 为椭球卯酉圈曲率半径；e 为椭球第一偏心率。a、b 分别为椭球长半径和短半径，则有

$$\begin{cases} N = \dfrac{a}{\sqrt{1 - e^2 \sin^2 B}} \\ e = \sqrt{\dfrac{a^2 - b^2}{a^2}} \end{cases} \tag{3-2}$$

地心直角坐标求解大地坐标的反算问题，采用下面迭代公式计算：

$$\begin{cases} \tan L = \dfrac{Y}{X} \\ \tan B = \dfrac{Z}{\sqrt{X^2 + Y^2}} + \dfrac{e^2}{\sqrt{X^2 + Y^2}} N \sin B \\ H = \sqrt{X^2 + Y^2 + \left(Z + e^2 N \sin B \right)^2} - N \end{cases} \tag{3-3}$$

3.1.3　导航坐标系（n 系）

IMU 传感器输出导航坐标系下的位置和姿态数据，姿态矩阵的变换都是参考导航坐标系。所谓导航坐标系就是当地的水平坐标系，其是以地球椭球面为基准面和法线为基准线建立的局部空间直角坐标系，又称为北东地坐标系，也有国家使用东北天坐标系。如图 3-4 所示，导航坐标系在椭球面上是随飞行平台的运动而变化的。

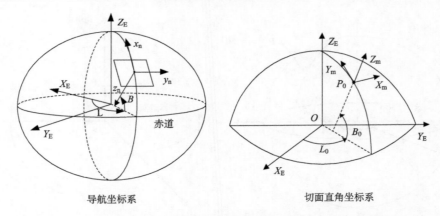

导航坐标系　　　　　　　　　　　切面直角坐标系

图 3-4　导航坐标系、切面坐标系与地心坐标系之间的关系

3.1.4　切面直角坐标系（m 系）

如图 3-5 所示，在实际生产中，用户通常会根据需要定义一个自己的局部右手空间直角坐标系，方便摄影测量平差计算。用户一般选择测区中央某点作为切面直角坐标系的原点 P_0，Z 轴与法线方向一致，向外为正，Y 轴与 Z 轴正交沿 P_0 点的大地子线方向，向北为正，X 轴与 Y、Z 轴构成右手坐标系统。该坐标系称为切面直角坐标系，有些文献中也称为局部空间直角坐标系。

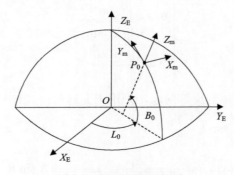

图 3-5　切面直角坐标系

3.1.5　摄影测量坐标系及旋转角系统

1. 图像坐标系

如图 3-6 所示，对于数字图像来说，图像坐标系又称为扫描坐标系，其主要用于表示像素点在图像中的行号 I 和列号 J，其原点位于图像的左上角，I 轴平行于扫描线方向并指向右方，J 轴与 I 轴垂直指向下方，通常以像素为单位。

2. 像平面坐标系

像点在像平面上的位置一般用像平面坐标系进行描述。如图 3-7 所示，定义像平面坐标系的原点为像片的几何中心，在不考虑像主点偏差的理想成像系统中，像平面坐标系的原点与像主点重合。像平面坐标系的 x 轴与像素的水平采样方向平行，其 y 轴按右手坐标系法则确定。

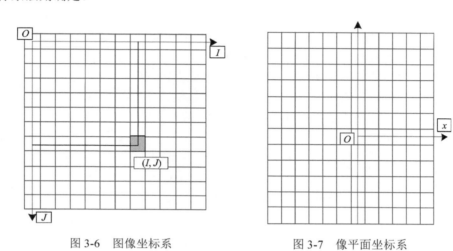

图 3-6　图像坐标系　　　　　　　　图 3-7　像平面坐标系

3. 像空间坐标系

如图 3-8 所示，像空间坐标系 $s-xyz$ 用于表示像点在像方空间的位置。像空间坐标系的原点选在投影中心上，x 轴和 y 轴分别与像平面坐标系的 x 轴和 y 轴平行，这时 z 轴就与摄影光轴重合了，则像点 p 在像空间坐标系中的坐标为 $(x, y, -f)$。

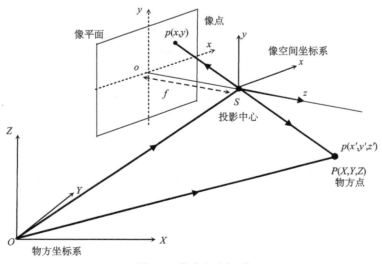

图 3-8　像空间坐标系

4. 旋转角系统

一般采用三个独立欧拉角来描述影像外方位元素的角元素，然后通过右手螺旋规则确定欧拉角的正方向。摄影测量领域采用两种旋转角系统，分别是国际上通用的 $\omega-\varphi-\kappa$ (OPK) 旋转角系统和我国常用的 $\varphi-\omega-\kappa$ 旋转角系统。本书统一采用国际摄影测量与遥感学会 ISPRS 建议的 $\omega-\varphi-\kappa$ 旋转角系统，下面对该旋转角系统进行介绍：

$\omega-\varphi-\kappa$ 旋转角系统以 X 轴为第一旋转轴。当采用 $\omega-\varphi-\kappa$ 角元素系统时，采用连动轴的方法将物方坐标系的三轴旋转到与像空间坐标系的三轴重合，具体的步骤为：

(1) 将坐标系物方坐标系绕 X 轴旋转 ω 角；

(2) 将第一次旋转后的坐标系物方坐标系绕 Y 轴旋转 φ 角；

(3) 将第二次旋转后的坐标系物方坐标系绕 Z 轴旋转 κ 角。

其中的 ω,φ,κ 角均采用正向旋转，由此构成的旋转矩阵为

$$R = R(\omega)R(\varphi)R(\kappa)$$

$$= \begin{bmatrix} 1 & 0 & 0 \\ 0 & \cos\omega & -\sin\omega \\ 0 & \sin\omega & \cos\omega \end{bmatrix} \begin{bmatrix} \cos\varphi & 0 & \sin\varphi \\ 0 & 1 & 0 \\ -\sin\varphi & 0 & \cos\varphi \end{bmatrix} \begin{bmatrix} \cos\kappa & -\sin\kappa & 0 \\ \sin\kappa & \cos\kappa & 0 \\ 0 & 0 & 1 \end{bmatrix} \tag{3-4}$$

$$= \begin{pmatrix} \cos\varphi\cos\kappa & -\cos\varphi\sin\kappa & \sin\varphi \\ \cos\omega\sin\kappa+\sin\omega\sin\varphi\cos\kappa & \cos\omega\cos\kappa-\sin\omega\sin\varphi\sin\kappa & -\sin\omega\cos\varphi \\ \sin\omega\sin\kappa-\cos\omega\sin\varphi\cos\kappa & \sin\omega\cos\kappa+\cos\omega\sin\varphi\sin\kappa & \cos\omega\cos\varphi \end{pmatrix}$$

3.2　相机畸变参数标定

3.2.1　影像畸变因素

理想的针孔相机成像时，应该严格满足透视中心、像点和对应的物点三点共线的几何条件，但在由于镜头磨制误差、CCD 加工精度、相机装配不严格等多种因素的影响，导致了光学畸变差的存在，使得实际的像点会偏离其正确位置。根据畸变的分布规律，通常将相机的畸变描述为径向畸变、偏心畸变和像平面畸变(程效军，2002；黄桂平，2005)。

1. 径向畸变

径向畸变是由于镜头实际形状不理想引起的，它使像点产生关于中心对称并沿径向分布的偏差。实际上径向畸变的对称中心与像主点并不完全重合，不过计算径向畸变时一般将像主点视为对称中心。径向畸变有正负号之分，通常约定相对主点向外偏移为正，称为枕形畸变；向内偏移为负，称为桶形畸变。

径向畸变可用如下多项式表示：

$$\Delta r = k_1 r^3 + k_2 r^3 + k_3 r^7 + \cdots \tag{3-5}$$

式中，Δr 为径向畸变值；r 为径向值；k_1，k_2，k_3 为径向畸变系数。

将其分解到 x 轴和 y 轴上，则有

$$
\begin{cases}
\Delta x_r = k_1 \overline{x} r^2 + k_2 \overline{x} r^4 + k_3 \overline{x} r^6 + \cdots \\
\Delta y_r = k_1 \overline{y} r^2 + k_2 \overline{y} r^4 + k_3 \overline{y} r^6 + \cdots
\end{cases}
\tag{3-6}
$$

式中，$\overline{x} = (x - x_0)$，$\overline{y} = (y - y_0)$，$r^2 = \overline{x}^2 + \overline{y}^2$；$k_1$、$k_2$ 和 k_3 为径向畸变系数。

2. 偏心畸变

镜头透镜组的光学中心不能严格共线，表现为光学系统光心与几何中心不一致，通常认为这是导致偏心畸变产生的原因。与径向畸变相比，实际中的偏心畸变在数值上要小得多，偏心畸变的公式如下：

$$
\begin{cases}
\Delta x_d = P_1(r^2 + 2\overline{x}^2) + 2P_2 \overline{x} \cdot \overline{y} \\
\Delta y_d = P_2(r^2 + 2\overline{y}^2) + 2P_1 \overline{x} \cdot \overline{y}
\end{cases}
\tag{3-7}
$$

式中，P_1、P_2 就是偏心畸变系数。

3. 像平面畸变

像平面畸变包括因像平面不平引起的非平面畸变和像平面内的畸变两种类型。原来的胶片式相机产生像平面畸变的原因是胶片平面不平，一般是采用多项式拟合的办法进行补偿(冯其强等，2012)。而对于数码相机，无论是 CCD 还是 CMOS 都属于使用离散像敏单元进行成像，因此其非平面畸变很难用模型描述。

像平面畸变通常表示为仿射畸变和剪切变形畸变(affinity and shear deformation)：

$$
\begin{cases}
\Delta x_m = Ap_1 \overline{x} + Ap_2 \overline{y} \\
\Delta y_m = 0
\end{cases}
\tag{3-8}
$$

式中，Ap_1 和 Ap_2 就是像平面畸变系数。

3.2.2 附加参数模型

由于相机畸变导致影像上像点发生偏移的现象是一种复杂的函数关系，对于这种复杂函数关系可以通过数学模型去拟合它，也可从引起系统误差的物理因素出发去建立物理模型。因此描述相机畸变的附加参数模型通常也分为两大类，即数学模型类和物理模型类。

1. 一般多项式模型

一般多项式模型采用关于像点坐标 (x, y) 的二元次 n 多项式来拟合像点的畸变差，这是一种较为简单的相机畸变模型，一般多项式模型的公式如下所示(李德仁和李明，2012)：

$$
\begin{cases}
\Delta x = a_0 + a_1 x + a_2 y + a_3 x^2 + a_4 xy + a_5 y^2 + a_6 x^3 + a_7 x^2 y + a_8 xy^2 + a_9 y^3 \\
\Delta y = b_0 + b_1 x + b_2 y + b_3 x^2 + b_4 xy + b_5 y^2 + b_6 x^3 + b_7 x^2 y + b_8 xy^2 + b_9 y^3
\end{cases}
\tag{3-9}
$$

式中，$(\Delta x, \Delta y)$ 为像点坐标畸变值。

2. Ebner 正交多项式模型

正交多项式模型由于相关性较小而倍受青睐，其中最著名的正交多项式模型是来自德国 Heinrich Ebner 教授提出的正交多项式（Mcglone et al., 2004）。Ebner 正交多项式模型是通过利用相对定向的 9 个标准点位构造而成的，其一共包含 12 个附加参数，自 20世纪 70 年代以来一直被广泛应用：

$$
\begin{cases}
\Delta x = b_1x + b_2y - b_3(2x^2 - \dfrac{4}{3}b^2) + b_4xy + b_5(y^2 - \dfrac{2}{3}b^2) + b_7(x^2 - \dfrac{2}{3}b^2)x \\
\qquad + b_9(x^2 - \dfrac{2}{3}b^2)y + b_{11}(x^2 - \dfrac{2}{3}b^2)(y^2 - \dfrac{2}{3}b^2) \\
\Delta y = -b_1y + b_2x - b_3xy - b_4(2y^2 - \dfrac{4}{3}b^2) + b_6(x^2 - \dfrac{2}{3}b^2) + b_8(x^2 - \dfrac{2}{3}b^2)y \\
\qquad + b_{10}x(y^2 - \dfrac{2}{3}b^2) + b_{11}(x^2 - \dfrac{2}{3}b^2)(y^2 - \dfrac{2}{3}b^2)
\end{cases}
\tag{3-10}
$$

此外，瑞士苏黎世联邦理工学院的 A. Gruen 教授在顾及 5×5 标准点位处正交性的基础上，提出了一种包含 44 个附加参数的正交多项式模型。

3. Brown 混合型附加参数模型

Brown（1976）提出了一种混合型附加参数模型，该模型共包含 29 个参数，其中一部分是具有物理意义的参数，另一部分是经验性的多项式参数。

$$
\begin{cases}
\Delta x = a_1x + a_2y + a_3x^2 + a_4xy + a_5y^2 + a_6x^2y + a_7xy^2 \\
\qquad + \dfrac{x}{r}(c_1x^2 + c_2xy + c_3y^2 + c_4x^3 + c_5x^2y + c_6xy - \dfrac{x}{f}\Delta f^2 + c_7y^3) \\
\qquad + x(k_1r^2 + k_2r^4 + k_3r^6) + p_1(y^2 + 3x^2) + 2p_2xy - x_0 - \dfrac{x}{f}\Delta f \\
\Delta y = b_1x + b_2y + b_3x^2 + b_4xy + b_5y^2 + b_6x^2y + b_7xy^2 \\
\qquad + \dfrac{y}{r}(c_1x^2 + c_2xy + c_3y^2 + c_4x^3 + c_5x^2y + c_6xy^2 + c_7y^3) \\
\qquad + y(k_1r^2 + k_2r^4 + k_3r^6) + p_2(y^2 + 3x^2) + 2p_1xy - y_0 - \dfrac{y}{f}\Delta f
\end{cases}
\tag{3-11}
$$

式中，r 为像点辐射距，即 $r^2 = x^2 + y^2$；$a_1, a_2, \cdots, a_7$ 和 $b_1, b_2, \cdots, b_7$ 是描述底片变形的参数；$c_1, c_2, \cdots, c_7$ 是描述底片弯曲的参数；k_1, k_2, k_3 为径向畸变参数；p_1, p_2 为偏心畸变参数；x_0, y_0, f 为内方位元素改正数。

4. Fraser 参数模型

Fraser 参数模型是在 Brown 混合型附加参数模型基础上进行研究和发展起来的，Fraser 参数模型考虑了径向畸变、偏心畸变、像平面畸变、像主点偏移和焦距变化，由于 Fraser 参数模型只有 10 个参数，因此也常称为 10 参数模型（冯其强，2010）。

$$\begin{cases} \Delta x = -x_0 - \dfrac{\overline{x}}{f}\Delta f + k_1\overline{x}r^2 + k_2\overline{x}r^4 + P_1(r^2 + 2\overline{x}^2) + 2P_2\overline{x}\cdot\overline{y} + b_1\overline{x} + b_2\overline{y} \\ \Delta y = -y_0 - \dfrac{\overline{y}}{f}\Delta f + k_1\overline{y}r^2 + k_2\overline{y}r^4 + k_3\overline{y}r^6 + P_2(r^2 + 2\overline{y}^2) + 2P_1\overline{x}\cdot\overline{y} \end{cases} \quad (3\text{-}12)$$

3.2.3　基于叠加模型的控制场相机标定

控制场相机标定方法的实质是让待标定的相机对控制场多次成像，然后进行多像空间后方交会，同时顾及 3.2.2 中的附加参数模型进行一并解算，其理论基础是带有附加参数的共线条件方程，$\boldsymbol{R}$ 是由外方位角元素 (ω,φ,κ) 构成的旋转矩阵，具体见式(3-13)：

$$\begin{cases} x + \Delta x = -f\dfrac{a_1(X-X_s)+b_1(Y-Y_s)+c_1(Z-Z_s)}{a_3(X-X_s)+b_3(Y-Y_s)+c_3(Z-Z_s)} \\ y + \Delta y = -f\dfrac{a_2(X-X_s)+b_2(Y-Y_s)+c_2(Z-Z_s)}{a_3(X-X_s)+b_3(Y-Y_s)+c_3(Z-Z_s)} \end{cases} \quad (3\text{-}13)$$

式中，f 是相机焦距；(x,y) 是像点坐标；(X,Y,Z) 是对应的地面点坐标；$(X_s,Y_s,Z_s,\omega,\varphi,\kappa)$ 是像片的外方位元素；$(\Delta x,\Delta y)$ 为附加参数模型。

对式(3-13)进行线性化，得到基于控制场的相机标定关于像点坐标观测值的误差方程：

$$V = A_1X_1 + A_2X_2 - L \quad (3\text{-}14)$$

式中，$X_1 = [\Delta X_S, \Delta Y_S, \Delta Z_S, \Delta\omega, \Delta\varphi, \Delta\kappa]^{\mathrm{T}}$ 是像片外方位元素改正数向量；A_1 是与之相对应的系数矩阵。X_2 是附加的相机内参数改正数向量；A_2 是与之相应的系数矩阵，其依赖所选取的附加相机内参数的类型。所有像片中的所有像点按式(3-14)列出误差方程，依最小二乘原理将其法化得

$$\begin{bmatrix} A_1^{\mathrm{T}}PA_1 & A_1^{\mathrm{T}}PA_2 \\ A_2^{\mathrm{T}}PA_1 & A_2^{\mathrm{T}}PA_2 \end{bmatrix}\begin{bmatrix} X_1 \\ X_2 \end{bmatrix} = \begin{bmatrix} A_1^{\mathrm{T}}PL \\ A_2^{\mathrm{T}}PL \end{bmatrix} \quad (3\text{-}15)$$

进一步整理得

$$\begin{bmatrix} A_1^{\mathrm{T}}PA_1 & A_1^{\mathrm{T}}PA_2 \\ A_2^{\mathrm{T}}PA_1 & A_2^{\mathrm{T}}PA_2 \end{bmatrix}\begin{bmatrix} X_1 \\ X_2 \end{bmatrix} = \begin{bmatrix} A_1^{\mathrm{T}}PL \\ A_2^{\mathrm{T}}PL \end{bmatrix} \quad (3\text{-}16)$$

由于目前对相机畸变的认知有限，在附加参数选择方面若完全采用具有物理意义的附加参数模型显然不能最大程度上消除相机的畸变，而完全采用数学模型因没有明确的物理意义而不利于相机标定结果的重复性使用。为此，采用构建了一种叠加附加模型(于英，2014)，即首先采用物理意义明显的 Fraser 参数模型进行相机标定，然后在 Fraser 参数模型标定的基础上再采用一般多项式模型进行标定。

在嵩山摄影测量与遥感定标综合实验场中(张永生，2012)，对 PHASE ONE iXA180 相机进行了标定，标定中采用的像片数量为 215 张，加密控制点数量为 8186 个，附加参数选择了一般多项式模型、Fraser 参数模型和叠加模型共 3 组，分别进行了标定，相机标定参数结果如表 3-1、表 3-2 和表 3-3 所示。

表 3-1　Fraser 参数模型标定结果

x_0 /mm	y_0 /mm	f /mm	k_1	k_2
-7.696×10^{-3}	2.200×10^{-1}	$5.508\times10^{+1}$	2.416×10^{-5}	-1.088×10^{-8}
k_3	P_1	P_2	Ap_1	Ap_2
-6.027×10^{-13}	-7.978×10^{-7}	5.748×10^{-7}	-7.039×10^{-5}	-2.607×10^{-5}

表 3-2　一般多项式模型标定结果

a_0 /mm	a_1	a_2	a_3	a_4
-8.974×10^{-3}	-4.568×10^{-4}	6.393×10^{-5}	1.319×10^{-5}	9.931×10^{-6}
a_5	a_6	a_7	a_8	a_9
3.155×10^{-6}	-4.184×10^{-7}	-1.449×10^{-6}	-1.065×10^{-5}	-2.856×10^{-7}
b_0 /mm	b_1	b_2	b_3	b_4
2.228×10^{-1}	-5.086×10^{-6}	-7.035×10^{-4}	-3.169×10^{-6}	3.852×10^{-6}
b_5	b_6	b_7	b_8	b_9
-2.262×10^{-6}	-5.647×10^{-8}	-2.901×10^{-6}	1.888×10^{-6}	1.634×10^{-7}

表 3-3　叠加模型标定结果

x_0 /mm	y_0 /mm	f /mm	k_1	k_2
-7.696×10^{-3}	2.200×10^{-1}	$5.508\times10^{+1}$	2.416×10^{-5}	-1.088×10^{-8}
k_3	P_1	P_2	Ap_1	Ap_2
-6.027×10^{-13}	-7.978×10^{-7}	5.748×10^{-7}	-7.039×10^{-5}	-2.607×10^{-5}
a_0 /mm	a_1	a_2	a_3	a_4
-1.374×10^{-3}	7.682×10^{-5}	7.425×10^{-6}	-4.305×10^{-6}	-3.540×10^{-6}
a_5	a_6	a_7	a_8	a_9
5.360×10^{-6}	-4.640×10^{-9}	-1.463×10^{-7}	1.148×10^{-7}	4.750×10^{-8}
b_0 /mm	b_1	b_2	b_3	b_4
1.780×10^{-3}	-6.996×10^{-6}	1.457×10^{-5}	-1.837×10^{-7}	-7.131×10^{-6}
b_5	b_6	b_7	b_8	b_9
-8.622×10^{-6}	2.665×10^{-8}	1.386×10^{-7}	-6.320×10^{-8}	2.133×10^{-8}

分别利用三种畸变模型标定的结果，通过共线方程反算得到像点坐标，并与图像处理得到的像点坐标进行比较得到像点残差。经过统计，一般多项式模型的像点坐标残差 RMS 是 0.95pixel，Fraser 参数模型的像点残差 RMS 是 0.25pixel，叠加模型的像点残差 RMS 是 0.21pixel，图 3-9 是三种模型像点残差 RMS 的直方图显示。通过比较可以发现，采用 Fraser 参数模型很好地满足了 PHASE ONE iXA180 相机的标定需求。本书提出的叠加模型的精度比 Fraser 参数模型的标定精度略有提高，这是因为叠加模型不仅补偿了有规律的物理性畸变，也通过多项式参数拟合的方法在一定程度补偿了无规律的畸变。

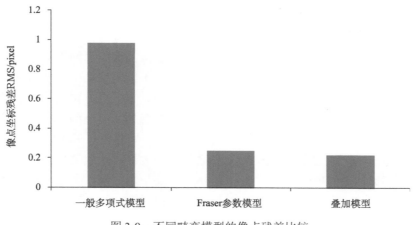

图 3-9　不同畸变模型的像点残差比较

3.2.4　基于液晶显示器 LCD 的相机标定

基于液晶显示器（liquid crystal display，LCD）建立标定场的方法使用目前比较普及的 LCD 代替人造的高精度平面格网和三维标定物等，采用二维直接线性变换和光束法平差进行摄像机标定的方法（张永军等，2002）。对于无人机作业来讲，LCD 作为标定场具有以下优势：轻巧便携，可以在外出作业时携带，便于每个架次飞行前后进行标定；对拍摄环境的要求较低，便于在作业时使用；成本低廉，实用性强；LCD 加工工艺已比较成熟，几何变形几乎可以忽略。基于 LCD 标定场的摄像机标定流程有如下五步。

1. 标定场的建立

如图 3-10 所示，在分辨率为 1920 像素×1200 像素的液晶显示器上绘制标志点，绘制时可以根据屏幕的分辨率绘制不同数量、大小的标志点，以方便影像的拍摄及标志点的提取。

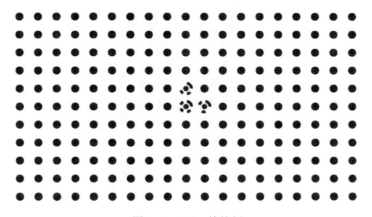

图 3-10　LCD 检校场

2. 拍摄符合要求的影像

拍摄方式为基本保持摄像机平面位置不变，调整液晶显示器面板的方位：俯仰、左侧视、右侧视、正视等角度，使得摄像机可对液晶屏不同角度拍摄。然后正对液晶屏，摄像机平面位置不变，调整三脚架升降高度分上、中、下三个方位拍摄。这种拍摄方式需要拍摄摄像机像幅四个角位置 4 张影像，整体共拍摄照片 3×5×4 共 60 张影像，使得显示器在不同角度、不同方位出现在影像的不同位置，如图 3-11 所示。由于采用旋转方式拍摄可削弱主点偏移、主距、畸变差三者之间的相关性，因此需要在前组的基础上增加摄像机旋转 90°拍摄的模式，如图 3-12 所示，需要拍摄像幅六个角位置 6 张影像，共拍摄影像 3×5×6 共 90 张影像，图 3-13 为通过上述两种拍摄模式得到的影像部分缩略图。

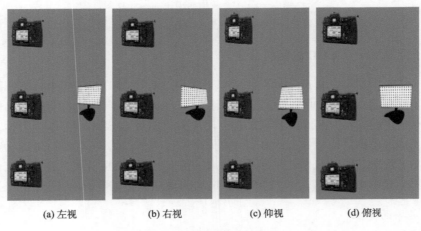

(a) 左视　　　(b) 右视　　　(c) 仰视　　　(d) 俯视

图 3-11　拍摄方式示意图

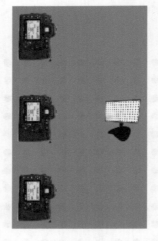

图 3-12　相机旋转 90 度拍摄示意图

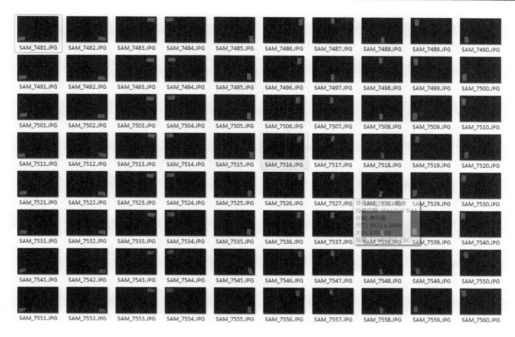

图 3-13　拍摄部分影像示意图

3. 控制点的识别及定位

利用边缘提取加质心计算的方法可以自动对标志点并进行高精度定位。

4. 二维 DLT 标定获取畸变初值

二维直接线性变换（direct linear transformation，DLT）的表达式如下：

$$
\begin{cases}
x = \dfrac{L_1 X + L_2 Y + h_3}{L_7 X + L_8 Y + 1} \\[3mm]
y = \dfrac{L_4 X + L_5 Y + h_6}{L_7 X + L_8 Y + 1}
\end{cases}
\tag{3-17}
$$

二维 DLT 需要解算的参数共有 8 个，只要影像上可识别的控制点个数多于 4 个，即可通过解超定方程求得。在利用 LCD 进行标定时，所有物方点的 Z 坐标为零，可将共线条件方程转化为与二维 DLT 表达式类似的形式：

$$
\begin{cases}
x = \dfrac{\left(f\dfrac{a_1}{\lambda}-\dfrac{a_3}{\lambda}x_0\right)X + \left(f\dfrac{b_1}{\lambda}-\dfrac{b_3}{\lambda}x_0\right)Y + \left(x_0 - \dfrac{f}{\lambda}(a_1 X_S + b_1 Y_S + c_1 Z_S)\right)}{-\dfrac{a_3}{\lambda}X - \dfrac{b_3}{\lambda}Y + 1} \\[6mm]
y = \dfrac{\left(f\dfrac{a_2}{\lambda}-\dfrac{a_3}{\lambda}y_0\right)X + \left(f\dfrac{b_2}{\lambda}-\dfrac{b_3}{\lambda}y_0\right)Y + \left(y_0 - \dfrac{f}{\lambda}(a_2 X_S + b_2 Y_S + c_2 Z_S)\right)}{-\dfrac{a_3}{\lambda}X - \dfrac{b_3}{\lambda}Y + 1}
\end{cases}
\tag{3-18}
$$

式中，$\lambda = (a_3 X_S + b_3 Y_S + c_3 Z_S)$。

比较共线条件方程与二维 DLT 可得

$$
\begin{cases}
L_1 = f a_1 / \lambda - a_3 x_0 / \lambda \\
L_2 = f b_1 / \lambda - b_3 y_0 / \lambda \\
L_4 = f a_2 / \lambda - a_3 y_0 / \lambda \\
L_5 = f b_2 / \lambda - b_3 y_0 / \lambda \\
L_3 = x_0 - f(a_1 X_S + b_1 Y_S + c_1 Z_S) / \lambda \\
L_6 = y_0 - f(a_2 X_S + b_2 Y_S + c_2 Z_S) / \lambda \\
L_7 = -a_3 / \lambda \\
L_8 = -b_3 / \lambda
\end{cases}
\tag{3-19}
$$

由式 (3-19) 可得

$$
\begin{cases}
(L_1 - L_7 x_0) / f = a_1 / \lambda \\
(L_2 - L_8 x_0) / f = b_1 / \lambda \\
(L_4 - L_7 y_0) / f = a_2 / \lambda \\
(L_5 - L_8 y_0) / f = b_2 / \lambda \\
-L_7 = a_3 / \lambda \\
-L_8 = b_3 / \lambda
\end{cases}
\tag{3-20}
$$

顾及 $a_1 b_1 + a_2 b_2 + a_3 b_3 = 0$，可得

$$(L_1 - L_7 x_0) \cdot (L_2 - L_8 x_0) / f^2 + (L_4 - L_7 y_0) \cdot (L_5 - L_8 y_0) / f^2 + L_7 L_8 = 0$$

那么：

$$
f = \sqrt{ \left(\begin{aligned} -(L_1 - L_7 x_0) \cdot (L_2 - L_8 x_0) \\ -(L_4 - L_7 y_0) \cdot (L_5 - L_8 y_0) \end{aligned} \right) \Big/ L_7 L_8 }
$$

当主点 (x_0, y_0) 已知或通过某种方法求得后即可利用上式求得焦距 f。在给定二维 DLT 的 8 个参数时，主点 (x_0, y_0) 可以在主纵线上自由移动，从而造成外方位元素分解的不唯一性。因此单帧影像无法利用该方法进行摄像机的标定，必须通过多帧影像解下面的超定方程来计算 (x_0, y_0)。

$$
\begin{aligned}
F_h = &(L_1 L_8 - L_2 L_7)\left(L_1 L_7 - L_7^2 x_0 + L_2 L_8 - L_8^2 x_0\right) \\
&+ (L_4 L_8 - L_5 L_7)(L_4 L_7 - L_7^2 y_0 + L_5 L_8 - L_8^2 y_0)
\end{aligned}
\tag{3-21}
$$

值得注意的是，在利用超定方程求解主点 (x_0, y_0) 时应避免所谓的临界运动序列。当摄像机固定而标定格网只绕其 Z 轴作旋转时，各像片的二维 DLT 参数之间线性相关，此时各主纵线互相重合，因而无法求出主点的位置。实际操作中为了避免参数相关性，通常采用拍摄不同角度的像片的方法，这样不同像片的主纵线斜率差异比较明显，答解的稳定性提高。

5. 附加参数自检校光束法平差标定摄像机畸变值

通过二维 DLT 标定之后可以获得内方位元素的初值，但并未考虑摄像机畸变，还需要利用附加参数的自检校光束法平差解算出畸变参数供后续使用。需要说明的是，此处进行的附加参数自检校光束法平差与基于高精度三维控制场的解算方法基本相同，各偏导数可由共线条件方程求得。

无人机飞行前，在地面三维控制场内拍摄不同角度的 5 幅图像之后，利用基于三维控制场的方法对摄像机进行标定，镜头的内方位元素及畸变参数如表 3-4 所示。

表 3-4　三维控制场摄像机标定结果

参数	数值	参数	数值
f /mm	12.06869466	K_3	$-7.59160261 \times 10^{-7}$
x_0 /mm	0.05873500	P_1	$1.53126411 \times 10^{-4}$
y_0 /mm	0.11584720	P_2	$-3.22050560 \times 10^{-5}$
K_1	$2.46973565 \times 10^{-4}$	b_1	$1.56750654 \times 10^{-4}$
K_2	$9.38014561 \times 10^{-6}$	b_2	$5.34836514 \times 10^{-5}$

利用基于 LCD 控制场的方式共拍摄 150 幅影像进行摄像机的标定，标定结果如表 3-5 所示。

表 3-5　LCD 控制场摄像机标定结果

参数	数值	参数	数值
f /mm	12.019529154	K_3	$7.761760518 \times 10^{-20}$
x_0 /mm	0.0587771305	P_1	$2.280189786 \times 10^{-8}$
y_0 /mm	0.0667522895	P_2	$-5.118115983 \times 10^{-8}$
K_1	$6.22021899 \times 10^{-9}$	b_1	$-4.972642522 \times 10^{-4}$
K_2	$1.023361997 \times 10^{-15}$	b_2	$1.3867154009 \times 10^{-4}$

飞行结束后，将摄像机从无人机上取下重新进行标定，从而评估飞行平台震动、机械安装对于摄像机的影响。利用基于三维控制场的方法重新拍摄 5 幅图像对摄像机进行标定，镜头的内方位元素及畸变参数如表 3-6 所示。

表 3-6　基于三维控制场的摄像机标定结果

参数	数值	参数	数值
f /mm	12.07840281	K_3	$-1.58762046 \times 10^{-7}$
x_0 /mm	0.06282295	P_1	$1.59077239 \times 10^{-4}$
y_0 /mm	0.05318490	P_2	$8.43305609 \times 10^{-5}$
K_1	$3.33896248 \times 10^{-4}$	b_1	$-2.68885301 \times 10^{-4}$
K_2	$-6.30746924 \times 10^{-6}$	b_2	$-1.07254100 \times 10^{-5}$

利用基于 LCD 标定场的方式重新拍摄 150 余幅图像进行摄像机的标定,镜头的内方位元素及畸变参数如表 3-7 所示。

表 3-7　基于 LCD 标定场的摄像机标定结果

参数	数值	参数	数值
f /mm	12.058240982	K_3	$5.21760518 \times 10^{-15}$
x_0 /mm	0.059908097	P_1	$3.819327473 \times 10^{-8}$
y_0 /mm	0.061858038	P_2	$-4.965494848 \times 10^{-8}$
K_1	$5.715984391 \times 10^{-9}$	b_1	$-1.57684286 \times 10^{-5}$
K_2	$1.175938923 \times 10^{-14}$	b_2	$3.642897997 \times 10^{-4}$

利用标定结果和控制点物方坐标反算像点坐标,统计像方坐标残差中误差,几次实验标定结果的像方中误差如表 3-8 所示。

表 3-8　标定结果精度评估　　　　　　　　　　　　　　　　(单位：μm)

标定方法	飞行前	飞行后
基于三维控制场的方法	0.94	1.02
基于 LCD 控制场的方法	1.20	1.19

分析以上结果可以看出:

(1)从像方坐标残差中误差可以看出,两种方法的标定精度均优于 1/4 个像元,就无人机低空遥感直接地理定位的需求来讲已经能够满足要求。

(2)基于三维控制场的方法从理论上来讲更加严密,其标定结果的精度相应也略高于基于 LCD 标定场的方法。

(3)利用 LCD 方法与基于控制场标定得到的结果有所差异,有可能的原因是标定时摄像机成像距离不同,拍摄图像时摄像机重新进行了对焦,对标定结果有一定的影响,后续拟开展实验进行研究。

3.3　安置矩阵标定

安置矩阵标定的精度直接影响 POS 系统提供的影像外方位元素的精度,是传感器几何定标的主要内容,因此安置矩阵的标定得到了广泛的重视。无人机上搭载的面阵 CCD 相机与 POS 系统之间零位置的探测被称为安置矩阵的标定,安置矩阵由两部分组成:GNSS 天线相位中心与 IMU 几何中心偏离导致的偏心距和 IMU 轴线与相机坐标系不平行导致的视轴偏心角。如图 3-14 所示,偏心距对定位精度的影响是一个固定值,但是偏心角对定位精度的影响与航高成正比。

图 3-14　偏心角对地面定位精度影响的示意图

安置矩阵标定目前主要有两种标定方法：两步法，是通过检校场获取的数据后方交会得到影像的外方位元素并与 POS 获取的定向参数进行对比，求解出安置矩阵。一步法，是在光束法平差中将安置误差视为与其他系统误差一样的未知数，采用共同答解的方法进行安置矩阵的标定。

3.3.1　POS 导航解与外方位元素之间的关系

无人机上搭载的 POS 系统测得的数据是相对于局部水平坐标系，因为局部水平坐标系不是一个静态坐标系，所以不能直接将 POS 系统测得的数据作为影像的外部定向参数。在局部水平坐标系中，定义 POS 系统中的 IMU 载体坐标系的三个姿态角为航偏角 Ψ、俯仰角 Θ 和侧滚角 Φ （heading, pitch, roll－HPR），其中在定义 HPR 角度时遵循了航空标准 ARINC 705（Committee, 1982）。如图 3-15 所示，俯仰角 Θ 表示为 IMU 载体坐标系的 x 轴与水平线之间的夹角，规定机头朝上为正；侧滚角 Φ 表示为载体坐标系的 y 轴与水平线之间的夹角，规定右翼朝下为正；航偏角 Ψ 是载体坐标系的 x 轴与北方向之间的夹角，规定右偏为正（Bäumker and Heimes, 2001）。

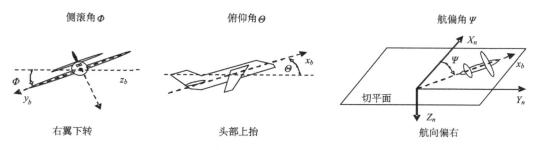

图 3-15　HPR 角度的定义

使导航坐标系 n 旋转到与 IMU 载体坐标系 b 重合需要三个步骤：首先，绕坐标轴 Z_n 逆时针旋转偏航角 Ψ；然后，再绕经过一次旋转后的 Y_n 轴逆时针旋转俯仰角 Θ；最后绕经过两次旋转后的 X_n 轴逆时针旋转侧滚角 Φ。旋转矩阵 $\boldsymbol{R}_b^n$ 的具体表达形式如下：

$$R_b^n = R_Z(\Psi) \cdot R_Y(\Theta) \cdot R_X(\Phi)$$

$$= \begin{bmatrix} \cos\Psi & -\sin\Psi & 0 \\ \sin\Psi & \cos\Psi & 0 \\ 0 & 0 & 1 \end{bmatrix} \begin{bmatrix} \cos\Theta & 0 & \sin\Theta \\ 0 & 1 & 0 \\ -\sin\Theta & 0 & \cos\Theta \end{bmatrix} \begin{bmatrix} 1 & 0 & 0 \\ 0 & \cos\Phi & -\sin\Phi \\ 0 & \sin\Phi & \cos\Phi \end{bmatrix} \tag{3-22}$$

$$= \begin{bmatrix} \cos\Theta\cos\Psi & \sin\Phi\sin\Theta\cos\Psi - \cos\Phi\sin\Psi & \cos\Phi\sin\Theta\cos\Psi + \sin\Phi\sin\Psi \\ \cos\Theta\sin\Psi & \sin\Phi\sin\Theta\sin\Psi + \cos\Phi\cos\Psi & \cos\Phi\sin\Theta\sin\Psi - \sin\Phi\cos\Psi \\ -\sin\Theta & \sin\Phi\cos\Theta & \cos\Phi\cos\Theta \end{bmatrix}$$

　　物方坐标系 m 依次绕 $X-Y-Z$ 连动旋转 ω, φ, κ 角，三轴的指向与像空间坐标系 c 重合，相对应的旋转矩阵为 $R_c^m(\omega, \varphi, \kappa)$，同时，首先将物方坐标系 w 转换到与地心直角坐标系 E 相一致、而后转换到与局部水平坐标系 n 相一致、再转换到与 IMU 载体坐标系相一致，最后利用安置矩阵旋转到与相机坐标系 c 相一致(刘军等,2004)，则有

$$R_c^m(\omega, \varphi, \kappa) = R_E^w \cdot R_n^E(B,L) \cdot R_b^n \cdot R_c^b(e_x, e_y, e_z) \tag{3-23}$$

式中，(B,L) 为 IMU 几何中心在 WGS84 坐标系下的大地经纬度；(e_x, e_y, e_z) 为相机坐标系 c 与 IMU 轴线之间的夹角，即所谓的 IMU 视轴偏心角。在式(3-23)中，旋转矩阵 R_E^w 可根据所选择的物方坐标系确定，将 HPR 角度代入式(3-22)中计算 R_b^n，R_c^b 可根据视轴偏心角 (e_x, e_y, e_z) 计算，R_n^E 则利用 IMU 的 WGS84 大地经纬度计算，即

$$R_n^E = \begin{bmatrix} \cos L & -\sin L & 0 \\ \sin L & \cos L & 0 \\ 0 & 0 & 1 \end{bmatrix} \begin{bmatrix} \cos(90+B) & 0 & -\sin(90+B) \\ 0 & 1 & 0 \\ \sin(90+B) & 0 & \cos(90+B) \end{bmatrix}$$

$$= \begin{bmatrix} -\sin B\cos L & -\sin L & -\cos B\cos L \\ -\sin B\sin L & \cos L & -\cos B\sin L \\ \cos B & 0 & 1 \end{bmatrix} \tag{3-24}$$

3.3.2　两步法安置矩阵标定

　　无人机摄影测量系统上搭载的 POS 系统与相机之间采用刚性结构连接，这可保证 POS 系统与相机之间的相对关系稳定不变。对于任意一个像点在相机坐标系中的坐标向量 X_c，其对应的物方坐标系下地面点坐标向量 X_w 可由式(3-25)求出：

$$X_w = X_w^o + sR_c^w X_c \tag{3-25}$$

式中，X_w^o 为相机坐标系中心在物方坐标系中的坐标向量；s 为比例因子(本书中 s=1)；R_c^w 为相机坐标系变换到物方坐标系的旋转矩阵。由于相机坐标系与 POS 坐标系之间的关系固定，GPS 与 IMU 之间的偏心分量可通过室外测量获得，进而将 GPS 的相位中心归化到 IMU 中心，因此可得

$$\begin{cases} X_w^o = X_{GPS} + R_b^w a_c^b \\ R_c^w = R_b^w R_c^b \end{cases} \tag{3-26}$$

各向量之间关系如图 3-16 所示，X_{GPS} 为相机拍摄时 IMU 坐标系原点在物方坐标系

中的坐标向量，a_c^b 为相机坐标系原点在 IMU 坐标系中的偏移向量，R_c^b 是相机坐标系与 IMU 坐标系之间的偏心角 (e_x, e_y, e_z) 构成的旋转矩阵，R_b^w 是 IMU 坐标系到物方坐标系的旋转矩阵。根据式 (3-23) 可以得到 $R_b^w = R_E^w \cdot R_n^E(B, L) \cdot R_b^n$，由式 (3-25) 与式 (3-26) 联立，可得无人机摄影测量的定位方程：

$$\begin{cases} X_w = R_b^w R_c^b X_c + R_b^w a_c^b + X_{\mathrm{GPS}} \\ a_c^b = [T_X, T_Y, T_Z]^\mathrm{T}, R_c^b = [r_{11}, r_{12}, r_{13}; r_{21}, r_{22}, r_{23}; r_{31}, r_{32}, r_{33}]^\mathrm{T} \end{cases} \tag{3-27}$$

进一步整理可得

$$R_b^{w\text{-}1}(X_w - X_{\mathrm{GPS}}) = R_c^b X_c + a_c^b \tag{3-28}$$

式 (3-27) 中，R_b^w 和 X_{GPS} 为 POS 系统直接观测值根据 3.3.1 中方法转换到物方坐标系下的结果，X_w 为控制点坐标，X_c 为像空间坐标，据此可求出 a_c^b 和 R_c^b，式 (3-28) 应采用多张像片共同答解，有利于提高偏心矢量和偏心角的标定精度。

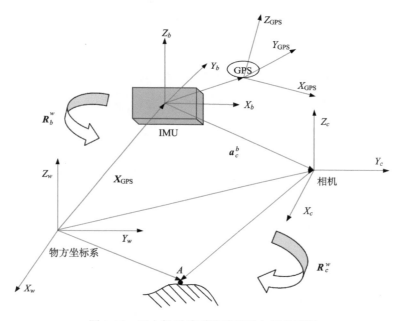

图 3-16　无人机遥感系统坐标系之间关系图

3.3.3　一步法安置矩阵标定

一步法安置矩阵标定的理论依据是，在进行 POS 辅助光束法平差模型时，将安置矩阵作为附加参数模型，同时联合解算像点观测所形成的像点误差方程和 GPS 摄站坐标、IMU 姿态角观测值以及 GPS 和 IMU 漂移参数伪观测值所形成的 POS 误差方程。根据式 (3-25) 的两个方程，列两组误差方程。设影像的外方位线元素为 (X_s, Y_s, Z_s)，角元素为 $(\omega, \varphi, \kappa)$ 且构建的旋转矩阵为 R_c^w，设 POS 直接测量的姿态角为 (α, β, γ)，构建的旋转矩阵为 R_b^w；偏心角构建的旋转矩阵为 R_c^b，且

$$\boldsymbol{R}_c^w = \begin{bmatrix} a_1 & a_2 & a_3 \\ b_1 & b_2 & b_3 \\ c_1 & c_2 & c_3 \end{bmatrix} \quad \boldsymbol{R}_b^w = \begin{bmatrix} r_{11} & r_{12} & r_{13} \\ r_{21} & r_{22} & r_{23} \\ r_{31} & r_{32} & r_{33} \end{bmatrix} \quad \boldsymbol{R}_c^b = \begin{bmatrix} e_{11} & e_{12} & e_{13} \\ e_{21} & e_{22} & e_{23} \\ e_{31} & e_{32} & e_{33} \end{bmatrix}$$

偏心矢量的误差方程由 $\boldsymbol{X}_w^o = \boldsymbol{X}_{\text{GPS}} + \boldsymbol{R}_b^w \boldsymbol{a}_c^b$ 可以很容易地得到，这里主要描述偏心角对应的误差方程。$\boldsymbol{R}_c^w = \boldsymbol{R}_b^w \boldsymbol{R}_c^b$ 的等式中包含有 9 个关系式，但其中仅有 3 个是独立的。$\boldsymbol{R}_b^w = \boldsymbol{R}_c^w (\boldsymbol{R}_c^b)^{\text{T}}$，设 $\boldsymbol{R}_c^w (\boldsymbol{R}_c^b)^{\text{T}} = \boldsymbol{R}'$，且有

$$\boldsymbol{R}' = \begin{bmatrix} r_{11}' & r_{12}' & r_{13}' \\ r_{21}' & r_{22}' & r_{23}' \\ r_{31}' & r_{32}' & r_{33}' \end{bmatrix}$$

根据 ω, φ, κ 旋转角系统的定义，可以得到

$$\begin{cases} \alpha = -\arctan(r_{23}' / r_{33}') \\ \beta = -\arcsin(r_{13}') \\ \gamma = n\pi - \arctan(r_{12}' / r_{11}') \end{cases} \tag{3-29}$$

在式 (3-29) 中，其左侧是 IMU 姿态角观测值，其右侧是包含偏心角 (e_x, e_y, e_z) 的表达式，按照泰勒级数展开到一次项，可得

$$\begin{cases} V_\alpha = \dfrac{\partial \alpha}{\partial e_x} \Delta e_x + \dfrac{\partial \alpha}{\partial e_y} \Delta e_y + \dfrac{\partial \alpha}{\partial e_z} \Delta e_z - l_\alpha \\[2mm] V_\beta = \dfrac{\partial \beta}{\partial e_x} \Delta e_x + \dfrac{\partial \beta}{\partial e_y} \Delta e_y + \dfrac{\partial \beta}{\partial e_z} \Delta e_z - l_\beta \\[2mm] V_\gamma = \dfrac{\partial \gamma}{\partial e_x} \Delta e_x + \dfrac{\partial \gamma}{\partial e_y} \Delta e_y + \dfrac{\partial \gamma}{\partial e_z} \Delta e_z - l_\gamma \end{cases} \tag{3-30}$$

写成矩阵形式为

$$\boldsymbol{V} = \boldsymbol{A}\boldsymbol{X} - \boldsymbol{L} \tag{3-31}$$

下面给出系数矩阵 $\boldsymbol{A}$ 的值：

$$\frac{\partial \alpha}{\partial e_x} = -\frac{r_{22}r_{33} - r_{23}r_{32}}{r_{23}^2 + r_{33}^2} \qquad\qquad \frac{\partial \beta}{\partial e_x} = \frac{r_{12}}{\sqrt{1 - r_{13}^2}}$$

$$\frac{\partial \alpha}{\partial e_y} = \frac{r_{21}r_{33} - r_{23}r_{31}}{r_{23}^2 + r_{33}^2} \cos e_x \qquad \frac{\partial \beta}{\partial e_y} = \frac{-r_{11}}{\sqrt{1 - r_{13}^2}} \cos e_x \tag{3-32}$$

$$\frac{\partial \alpha}{\partial e_z} = -a_3 + \frac{r_{13}}{r_{23}^2 + r_{33}^2}(b_3 r_{23} - c_3 r_{33}) \qquad \frac{\partial \beta}{\partial e_z} = \frac{r_{23}c_3 - r_{33}b_3}{\sqrt{1 - r_{13}^2}}$$

$$\frac{\partial \gamma}{\partial e_x} = \frac{r_{11}r_{13}}{r_{11}^2 + r_{12}^2}$$

$$\frac{\partial \gamma}{\partial e_y} = -\sin e_x + \frac{r_{12}r_{13}}{r_{11}^2 + r_{12}^2}\cos e_x$$

$$\frac{\partial \gamma}{\partial e_z} = -\frac{b_3 r_{23} + c_3 r_{33}}{r_{11}^2 + r_{12}^2}$$

在利用偏心角模型进行标定时，存在数学上的奇异点。当航偏角 $\gamma = \pm \pi / 2$ 时，则因分母 $r_{11} = 0$ 而导致公式失效，所以在实际运用时要避免这种情况的发生（王冬红，2011）。

3.3.4　实验与分析

1. 数据介绍

在嵩山摄影测量与遥感定标综合实验场，采用 PHASE ONE iXA180 相机和 POS/AVTM510 系统进行了实验。PHASE ONE iXA180 相机集成于 CCD 的影像补偿与地速匹配技术减低运动造成的影像模糊，配备施耐德同步快速镜头 55mm f/2.8，表 3-9 是该相机的技术参数。选用的 POS/AVTM510 系统是 APPLANIX 中的高精度产品，表 3-10 列出了各种 APPLANIX 航空 POS 系统的后处理精度。

表 3-9　PHASE ONE iXA180 相机技术参数

分辨率/pixel	动态范围/db	像素尺寸/μm	镜头系数	感光度	快门速度/s
10320×7752	>72	5.2	1.0	35～800	最高 1/4000

表 3-10　APPLANIX 航空 POS 后处理精度

精度指标(RMS)	POS/AV^{TM} 210	POS/AV^{TM} 310	POS/AV^{TM} 410	POS/AV^{TM} 510
位置/m	0.05～0.30	0.05～0.30	0.05～0.30	0.05～0.30
速度/(m/s)	0.010	0.010	0.005	0.005
翻滚和俯仰角/deg	0.040	0.013	0.008	0.005
航向角/deg	0.080	0.035	0.015	0.008

在不同航高飞行了两个架次，获取了两组实验数据，分别记为 SYA 和 SYB。下面对这两组数据的具体情况进行介绍：

SYA 数据获取时间是 2013 年 5 月 2 日，飞行的相对航高为 1100m，拍摄了 18 条航线的图像（其中 4 条构架航线），对其编号为 N1～N18。共有 787 张像片，地面分辨率为 10cm，航向重叠度为 73%，旁向重叠度为 63%。

SYB 数据获取时间是 2013 年 5 月 10 日，飞行的相对航高为 2100m，拍摄了 17 条航线的图像（其中 4 条构架航线），对其编号为 N1～N6、N8～N16、N9B、N10B，因导航 GPS 故障，实际飞行的第 6 线位于设计航线 6、7 线之间，实际飞行的第 7 线为设计航线 8 线，造成编号混乱）。共有 966 张像片，地面分辨率为 20cm，航向重叠度为 87%，旁向重叠度为 60%。

本次的安置矩阵标定从数据 SYA 和数据 SYB 中各选取 2 组数据，得到 4 组不同配置的安置矩阵实验数据，具体情况如下：

数据 SYA（N6～N9）飞行相对高度 1100m，地面分辨率（ground sample distance，缩写 GSD）为 0.1m，共 4 条航线，相邻航线相向飞行，174 张影像，量测地面控制点 27 个。

数据 SYA（N2～N3）飞行相对高度 1100m，地面分辨率 GSD 为 0.1m，共 2 条航线相向飞行，88 张影像，量测地面控制点 15 个。

数据 SYB（N1～N4）飞行相对高度 2100m，地面分辨率 GSD 为 0.2m，共 4 条航线，相邻航线相向飞行，245 张影像，量测地面控制点 29 个。

数据 SYB（N5～N6）飞行相对高度 2100m，地面分辨率 GSD 为 0.2m，共 2 条航线相向飞行，117 张影像，量测地面控制点 8 个。

2. 两步法标定实验

采用区域网平差分别对上面四组不同配置的数据进行处理得到精确的外方位元素，然后将精确外方位元素与 POS 原始数据进行计算分析，得到表 3-11 的安置矩阵标定结果。从表 3-12 可以看出，不同的航线配置下得到出的偏心矢量和偏心角在数值上很接近，T_X 和 T_Y 的最大差异是 0，T_Z 的最大差异在 0.06m 左右，e_x 和 e_y 在 1′左右，e_z 在 2′左右。采用两步法安置矩阵标定的参数，进行直接定位与外业量测的坐标进行比较的结果如表 3-11 所示。从表 3-12 的直接定位精度来看，采用两步法安置改正后的 POS 方位元素进行直接定位的精度在水平方向上可以达到 2～3 个像素，在高程方向上可以达到 3～4 个像素。同时还可以发现数据 SYA（N2～N3）和数据 SYB（N5～N6）的定位精度要差一些，这是因为两条航线在直接定位时的交会误差要大一些，因此实际生产中两步法安置矩阵标定时选用的航线数量不要太少。

表 3-11　两步法安置矩阵标定结果

数据	T_X /m	T_Y /m	T_Z /m	e_x /(′)	e_y /(′)	e_z /(′)
SYA（N6～N9）	0	0	0.2336	−6.5435	7.1684	−27.5692
SYA（N2～N3）	0	0	0.2759	−6.6521	7.5473	−29.1026
SYB（N1～N4）	0	0	0.2484	−6.9864	7.8829	−28.9058
SYB（N5～N6）	0	0	0.2867	−6.6832	7.7820	−29.3024

表 3-12　直接定位精度（二步法安置矩阵标定）

数据	检查点数量	X/m	Y/m	Z/m
SYA（N6～N9）	27	0.1586	0.1238	0.3301
SYA（N2～N3）	15	0.1995	0.1765	0.3901
SYB（N1～N4）	29	0.3013	0.2876	0.5864
SYB（N5～N6）	8	0.3814	0.3457	0.6129

3. 一步法标定实验

一步法安置矩阵标定需要知道安置角误差和其他系统误差的初始值，进而在光束法平差中求解（Hernández-López et al.,2012），实际操作过程中通常是将两步法标定的结果作为初始值，这相当于是组合式标定的策略。由于一步法标定需要解算的未知数较多，这里仅以 SYA（N6～N9）和 SYB（N1～N4）作为实验数据。表 3-13 是对数据 SYA（N6～N9）在不同控制点数量条件下进行一步法安置矩阵标定的结果，利用该标定的结果进行直接定位，并与外业量测的坐标进行了比较。表 3-14 是对数据 SYB（N1～N4）进行了相同处理的结果。

从表 3-13 和表 3-14 的安置矩阵标定参数的变化可以发现，对于一步法标定不同的控制点数量对偏心角结果没有影响。偏心角的标定不需要控制点，但对偏心矢量的标定则至少需要一个控制点。从表 3-13 和表 3-14 的检查点精度来看，不同控制点参与主要

表 3-13　SYA（N6～N9）一步法安置矩阵标定结果

控制点/检查点	T_X /m	T_Y /m	T_Z /m	e_x /(′)	e_y /(′)	e_z /(′)	X/m	Y/m	Z/m
0/27	—	—	—	−5.6839	6.3854	−28.5076	0.1186	0.1038	0.2301
1/26	0	0	0.2746	−5.6884	6.3836	−28.5068	0.1148	0.1003	0.2304
2/25	0	0	0.2730	−5.6840	6.3854	−28.5096	0.1086	0.0938	0.2051
3/24	0	0	0.2612	−5.6902	6.3847	−28.5084	0.1074	0.0956	0.1893
4/23	0	0	0.2576	−5.6857	6.3849	−28.5083	0.1101	0.1003	0.1921
5/22	0	0	0.2389	−5.6836	6.3850	−28.5032	0.1096	0.0936	0.1898
6/21	0	0	0.2396	−5.6883	6.3861	−28.5090	0.1086	0.0943	0.1829
7/20	0	0	0.2441	−5.6872	6.3852	−28.5075	0.1106	0.1026	0.1959
8/19	0	0	0.2483	−5.6863	6.3853	−28.5082	0.1076	0.1037	0.1833

表 3-14　SYB（N1～N4）一步法安置矩阵标定结果

控制点/检查点	T_X /m	T_Y /m	T_Z /m	e_x /(′)	e_y /(′)	e_z /(′)	X/m	Y/m	Z/m
0/29	—	—	—	−5.6883	6.3849	−28.5076	0.2613	0.2376	0.3982
1/28	0	0	0.3048	−5.6872	6.3850	−28.5068	0.2586	0.2355	0.3853
2/27	0	0	0.2952	−5.6933	6.3904	−28.5096	0.2458	0.2246	0.3844
3/26	0	0	0.2766	−5.6912	6.3887	−28.5084	0.2201	0.2198	0.3526
4/25	0	0	0.2733	−5.6907	6.3861	−28.4983	0.2645	0.2327	0.3534
5/24	0	0	0.2458	−5.6896	6.3839	−28.5079	0.2513	0.2467	0.3441
6/23	0	0	0.2496	−5.6899	6.3845	−28.5044	0.2435	0.2209	0.3438
7/22	0	0	0.2435	−5.6892	6.3848	−28.5075	0.2356	0.2256	0.3504
8/21	0	0	0.2501	−5.6898	6.3853	−28.5082	0.2407	0.2215	0.3533

改善了高程的精度。此外，采用两步法与一步法组合进行安置矩阵标定，利用标定结果改正 POS 提供的外方位元素，而后进行直接定位的精度在水平方向上可以达到 1～2 个像素，在高程方向上可以达到 2～3 个像素。两步法与一步法组合安置矩阵标定的定位精度比只采用两步法安置矩阵的定位精度得到了明显的提升，这是因为无人机飞行过程中存在强烈的振动导致安置矩阵不是常数，因此建议每次在使用进行无人机摄影测量时都采用一步法进行安置矩阵的标定。

第4章 无人机视频地理信息直播

基于旋翼无人机平台的视频传感器与 DGPS/IMU 集成系统的应用处理技术，主要包括无人机视频地理信息采集系统的设计、机载视频的抽帧模型以及应急模式下无人机视频数据的应用方法。

本章对设计的无人机视频地理信息采集系统进行介绍，包括硬件特性分析、硬件集成及系统工作原理介绍等几个方面，重点是硬件特性分析过程中所考虑的主要因素、各项指标之间的制约关系以及多传感器协同工作原理。

针对旋翼无人机的飞行特点，构建了机载视频的抽帧模型，从序列影像中筛选出定向帧；然后在时间维度上进行定向帧的 POS 数据内插赋值；最后利用定向帧对其余影像进行 POS 内插赋值，完成序列影像地理空间信息注册。对比分析了不同插值方法的插值速度、插值精度，解决了无人机复杂航路下 POS 数据插值问题。

设计了应急模式下无人机视频数据的使用方法，包括视频地理信息的直播服务、无人机视频影像直接地理定位和 DEM/DSM 支持下单帧影像快速定位，并以此为依据为无人机视频数据的工程化应用提供参考建议。

4.1 工作原理及硬件构成

无人机视频地理信息直播系统是多传感器协同工作的复杂系统，系统结构的设计、指标论证、硬件的选型对其最终性能有着重要影响。系统设计时遵循的主要原则是：以旋翼无人飞行平台对任务载荷的体积、重量、功耗等多方面的要求为依据，以地面处理平台的空间布局、集群设备需求、动态性及与探测传感器的紧耦合要求为约束条件，以最终的目标定位精度、测绘处理精度和作业效率为指向，然后对各有效载荷及地面处理设备的主要技术指标进行合理分解、科学分配和论证分析，并进行总体设计和详细设计。

4.1.1 工作原理

多传感器集成在无人机平台，根据对地观测的要求结合无人机内部结构进行合理布局，采用航空 GPS 天线，便于安装，且性能更加稳定，其中 IMU 与摄像机采取刚性固连，保证飞行过程中其相对几何关系稳定不变。各传感器由机载蓄电池统一供电，机载计算机按照标准通信协议与 POS、摄像机联通，监控各传感器工作状态，并采集 POS 数据、序列影像，进行融合后通过无线数传模块实时传输至地面处理平台进行快速处理与分发。无人机飞行时，地面操作人员通过地面站可以设置自主飞行模式或者人工控制飞行。

4.1.2　工作硬件构成

系统设计要考虑的主要因素有：硬件设备的价格、性能指标、性价比、安全性、可靠性、通用性，各硬件设备之间的指标匹配。就无人机选型而言，主要考虑其安全性、起飞降落方式、载荷大小、续航里程、测控半径，这些指标制约着搭载载荷的尺寸、重量，进而影响其性能指标；POS 系统主要考虑其定位测姿精度、尺寸、重量、价格、与成像设备的协同等；摄像机要考虑的因素主要有分辨率、焦距、镜头畸变、重量、触发方式、数据存储方式。以上各单元的指标之间存在互相制约的关系，选型时需要综合考量权衡。

在进行系统总体设计时是按照"选定符合要求的载荷—根据载荷去选择合适的平台—根据平台进一步筛选符合要求的载荷"的顺序开展的。因为在实际作业中存在着在"载荷性能要满足任务要求，平台性能要满足载荷要求"的决定关系，所以在设计时按照"根据任务目标选择符合要求（最接近要求）的载荷，根据载荷性能选择合适的平台"的思路开展工作。

1. 全高清（1080p）视频传感器

在选定任务载荷时，摄像机选择"全高清"（1080p）摄像机，并且根据飞行高度选择合适的焦距，镜头要选择畸变小的镜头，并且摄像机的重量尽量轻，能够支持外部触发信号，曝光帧率在 15 帧/秒以上，以满足人眼观察时影像连续的要求。综合考虑以上因素，选定大恒图像公司的高清摄像机 GT1910C（图 4-1）。该摄像机的特点是能够适应恶劣的环境，工作温度范围广，灵敏度高，帧率高，P-iris 或 DC 驱动自动光圈控制，可通过千兆网络接口供电。具体参数如表 4-1 所示。

图 4-1　高清摄像机 GT1910C

2. 轻小型紧耦合 POS 设备

在选定 POS 设备时，主要考虑的是其重量要轻、体积要小，便于在轻型无人机平台上工作，POS 数据的精度要尽可能高，并且能够输出 Triger 信号或者能记录 EventMark，以实现 POS 系统与摄像机的时间同步。综合考虑以上因素，采用了加拿大 NovAtel 公司的 SPAN-CPT™(图 4-2)，该款 POS 系统的主要参数如表 4-2 所示。

表 4-1　摄像机主要参数指标

指标	参数	指标	参数
芯片类型	2/3" CCD	白平衡	手动
像元尺寸	5.5μm×5.5μm	Gamma	手动
分辨率	1920×1080	输出格式	14-bit RGB
最大帧频	57FPS	接口	GigE
快门方式	全局快门	帧存	128MB
动态范围	60dB	信噪比	40dB
电源	12V	功耗	6W
尺寸	83.2mm×53.3mm×33mm	工作模式	外触发/内触发
曝光	自动/手动	增益	自动/手动

图 4-2　SPAN-CPT™

表 4-2　POS 系统的主要参数

指标名称	参数	备注
GPS	L1，L2	信号跟踪
GLONASS	L1，L2	
单点 L1/L2	1.2m	
SBAS	0.6m	
DGPS	0.4m	
RT-2	1cm+1ppm	定位测姿精度
横滚	0.015°	
俯仰	0.015°	
方位	0.050°	
GPS 测量	20Hz	数据更新率
IMU 测量	100 Hz	
授时精度	20ns	无

3. 高清视频实时回传模块

系统中采用的高清图传模块具有较宽的带宽和较高的信噪比，能够满足高清视频影像（1080p）实时回传的要求，具体参数如表 4-3 所示。

表 4-3　无线数传模块参数

指标	参数	指标	参数
频率	N920：902～928MHz N2400：2.4～2.4835GHz	传输模式	跳频传输
传输距离	N920:100km N2400:50km	串口波特率	最大 230.4Kbps
空中波特率	1.38Mbps	灵敏度	N920：最大 116dBm N2400：最大 115dBm
发射功率	大于 1W	供电范围	8～30V
支持接口类型	RS232、RS422 和 RS485	工作方式	点对点、点对多、广播

4. 无人飞行平台——旋翼无人机

根据载荷大小以及对于安全性、稳定性、飞行高度、续航能力的要求，结合已有项目支撑，选择了全华时代公司的某型无人直升机(图 4-3)，该款无人机属于轻型无人机，可搭载各种摄像云台，还可以搭载数码相机进行航拍，用于航空摄影、侦查巡逻、电力巡线，灾情监测和边境管控等，该无人机具有以下特点：

(1)载荷量大，稳定性好，可以搭载多个任务载荷，能够满足本书实验的需求；

(2)智能化程度高，可以手动操控飞行或利用自驾仪程控飞行,对操作人员要求较低；

(3)配备高清图传模块，可以将采集的高清视频实时回传。

图 4-3　旋翼无人机

该系统主要由 1 架无人机，1 套便携式地面站，1 套地面任务保障系统。系统的主要技术参数如表 4-4 所示。

表 4-4　无人机平台的主要技术参数

指标	参数	指标	参数
机宽	0.57m	机长	2.00m
机高	0.550m	最大起飞重量	32kg
实用升限	3000m	续航时间	30min
平飞速度	15～20km/h	任务半径	100km
有效载荷	12kg	自驾系统	瑞士 Wecontrol 自驾系统

4.1.3　多传感器时间同步

无人机上搭载 POS 系统和高清摄像机，POS 采集数据的同时记录了时间信息（GPS 时间），而摄像机只能记录图像数据，无法获得成像的时间信息。针对这一问题，利用 POS 输出的 PPS 触发摄像机拍摄图像，机载计算机记录图像的同时解析 GPS 信息数据包，并把将每帧图像的曝光时间、位置、姿态数据记录到机载计算机中，实现 POS 信息与图像在时间上的同步（Lee et al.,2002；张红民等，2007；肖进丽等，2007）。系统时间同步原理如图 4-4 所示。

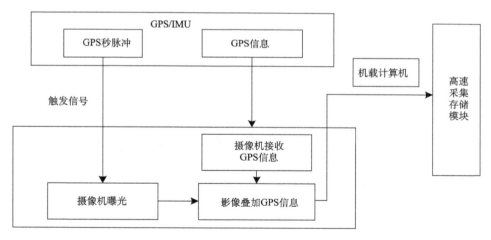

图 4-4　时间同步示意图

4.2　无人机视频地理信息直播作业流程

无人机视频影像地理定位的作业流程与传统的航空摄影测量有相似之处，但因应用场合、服务对象、平台特性、传感器的差异，在数据后处理中有很多不同之处。具体来讲，无人机主要应用于战场监测、抢险救灾、处突维稳、小目标区域精确测绘等应急场合，这就决定了在无人机的工程化应用过程中，速度是需要考虑的首要因素，只有在保证反应速度的前提下讨论定位精度才有实际意义。因此，在无人机的实际应用中，应该力争做到无控或者少量控制点辅助下的定位。与传统航测不同的是，数据获取与处理的分工界限也不再那么明显，数据的实时处理，在线处理成为追求的目标。目前的无线通信带宽已经能够将高清视频、POS 数据实时回传，二者融合之后，即可实现地理影像的"直播"服务，无人机视频地理信息直播作业流程如图4-5所示(薛武，2014)。

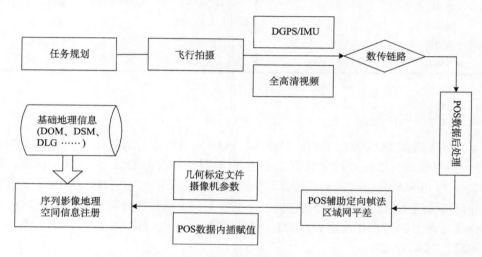

图 4-5　无人机视频地理信息直播作业流程示意图

1. 任务规划与飞行控制

无人机配备有瑞士 Wecontrol 自动驾驶仪，可以自主执行任务，控制飞机完成起飞、降落、巡航；具有飞行前任务规划、通过地面站软件在飞行过程中实时修改航路点的功能。内置传感器采用 MEMS 三轴陀螺、三轴加速度计、气压计和 GPS 模块，具有发动机熄火、GPS 丢星、低电压、通讯链路中断、遥控链路中断等紧急状态下故障处理功能。地面操控人员根据任务要求，利用 Wecontrol 系统控制无人机在目标区域上方飞行、悬停凝视，完成对目标区域的信息采集。

2. POS 数据、全高清视频的实时回传

无人机通讯链路的配置如下：遥控链路：2.4G Futaba FX40 遥控器/接收机，遥控距离 1000m；测控链路：900M 数传电台，测控距离 30km；图传链路：1080P 2.4G/COFDM 高清输出，传输距离 5～20km。通过图传链路可以将摄像机拍摄高清图像实时回传至地面处理中心，地面操控人员实时观测目标区域场景演变，在应急救援、突发事件处理中发挥作用。

3. POS 数据后处理

首先将移动站 GPS 数据与基站数据进行差分处理，消除多路径效应、GPS 钟差、导

航星历误差、大气传播延迟误差等对移动站 GPS 的影响；然后将差分后的 GPS 数据与 IMU 数据进行双向卡尔曼滤波，最终输出融合 GPS 与 IMU 测量数据的组合导航结果(注意：此时还不是我们需要的影像外方位元素，因为还未将其规划到影像的像空间坐标系)。

　　4. 序列影像地理空间信息注册

　　要将地理空间信息赋予序列影像，可通过三种途径实现：一是在系统几何标定文件、成像时间信息的辅助下，将 POS 后处理结果直接赋予序列影像，即首先根据几何标定文件将 POS 数据在空间上进行外推，规划到像空间坐标系，然后根据影像上记录的时间信息在时间上进行内插，最终得到每帧影像的外方位元素(element of exterior orientation，EO)；二是通过 POS 辅助定向帧法区域网平差求解定向帧的外方位元素，然后利用定向帧对序列影像外方位元素进行插值；三是在恶劣条件下(如卫星信号失锁、数据通信故障等导致 POS 数据丢失等)，通过序列影像与已有正射影像(DOM)、DSM/DEM 的配准，间接获取影像的外方位元素。

4.3　机载视频抽帧降维

　　无人机实时回传的 POS 数据经过卡尔曼滤波可以在一定程度上消除由于 GPS 卫星失锁、多路径效应、陀螺漂移、电磁干扰等因素引起的误差，用于应急条件下的数据处理。但随着无人机应用向基础测绘的拓展，POS 数据的精度还有待提高。为了进一步提高 POS 数据的精度，需要进行视频序列影像的空中三角测量。然而摄像机获取的序列影像的曝光帧率较高(20fps)，按照航高 200m 航速 15m/s 来计算，相邻两帧影像之间的重叠率通常高于 95%。考虑到每帧影像均有一组外方位元素，按照 20 帧/秒的采样频率计算，每个飞行架次的外方位元素数据量也是十分巨大的，在没有充分多余观测信息的情况下，严格求解每个周期的外方位元素是不必要也是不可能的。

　　机载视频抽帧就是在 POS 数据支持下，研究序列影像用于量测处理时如何进行取舍，即如何从重叠率很高的序列视频影像中筛选出能够满足摄影测量对影像地面重叠度要求的最少帧影像。结合实际应用，本书总结序列视频影像抽帧模型的构建方法。

4.3.1　机载视频抽帧方法

　　旋翼无人机起降灵活，可以前飞、倒飞、绕飞、悬停，在不同的飞行状态下获取的数据具有不同的特点。无人机按照既定航高平稳飞行时，航迹比较规整，相邻影像重叠有律可循，可按照固定时间间隔抽取定向帧；当遇到恶劣气象条件、沿弯曲道路飞行或者局部地形突变时，相邻影像之间的重叠不再规整，此时需要根据影像对应的地面覆盖范围进行抽帧；无人机在飞行过程中发现感兴趣目标对其进行跟踪拍摄，或者到达"热点地区"上空悬停凝视，监视目标变化时，则需要保留序列影像以发现目标的细微变化。

　　结合旋翼无人机的飞行特点，从时间、空间和模式 3 个维度进行视频进行抽帧处理，实际应用中 3 种方式可以互相配合、交叉使用，从而快速有效地筛选出定向帧。

1. 时间维度上的抽帧

时间维度上的抽帧即按照时间序列等间隔的抽取视频序列中的影像作为定向帧，其优点是简单、快速、易操作，其缺点是仅适用于无人机平稳向前飞行的情况，在无人机悬停、倒飞、绕飞或者飞行速度姿态变化剧烈时容易出现地面覆盖漏洞或者影像"扎堆"的情形。

2. 空间维度上的抽帧（基于物方约束的抽帧）

空间维度上的抽帧考虑到地面重叠度对抽帧的约束条件，即利用机载 POS 数据记录下的传感器的位置和姿态信息，并结合 DEM 等基础地理信息，透过光束投影计算每帧影像地面覆盖范围，在满足摄影测量对地面重叠度要求的基础上，将冗余影像剔除，从而减小数据量。空间维度上的抽帧计算量较小，并且不受平台飞行状态的影响，是一种比较理想的抽帧方式。

3. 模式维度上的抽帧

模式维度上的抽帧即利用计算机视觉、模式识别的手段，通过检测影像内容的变化来决定每帧影像的取舍。定向帧的确定主要通过以下几种方法：基于运动分析提取定向帧、基于图像信息提取定向帧、基于镜头活动性提取定向帧、基于视频聚类提取定向帧等（朱映映等，2003）。这些方法不依赖于其他辅助数据（如 POS 数据），但计算量一般较大，实际应用中需要考虑时间成本，在 GPS 信号失锁、电磁干扰等恶劣条件下可以作为一种补充手段。

4.3.2　机载视频抽帧模型

基于对以上几种抽帧方法特点的考虑，本书提出了一种适用于旋翼无人机平台的序列视频影像抽帧模型，该模型主要流程如图 4-6 所示。

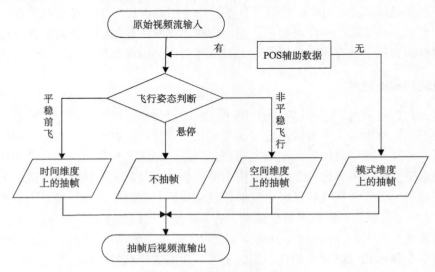

图 4-6　视频抽帧流程示意图

1. 飞行姿态判断

POS 系统记录了飞行平台的位置、姿态、速度、加速度、角速度等信息，这些信息能够全面客观地描述和刻画平台的运动轨迹和姿态。利用 POS 信息可以将飞行平台的飞行状态划分为以下几种情况：①平稳姿态向前飞行；②非平稳姿态向前飞行；③空中悬停，凝视目标，或者在"热点"目标上空倒飞、绕飞。

2. 不同飞行状态的特点及对抽帧的影响

根据用户目的不同，无人机平台在不同的飞行状态下获取数据的特点不同，取舍要求也有所不同。例如，无人机按照既定航线飞行获取场景概况，而场景内未出现用户感兴趣目标或者动态变化目标，那么只要保证满足后处理对影像地面重叠度的要求即可；而当无人机飞抵目标区域悬停，凝视观测热点地区，对事件演化过程提供现场直播式服务时，获取的序列影像都尽量要保存下来。下面对几种情况具体分析：

1）旋翼无人机平稳前飞

在这种飞行状态下，只要保证航测作业对于地面重叠度的要求即可。此时，将相邻两帧影像近似看作标准式像对。根据标准式像对同名像点左右视差计算公式（张保明等，2008）：

$$p^0 = x_1^0 - x_2^0 = B\frac{f}{H} \tag{4-1}$$

式中，p^0 为视差值；x_1^0 为像片 1 上的同名点坐标；x_2^0 为像片 2 上的同名点坐标；B 为摄影基线；f 为焦距；H 为相对航高。

设要求地面重叠率为 η，影像沿飞行方向长度为 μ，那么 $p^0 = \mu \cdot \eta$，代入式（4-1）可得此时基线长度为

$$B' = H \cdot \mu \cdot \eta / f \tag{4-2}$$

B' 为保证地面航向重叠度为 η 的基线长度，称为标准基线长度。在平台飞行速度为 v 时，视频抽帧的时间间隔为

$$t = B'/v = H \cdot \mu \cdot \eta / f \cdot v \tag{4-3}$$

设摄像机的帧率为 n，相邻两幅影像之间曝光时间间隔为 $1/n$，假设每隔 k 帧影像抽取一幅影像，k 满足以下条件即可：

此时每隔 k 帧影像抽取一帧即可满足地面重叠度的要求。

2）旋翼无人机非平稳前飞

由于无人机体积小、重量轻、稳定性较差，在受风力、气流回旋等恶劣气象条件影响的情况下，飞行器位置姿态变化剧烈且无规律可循，显然不能再按照时间维度上进行抽帧。此时可利用机载 POS 设备记录的数据进行空间维度上的抽帧。对于 POS 数据的利用有两种方式：一种是将每帧影像的地面覆盖范围严格计算出来，另一种方式是计算投影中心的光束指向。如果按照第一种思路，将每帧影像的地面范围严格计算出来，再计算地面重叠度，那么计算量相对较大，而且也没有必要。本书根据第二种思路提出了

一种利用像主点光束快速计算的方法。根据共线条件方程：

$$
\begin{cases}
X - X_S = (Z - Z_S)\dfrac{a_1 x + a_2 y - a_3 f}{c_1 x + c_2 y - c_3 f} \\[2mm]
Y - Y_S = (Z - Z_S)\dfrac{b_1 x + b_2 y - b_3 f}{c_1 x + c_2 y - c_3 f}
\end{cases}
\tag{4-4}
$$

因为通常情况下对于像主点来讲，x、y 均很小，近似计算中可以取为零，因而上式简化为

$$
\begin{cases}
X_O = X_S + (Z_O - Z_S)\dfrac{a_3 f}{c_3 f} \\[2mm]
Y_O = Y_S + (Z_O - Z_S)\dfrac{b_3 f}{c_3 f}
\end{cases}
\tag{4-5}
$$

此时计算像主点对应地面点坐标问题就转换为单帧定位问题，或者可以采用飞行区域的平均高程作为 Z_O 的近似值求解地面坐标。利用计算结果可进一步求得两个像主点在物方空间的距离：

$$
D = \sqrt{\left(X_O^1 - X_O^2\right)^2 + \left(Y_O^1 - Y_O^2\right)^2}
\tag{4-6}
$$

实际应用中，首先选定一帧影像作为初始影像，然后按照相邻两帧影像之间的 D 等于 B' 对序列影像进行抽取即可。

3）空中悬停，凝视目标

当旋翼无人机发现感兴趣目标或者飞临"热点地区"上空时，其空中悬停的优越特性得以展示。悬停在空中的无人机，对重点区域抵近观测，对事态演化进程进行实时直播，在这种应用背景下，用户需要的是观测区域的系列分辨率（时间、空间）的影像，所以应将序列影像全部保留并回传，不作抽帧处理。

4）POS 数据缺失情况下的抽帧策略（即模式维度上的抽帧）

旋翼无人机在飞行过程中由于地形遮挡、电磁干扰、GPS 失锁或者其他因素，导致 POS 数据缺失或者不可用。此时前面几种抽帧方式无法工作，只能根据所获取的视频本身来进行判断，即采用模式维度上的抽帧方法。本书根据无人机视频数据的特点引入了一种基于帧间似然比的方法抽取定向帧。

基于帧间似然比的关键帧提取算法首先将视频颜色空间统一转换到 YC_bC_r 颜色空间，在输入视频序列 $V = \{f_1, f_2, \cdots, f_n\}$ 中，将第一帧 f_1 作为定向帧，然后依次取下一帧 f_{next}，与当前定向帧计算两帧间的似然比，如果大于给定阈值，则将 f_{next} 作为新的定向帧，再向后继续取下一帧与新的定向帧进行比较，直到最后一帧，完成定向帧的提取。

RGB 转换到 YC_bC_r 颜色空间按式（4-7）进行：

$$
\begin{bmatrix} Y \\ C_b \\ C_r \\ 1 \end{bmatrix} =
\begin{bmatrix}
0.2990 & 0.5870 & 0.1140 & 0 \\
-0.1687 & -0.3313 & 0.5000 & 128 \\
0.5000 & -0.4187 & -0.0813 & 138 \\
0 & 0 & 0 & 1
\end{bmatrix}
\begin{bmatrix} R \\ G \\ B \\ 1 \end{bmatrix}
\tag{4-7}
$$

采用当前帧(第 i 帧)3 个颜色分量的均值 $EY(f_i)$、$EC_r(f_i)$、$EC_b(f_i)$ 和方差 $SY(f_i)$、$SC_r(f_i)$、$SC_b(f_i)$ 作为当前帧的特征参数参与帧间似然比的计算，选取的特征参数能有效地描述帧间相似性。帧间相似性用帧间似然比来描述，Y 分量似然比计算如式(4-8)所示：

$$\text{Diff}_Y = \left[(SY(f_i)+SY(f_{i+1}))\ /2 + ((EY(f_i)-EY(f_{i+1})/2)^2 \right]^2 \tag{4-8}$$

C_r 和 C_b 颜色分量的似然比计算与式(4-8)相同。根据计算出来的 Y、C_r、C_b 3 个颜色分量的似然比得到帧间似然比的计算公式：

$$\text{Diff} = (\omega_1 \times \text{Diff}_Y + \omega_2 \times \text{Diff}_{C_r} + \omega_3 \times \text{Diff}_{C_b})/3 \tag{4-9}$$

其中，ω_1、ω_2、ω_3 为相应的权值。

基于帧间似然比的抽帧算法步骤为

(1)设输入序列为 $V=\{f_1,f_2,\cdots,f_n\}$，提取 f_1 为关键帧，同时将 f_1 作为当前关键帧 $Kf_{\text{new}}=f_1$；

(2)计算下一帧与当前帧的似然比，如果大于阈值，则 f_{next} 为所要提取的关键帧，同时将 f_{next} 作为新的关键帧；如果小于阈值，将其舍弃；

(3)重复进行步骤(1)和步骤(2)，直到所有视频序列处理完毕，得到抽帧后的序列影像。

4.3.3　机载视频抽帧实验及分析

为了验证抽帧方法的有效性，选择天津实验场第四阶段飞行中的某架次的数据进行实验。本次飞行平均航高 200m，飞行速度在 10～15m/s，影像地面分辨率优于 10cm，飞行区域约 1km^2，飞行时间(包含起飞、降落、悬停时间)约 10min。整个架次获取的影像共 11000 余帧。利用本架次的视频和 POS 数据进行了抽帧实验，利用整个架次的数据进行了时间维度和空间维度上的抽帧，考虑到处理时间的因素，只利用了飞行中的部分数据进行模式维度上的抽帧。采用不同方法进行视频抽帧的结果如表 4-5 所示。

表 4-5　抽帧实验结果

抽帧方法	原始数据量	抽帧后数据量	数据压缩倍率	抽帧所用时间/min
时间维度上的抽帧	20.7Gb	0.311Gb	66.77	10.1
空间维度上的抽帧	20.7Gb	0.409Gb	50.61	25.5
模式维度上的抽帧	307.5Mb	30.12Mb	43.92	30.3

分析表 4-5 可以得出：

(1)机载视频抽帧可以大大减小数据量，几种不同方法的数据压缩倍率均在 40 倍以上，大大减小了后处理的数据量，对于节约时间、提高速度具有重要意义。

(2)就本架次的飞行数据来讲，按照式(4-3)进行计算数据的压缩比的理论值为 80 倍，而实际中均没有达到如此高的压缩倍率。主要原因在于：无人机飞行过程中，受风力的影响航线与预设航线有所偏移，相同地面重叠度的要求下必须保留更多的影像；另外，在抽帧时采用的是保守的策略，即首先保证地面的重叠，适当多保留部分原始影像。

（3）从时间效率方面对比可以看出，时间维度上的抽帧效率最高，其次是空间维度上的抽帧，而模式维度上的抽帧最为耗费时间。主要的原因在于几种抽帧方式的计算量不同，时间维度和空间维度上的抽帧不涉及影像内容的运算具有较高的效率，而模式维度上的抽帧计算量比较大，可以考虑通过 GPU 并行计算的方法提高抽帧的效率。

（4）由于任务需求千差万别，特别是实际飞行中飞行路线的选择设计不同，例如侧重于测绘需求的用户往往希望无人机按照十分规整的航线飞行，此时数据压缩倍率与理论值比较接近，而侧重目标跟踪的用户会操控无人机追踪感兴趣目标，此时压缩倍率的难以给出一个可供参考的经验值。

4.4　无人机复杂航路下 POS 数据内插赋值

虽然目前视觉传感器采集图像还无法做到与 POS 设备采集位置姿态数据在时间上的严格同步，但是机载计算机可以将每帧影像曝光瞬间的 GPS 时间记录下来，在后处理时可以通过 POS 数据在时间上内插的方式获取影像曝光瞬间的位置姿态数据。另外，利用 5.1 的方法从序列影像中筛选出定向帧之后，通过布设充足的地面控制点，采用 POS 辅助光束法区域网平差，能够解算出定向帧更高精度的外方位元素。其余帧的外方位元素可以利用定向帧进行内插赋值，以提高其精度。

在航天摄影测量中，由于卫星运行轨道十分平稳，通常可以把外方位元素描述为时间 t 的低阶多项式（通常为线性多项式），通过解求多项式系数来解算各扫描行的外方位元素，以减少未知数的数量。在航空摄影测量中，由于传感器受到外界干扰较大，飞行状态与航天环境下相比而言比较不稳定，线性多项式已经难以描述外方位元素的变化特性（刘军，2007）。目前通常采用分段多项式模型（piecewise polynomial model，PPM）、定向片内插模型（orientation image interpolation model，OIM）（一般采用 Lagrange 多项式进行外方位元素内插）。而无人机搭载摄像机对地观测属于低空遥感，受限于平台自身的稳定性及低空复杂气象条件的影响，其外方位元素变化更加复杂，必须选择合适的模型对其进行精细描述，从而对外方位元素进行高精度内插赋值。

4.4.1　常用的插值方法及特点

常用的插值方法有最邻近插值、线性插值、分段三次厄米插值、三次样条插值等，下面分别予以介绍。

1. 最邻近插值与线性插值

最邻近插值将距离插值点最近的已知点数值作为插值结果，插值的结果呈台阶状，而线性插值利用通过临近两点的直线去近似逼近曲线，如图 4-7 所示。

线性插值的特点是计算量小、速度快、不会出现不收敛的现象，但存在基点处不光滑、插值精度低等缺点，其只适用于飞行十分平稳的情况，在航天摄影测量中能够描述卫星平台的外方位元素的变化，但对于低空飞行的无人机，其适用性有待验证。

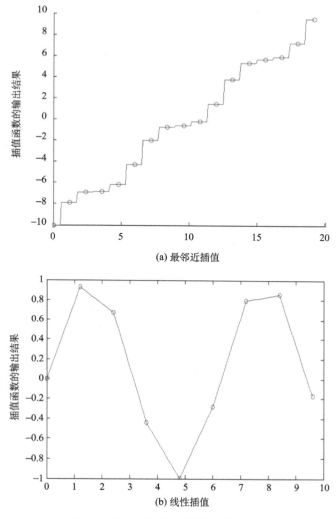

(a) 最邻近插值

(b) 线性插值

图 4-7　最邻近插值、线性插值示意图

2. 分段三次厄米插值

线性插值可以使拟合后的函数通过插值的节点，即二者"相切"。在进行 POS 数据插值时为了保证插值函数更贴近原来的函数，不但要求其过"节点"，而且要求二者相切，即在节点上具有相同的导数值，这种插值方法就是厄米插值，这是泰勒插值和拉格朗日插值的推广，图 4-8 为分段三次厄米插值示意图。

已知函数 $f(x)$，如果函数 $\varphi(x)$ 在区间 $[x_i, x_{i+1}]$ 端点的函数值、一阶导数值分别等于 $f(x)$ 的函数值、一阶导数值，那么称 $\varphi(x)$ 为 $f(x)$ 在区间 $[x_i, x_{i+1}]$ 上的分段三次厄米函数，它满足以下条件：

(1) $\varphi(x)$ 在每个子区间上都是次数不超过 3 的多项式；

(2) $\varphi(x_i) = f(x_i)$；

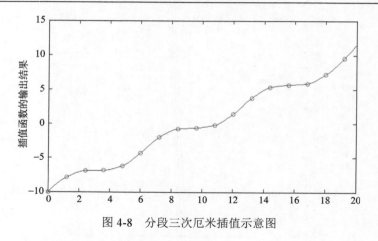

图 4-8　分段三次厄米插值示意图

（3）$\varphi(x)$ 在插值区间都是连续函数。

3. 三次样条函数插值

为了提高分段厄米插值函数在节点处的光滑性和克服 Lagrange 插值的不收敛性，一种全局化的分段插值方法——三次样条插值成为比较理想的工具（张丽娟，2010）。设 $y = f(x)$ 在区间 $[a, b]$ 上的节点值为 $f(x_i)$，三次样条函数 $\varphi(x)$ 满足下列条件：

（1）$\varphi(x)$ 在每个子区间上都是次数不超过 3 的多项式；

（2）$\varphi(x_i) = f(x_i)$；

（3）$\varphi(x)$ 在插值区间上有连续的二阶导数。

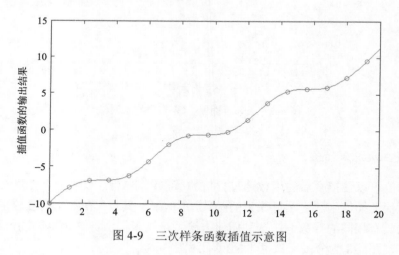

图 4-9　三次样条函数插值示意图

由于三次样条函数具有良好的收敛性与稳定性，又具有二阶光滑性，取得了广泛的应用，图 4-9 为三次样条函数插值示意图。

4. 插值方法的特点

选择 POS 数据插值方法时应该考虑方法的运行效率、占用内存的大小和获得数据的平滑度，总体来讲，以上方法的特点如下。

（1）最邻近插值：最快的插值方法，但是数据的平滑性最差，得到的数据是不连续的。

（2）线性插值：比邻近插值占用更多的内存，执行速度也稍慢，但其数据平滑方面优于邻近插值。与最邻近插值不同，线性插值的数据变化是连续的。

（3）分段三次厄米插值：处理的速度和比线性插值慢，占用的内存比线性插值多，但其得到的数据和一阶导数都是连续的。

（4）三次样条函数插值：处理速度稍慢，占用内存小于分段三次厄米多项式插值，可以产生最光滑的效果，但是如果输入数据不均匀或者某些点靠得很近，会出现一些错误。

4.4.2　POS 数据插值实验及分析

1. 利用原始 POS 数据对序列影像进行内插赋值

为验证以上几种插值方法的特点，采用在天津实验场飞行中的一段 POS 数据进行了插值实验。数据处理过程中，为便于做精度验证，从连续的 POS 数据中均匀抽取了 60 个时刻的 POS 数据，作为插值的"真值"。利用以上几种插值方法得到的结果与"真值"进行比较，得到中误差，作为衡量插值精度的指标，同时统计几种插值方法所需要的时间，实验结果如图 4-10 所示。

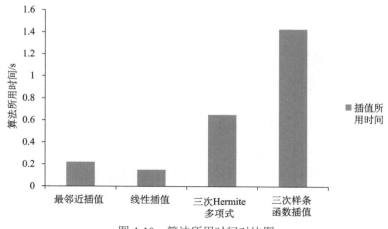

图 4-10　算法所用时间对比图

从以上实验结果中可以看出：

（1）从几种插值方法所消耗的时间来看，几种方法的插值速率均在 40 帧/秒以上，均高于摄像机 20 帧/秒的采样速率；其中线性插值的效率最高，达到了 400 帧/秒，这与理论分析的结果基本一致。

（2）如图 4-11，从位置数据插值的精度来看，线性插值的精度最高，经过分析认为，原始 POS 数据的采样频率很高，达到 100Hz，而曝光瞬间与 POS 采样瞬间间隔很小（<0.01s），所以线性插值就可以取得比较高的精度。而分段三次厄米插值和三次样条函数插值由于输入的数据中有些点十分接近而会出现错误，所以精度反而略低于线性插值。

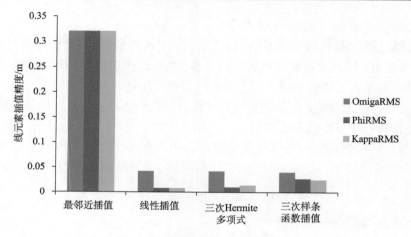

图 4-11　外方位线元素插值精度

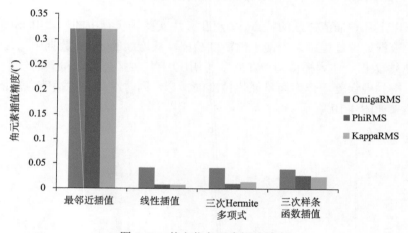

图 4-12　外方位角元素插值精度

（3）从图 4-12，从角元素插值结果的精度来看，线性插值、分段三次厄米插值、三次样条函数插值均能取得不错的效果，但相比而言，三次样条函数插值时，三个外方位角元素的精度比较均匀。

（4）综合以上分析，在利用原始 POS 数据进行序列影像内插赋值时，可以针对线元素和角元素采用不同的插值方法，具体来讲，线元素可以通过线性插值的方法，而角元素可以采用样条函数的方法。通过这种组合式的插值方法，插值后的线元素和角元素均能取得比较好的效果，而且其耗费时间为 0.743 秒，比单纯采用三次样条函数插值提高了一倍。

2. 利用定向帧外方位元素进行内插

解算出定向帧外方位元素以后，利用定向帧对序列图像进行了插值实验，实验中共有定向帧 200 余帧，为便于精度验证，从中均匀选择 43 帧，将其外方位元素作为"真值"，利用内插值与其进行比较得到中误差，作为衡量插值精度的指标，同时统计几种插值方法所需要的时间,实验结果如图 4-13 所示。

从图 4-13、图 4-14 和图 4-15 可以看出,插值过程中很可能出现错误,导致插值结果的精度很差,经过分析发现了出现问题的原因:插值时的一些影像位于航线转弯处,

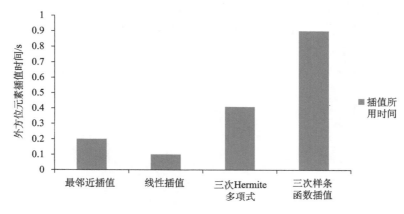

图 4-13 算法所用时间对比图

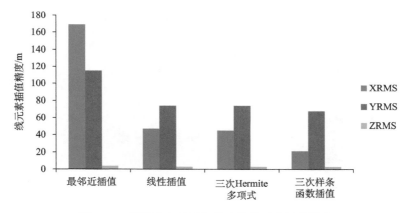

图 4-14 利用定向帧进行外方位线元素插值精度

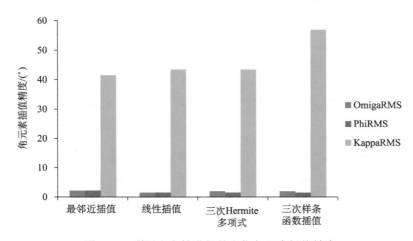

图 4-15 利用定向帧进行外方位角元素插值精度

此时利用临近影像进行内插会出现前后两帧影像航向相反的情况，这种情况下必然产生错误的结果。为了避免以上情况的发生，在进行 POS 内插之前增加了无人机飞行状态判断的步骤，即首先判断无人机是否位于航线转换的拐点，如果位于拐点则采用外推的方法进行赋值，有效避免出现上述错误的发生。

增加了上述判断步骤之后重新利用定向帧进行 POS 数据内插，实验结果如图 4-16、图 4-17 和图 4-18 所示。

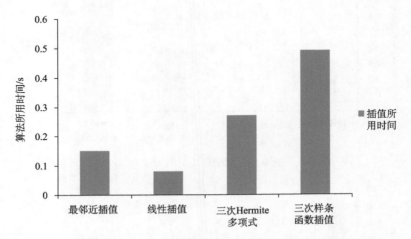

图 4-16　添加航线转换拐点判读后的算法所用时间对比图

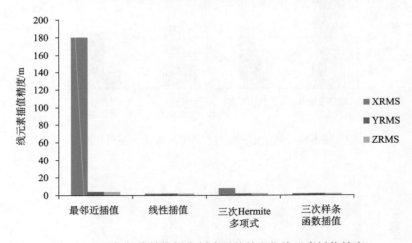

图 4-17　添加航线转换拐点判读后的外方位线元素插值精度

分析实验结果可得：

（1）从几种插值方法所消耗的时间来看，几种方法的插值速率均在 40 帧/秒以上，均高于摄像机 20 帧/秒的采样速率；其中线性插值的效率最高，达到了 280 帧/秒，与利用原始 POS 数据进行内插比较相似。

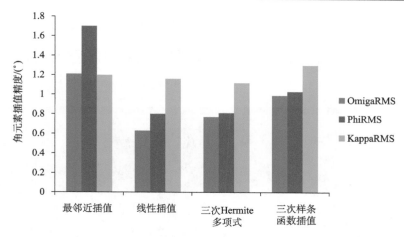

图 4-18　添加航线转换拐点判读后的外方位角元素插值精度

（2）综合分析比较线元素和角元素内插结果的精度来看，样条函数插值的效果最好。这点与利用原始 POS 数据进行内插有所不同，主要原因在于：定向帧之间的时间间隔比较大，外方位元素之间的相关性变弱，此时三次样条函数良好的稳定性、收敛性和光滑性的优势得以体现。

（3）为取得理想的插值结果，考虑到无人机飞行航路比较复杂，转弯拐角处比较多，在利用定向帧内插 POS 数据时，建议首先进行飞行状态的判断，然后利用三次样条函数进行内插。

4.5　应急模式下视频数据处理

应急模式下，无人机飞临目标区域上空，采集连续动态影像和位置姿态数据，并通过无线数传模块实时回传至地面处理系统。地面处理系统可以利用实时回传的影像和 POS 数据实时进行目标的三维定位，即"实时直接定位"；也可以利用经过卡尔曼滤波之后的 POS 数据导航解进行地面目标定位，即"准实时直接定位"。本节就应急模式下视频地理信息的应用进行介绍。

4.5.1　视频地理信息的直播服务

应急情况下，无人机回传带有 POS 数据的高清视频画面供地面人员实时查看浏览，可以对区域的动态场景进行"直播"式服务，本书针对无人机视频地理信息直播服务开发了相应的地面应用系统。系统的主要功能有视频地理信息的实时浏览、回放、抓帧、视频抽帧、影像的地理空间信息注册等，系统界面如图 4-19 和图 4-20 所示。

以天津实验场测试飞行为例，无人机在飞控人员操作下起飞后，各单元开始工作，地面人员可通过地面应用系统看到实时回传的高清视频影像。通过实时读取回传的 POS 数据进行快速内插，赋予序列影像地理空间信息，可以满足帧率 20 帧/秒的要求。在浏览视频时，用户发现感兴趣目标可以实时抓取目标所在帧影像用于分析处理；视频回传后用户可以利用抽帧模块从序列影像中筛选定向帧用于后续常规模式下的处理。

图 4-19 无人机视频地理信息直播系统主界面

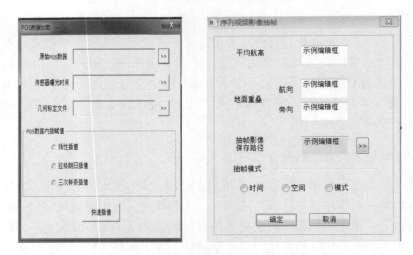

图 4-20 POS 内插赋值及抽帧模块

4.5.2 无人机视频影像直接地理定位

在抗震救灾、抗洪抢险等应急场合下，需要及时迅速了解灾区最新动态与重点目标变化情况，此时不仅需要场景的实时视频，还需要地理参考数据供应急指挥、科学决策使用。无人机平台搭载摄像机对地连续观测的同时机载 GPS/IMU 测定其位置、姿态数据，可进行直接地理定位，能够满足应急条件下的需求。

无人机视频影像直接定位的基本原理就是在 POS 数据的支持下进行多帧影像的前方交会，根据共线条件方程：

$$\left.\begin{array}{l} x - x_0 = -f\dfrac{a_1\left(X - X_S\right) + b_1\left(Y - Y_S\right) + c_1\left(Z - Z_S\right)}{a_3\left(X - X_S\right) + b_3\left(Y - Y_S\right) + c_3\left(Z - Z_S\right)} = -f\dfrac{\overline{X}}{\overline{Z}} \\[4mm] y - y_0 = -f\dfrac{a_2\left(X - X_S\right) + b_2\left(Y - Y_S\right) + c_2\left(Z - Z_S\right)}{a_3\left(X - X_S\right) + b_3\left(Y - Y_S\right) + c_3\left(Z - Z_S\right)} = -f\dfrac{\overline{Y}}{\overline{Z}} \end{array}\right\} \tag{4-10}$$

摄像机内方位元素已进行标定，外方位元素可由 POS 提供的观测值经过必要的坐标转换以及系统误差改正后提供，将地面点坐标 (X, Y, Z) 作为未知数可将其线性化为

$$\begin{cases} v_x = -a_{11}\Delta X - a_{12}\Delta Y - a_{13}\Delta Z - l_x \\ v_y = -a_{21}\Delta X - a_{22}\Delta Y - a_{23}\Delta Z - l_y \end{cases} \tag{4-11}$$

其中，

$$\begin{cases} a_{11} = \dfrac{a_1 f + a_3 x}{\overline{Z}} \\[3mm] a_{12} = \dfrac{b_1 f + b_3 x}{\overline{Z}} \\[3mm] a_{13} = \dfrac{c_1 f + c_3 x}{\overline{Z}} \\[3mm] a_{21} = \dfrac{a_2 f + a_3 y}{\overline{Z}} \\[3mm] a_{22} = \dfrac{b_2 f + b_3 y}{\overline{Z}} \\[3mm] a_{23} = \dfrac{c_2 f + c_3 y}{\overline{Z}} \end{cases} \qquad \begin{cases} l_x = x + f\dfrac{\overline{X}}{\overline{Z}} \\[4mm] l_y = y + f\dfrac{\overline{Y}}{\overline{Z}} \end{cases} \tag{4-12}$$

式 (4-11) 即为多帧影像空间前方交会的误差方程，给定地面点坐标的初值，然后迭代计算的得到地面点坐标 (X, Y, Z)。地面点坐标初始值可利用多帧影像构成的任意一个立体前方交会得到 (刘军，2008)。

4.5.3　DEM/DSM 支持下单帧影像快速定位

在应急模式下，可以充分利用已有的测绘成果，如 DEM/DSM、正射影像图、线划图，将其与新获取的数据进行结合，从而提供快速测绘产品。如图 4-21 所示，单帧影像定位就是单帧影像在 DEM/DSM、POS 数据的支持下进行的快速定位。由于计算简单，单帧影像定位具有实时性强的优点，对于视频中运动目标快速定位具有重要意义，尤其是对于复杂环境下运动目标的跟踪。单帧影像定位的计算过程是迭代进行的。

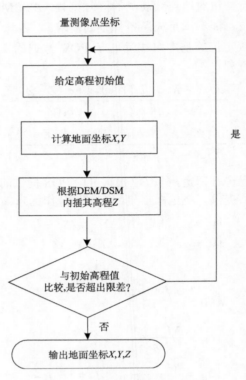

图 4-21　单帧影像定位流程

　　利用天津实验场飞行的数据分别进行了视频数据实时直接地理定位精度验证实验、准实时直接地理定位精度验证实验、DEM 辅助单帧影像定位实验,实验结果如表 4-6 所示。

表 4-6　应急模式下视频定位精度分析　　　　　　　　（单位：m）

定位方式	检查点个数	平面均方根	高程均方根
实时直接地理定位	15	1.9	2.7
准实时直接地理定位	15	1.1	1.5
DEM 辅助单帧定位	15	1.1	1.3

　　分析表 4-6 可以得出：

　　(1) 从以上几种定位方式的精度上来看,无人机实时回传的 POS 数据进行目标定位所达到的精度可以满足应急指挥、目标实时跟踪的需求。POS 数据与视频的有益结合使得传统的机载视频的作用不再局限于定性分析,利用视频数据进行目标定位成为可能。

　　(2)准实时直接定位较实时直接定位精度有比较明显的提高,主要原因在于基准站观测的 GPS 数据与移动站的 GPS 数据、IMU 数据进行卡尔曼滤波处理之后可以明显提高 POS 数据的精度。

　　DEM 辅助单帧影像定位精度与准实时直接地理定位精度相当，在已有目标区域 DEM/DSM 的情况下，对于目标(特别是运动目标)快速定位有重要意义。

第5章　多视同名点提取技术

无人机影像成像参数的解算与优化，计算机视觉中采用运动恢复结构的方法，摄影测量中则通过空中三角测量。无论是计算机视觉中的方法，还是摄影测量的方法，均需要获取同一地物在不同影像上的对应关系，从而将离散的影像"连接"起来。在摄影测量中通常把这个工作称为连接点提取，在计算机视觉中通常称为特征提取与匹配(明洋，2009)。

此外，无人机遥感测绘之所以发展迅猛，不仅在于其灵活机动、快捷便利，还有一个重要的原因是对于传统航空摄影来讲的困难地区，利用无人机执行航空摄影则少了很多顾忌。例如沙漠地区气候恶劣，海岛礁分布零散，利用有人驾驶飞机航空摄影需要多次起降，航线复杂且性价比很低。而利用无人机航空摄影作业则可以克服恶劣气候和环境的影响，且具有较高的性价比，很适合沙漠和零散分布的岛礁。无人机解决了特殊地区数据获取的问题，数据处理的难题却尚待解决，本书选择了沙漠和海岛礁两种代表性的特殊地区，从影像特征点提取与匹配的角度出发，提出了相应的解决方案。

5.1　无人机影像特征提取与匹配概述

通常将影像的局部特征作为影像匹配的基元，点特征是应用最多、实用方便的局部特征。作为光束法平差的观测值，同名特征点能够直接为多视点几何关系和相机参数的求解提供足够而可靠的约束条件，其可靠性来自于点特征在不同的几何变换模型中均能保持良好的几何稳定性。同名点提取的质量关系着后续处理的成败，快速、稳健、高精度的特征匹配具有重要的意义。

无人机低空飞行，其成像条件与有人驾驶飞机有明显不同：有人驾驶飞机稳定性好，影像基本垂直拍摄，而无人机特别是轻小型无人机稳定性差，影像姿态变化比较剧烈，旋偏、侧摆均比较明显；有人驾驶飞机航线规则，影像航向、旁向重叠很规整，无人机受限于导航定位精度、自驾仪性能、风力的影响等，重叠不规则；有人驾驶飞机作业时通常选择晴朗无云的天气，而无人机需要在地震、洪水、泥石流等自然灾害发生时紧急起飞执行任务，气象条件复杂恶劣，影像质量难以保障(于英，2014)。

具有里程碑意义的尺度不变特征变换(scale invariant feature transform，SIFT)算子能够克服光照条件、分辨率、视角变化的影响，具有较好的鲁棒性，比较适合无人机影像的处理。Andrea Lingua 对 SIFT 算子在摄影测量连接点自动提取中的性能进行了深入研究，目的是验证 SIFT 算法是否适合于空中三角测量影像连接点的自动提取及粗略 DSM 的生成。Andrea Lingua 首先进行了 SIFT 算子与摄影测量中特征点提取与匹配算法的性能比较，然后利用小型无人机获取的影像对 SIFT 算法的性能进行了验证。Andrea Lingua 的研究表明，SIFT 算法性能十分稳定，与相关系数法最小二乘匹配相比，可以得到更多的同名点，并且匹配精度基本不会随着特征点数量的增多而下降，适合于影像连接点提取和粗略 DSM 的生成，就目前来看仍然是综合性能最好的点特征匹配算法(Lingua et al.,2009)，因此本书的研究以 SIFT 算法为基础。

无人机影像特征提取与匹配不仅要克服影像旋转、缩放和光照条件的变化，还需要考虑后续区域网平差的要求。影像成像参数的高质量解算要求特征提取匹配应该具有较快的速度，较高的可靠性，特征点分布比较均衡，能够提供良好的网形结构和强度。因此，无人机影像特征提取匹配过程中还需要解决以下问题。

1. 速度

无人机经常执行应急测绘任务因而对时效性有较高的要求，在整个定位过程中，特征提取与匹配是最为耗时的环节，因此，提高特征提取匹配的速度具有重要的意义。按照提高速度的方式，大概可以分为三类：一是对特征提取匹配算法进行改进优化，如 PCA-SIFT、SURF、BRISK 等；二是利用硬件进行加速，充分发挥现代显卡有大量图形处理单元的优势，开发 SIFT 算法的 GPU 并行运算版本(Wu, 2011)；三是利用其他先验信息进行约束以提高效率，考虑到无人机拍摄的影像通常带有 GPS、INS 等辅助信息，利用辅助信息作为约束，减小特征匹配时影像盲搜索范围，节约计算时间(Masiero et al.,2014; 郭复胜，2013)。

2. 大幅面影像处理

感光器件加工工艺取得了长足的进步，数字相机、摄像机的幅面越来越大。以消费级的单反相机来讲，佳能的 EOS 5DS 采用的全画幅 CMOS 图像感应器有效像素约 5060 万，而航空级的飞思相机，8000 万像素的面阵相机(PHASE ONE iXA180)已经在无人机航测制图、多视角真三维重建上取得了成功的应用，1.9 亿像素的面阵相机(PHASE ONE iXU-RS 1900)也研制成功。同时，视频的分辨率也不断提高，例如深圳大疆公司的 Inspire 1 旋翼无人机可以拍摄 4K 分辨率的超清视频。大幅面无人机影像直接处理对内存、显存消耗较大，增加了后处理的难度。

3. 可靠性

提高连接点提取的可靠性主要通过两种途径：一是利用成像时两视图几何约束条件，通常是利用对极几何或单应变换约束关系，将不满足以上约束的特征点作为误匹配进行剔除；二是利用成像同时获取的辅助信息，利用 GPS、惯性导航系统(inertial navigation system，INS)获取的相机的位置和姿态信息，根据共线条件方程对一些明显的误匹配进行剔除，如当两幅没有重叠的影像进行匹配时，由于地面纹理重复，相似性很高，容易产生误匹配，此时利用 GPS、INS 信息可以快速剔除此类误匹配。

4. 多视同名点的提取

目前基于特征的匹配方式大都是对两幅影像进行匹配，而无人机影像由于具有较高的重叠度，同一地物点往往在多幅影像上成像，为了提高区域网平差网形的强度和稳定性，需要从众多两视匹配的结果中将同一地物对应的像点识别出来。该问题与图的连通性有诸多相似之处，本书引入计算机数据结构中的并查集实现多视同名点的快速高效提取。

　　实际应用中，还需要考虑的是算子的精度问题，Lowe 通过在尺度空间上对 DOG 函数进行拟合，实现了特征点子像素定位。为了对 SIFT 的精度进行评价，滕日提出了一种特征点精度评价指标——特征点波动区间，在图像添加噪声，改变光照条件，模糊处理以及同时进行噪声、光照及模糊处理这四种情况下分别分析 SIFT 算法提取的不同特征点波动情况，进而得到不同特征点的波动区间。研究表明，SIFT 算法鲁棒性较好，在干扰情况下依然能检测出部分特征点，但存在明显的波动性，并且点在不同干扰条件下的波动情况也有所不同(滕日等，2016)。杨健(2010)对 SIFT 匹配结果精度进行了提升，采用相关系数匹配，通过最小二乘拟合相关系数的曲面方程得到匹配点的精确位置，该位置精度理论上在 1/20 像素以内，可用作精度评价的参考。通过比较 SIFT 匹配得到的点位与最小二乘得到的精确点位，得出 SIFT 定位精度在 1/3 像素左右的结论。考虑到无人机航空摄影的应用的背景，SIFT 算子 1/3 像素的精度已经能够满足大多数需求，如果需要更高精度的结果，可以在 SIFT 的基础上利用最小二乘匹配进行精度提升。

　　在进行影像连接点提取之前，首先要对影像之间的相关性进行分析，即判断两幅影像是否重叠，重叠范围是多少，然后决定是否进行匹配，以避免无谓的计算代价。无人机自驾仪的定位精度约 5～10m，姿态测量精度约 5°～10°。如图 5-1 所示，利用 GPS 和 INS 获取的位置姿态数据、测区粗略高程信息(可以从公开基础地理信息如 Google Earth 或者 SRTM 获得)能够计算影像之间的概略重叠度，作为影像是否进行匹配的判。影像重叠度计算结束后得到影像的匹配列表，按照列表逐像对进行特征提取与匹配。

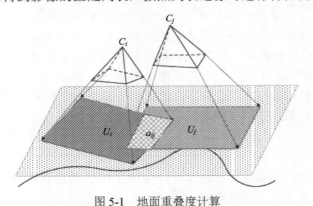

图 5-1　地面重叠度计算

5.2　特征提取与匹配的加速

5.2.1　GPU 并行加速

　　利用 SIFT 算法进行特征提取与匹配的主要过程包括：①利用 DOG 算子检测关键点；②利用 Lowe 提出的 128 维描述符对关键点进行描述；③通过计算源图像和目标图像关键点描述符之间的欧氏距离对两幅影像之间的特征点进行匹配(Lowe，2004)。SIFT 特征提取与描述的主要流程如图 5-2 所示，这里不再展开。特征点的匹配是在特征提取描述后进行的，需要将待匹配影像的 SIFT 特征描述符与参考影像的描述符进行比对，通过计算两个描述符之间的欧氏距离判断其是否为同名点，通常最邻近点与次邻近欧氏距离的比值小于一定阈值时才认为是同名点。SIFT 特征提取与匹配的总体流程如图 5-3 所示，由于 SIFT 算法在影像上检测出的特征点数量比较多，在匹配时如果采用采用穷举的方法将非常耗时，通常采用 KD（K-dimensional）树来提高搜索匹配的速度。

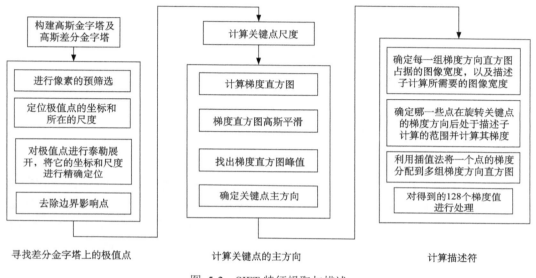

图 5-2　SIFT 特征提取与描述

SIFT 算子主要流程由于采用了复杂的描述符，SIFT 算子独特性较好，适合在海量特征数据库中进行比对和查询。而且 SIFT 特征数量较多，即使影像内容不太丰富，仍然能够检测到较多的 SIFT 特征点。SIFT 算子计算量较大、实时性较差，但是比较适合并行加速。并行加速可以通过 CPU 多核并行或者 GPU 并行的方式，相比较而言 GPU 并行加速的性价比和加速比都要优于 CPU。著名显卡厂商 NVIDIA 推出了适用于 GPU 的编程模型：CUDA（统一计算设备架构，compute unified device architecture），成为并行运算经典编程范式，降低了 GPU 编程难度。通过采用全新的体系结构组织和调度计算任务，将高计算密度的任务分解到 GPU 多个线程，使其发挥协处理器的作用，与 CPU 协同配合，具有很高的加速比。CPU-GPU 协同处理架构已经成为最优秀的高速计算平台之一。与大型的服务器集群相比，GPU 并行运算在性价比、占地空间、功耗等方面的具有突出的优势（纪松等，2012；杨靖宇，2012）。

根据公开报道，对 SIFT 算法并行化改进最成功的当属 Changchang Wu 发布的 SiftGPU。SiftGPU 充分发挥了 GPU 大量图形处理单元的优势，与 CPU 版本的 SIFT 相比具有很高的加速比。具体来讲，以下几个步骤可以通过 GPU 并行加速：

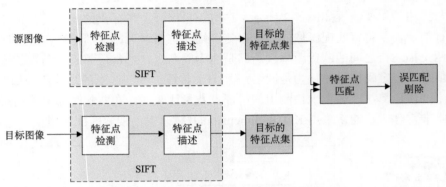

图 5-3　SIFT 特征提取与匹配主要流程

(1)彩色影像灰度化；

(2)影像高斯(差分)金字塔的建立；

(3)特征点检测(子像素和子尺度的定位)；

(4)计算密集特征列表；

(5)计算特征的位置和描述符。

　　SiftGPU 利用了 GPU 具有大量图形处理单元的优势,将大量任务并行化分解,可取得较高的加速比。SiftGPU 有 GLSL(OpenGL shading language)和 CUDA 两个版本,因此大多数品牌的显卡都可以支持,并且支持多 GPU 并行处理,可以几乎不损失 SIFT 算法的效果的同时大大提高运算速度。利用 GPU 对 SIFT 进行并行加速的技术路线如图 5-4 所示(于英,2014)。

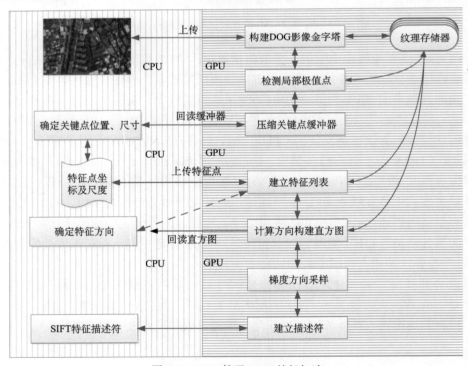

图 5-4　SIFT 算子 GPU 并行加速

5.2.2　实验与分析

为了验证 GPU 加速的效果，利用 4 组无人机影像(记为：A、B、C、D)进行测试，处理平台的软硬件情况如表 5-1 所示，采用的无人机影像基本信息及耗费时间对比情况如表 5-2 所示。

表 5-1　硬件平台的配置情况

项目	配置情况
硬件平台	DELL Precision Tower 5810 Tower
操作系统	Windows 7 专业版 64 位 SP1（DirectX 11）
处理器	英特尔 Xeon(至强) E5-1620 v3 @ 3.50GHz 四核
内存	32GB（海力士 DDR4 2133MHz）
硬盘	西数 WDC（500 GB / 7200 转/分）
显卡	NVIDIA Quadro K2200（4 GB / Nvidia）
编程开发环境	Microsoft Visual Studio 2010+CUDA v6.5+OpenCV2.2

表 5-2　耗时统计　　　　　　　　（单位：s）

影像	像幅/pixel	获取地点/年份	特征数量(左像+右像)	特征提取 SIFT	特征提取 GPU	特征提取 加速比	特征匹配 SIFT	特征匹配 GPU	特征匹配 加速比
A	2400×1598	北京/2014	18142+18164	10.79	0.696	15.5	21.94	0.047	466.8
B	2000×1335	泉州/2016	8957+9525	6.15	0.576	10.6	2.62	0.048	54.6
C	2000×1503	登封/2015	12101+14485	8.75	0.661	13.2	11.656	0.051	228.5
D	2400×1600	登封/2016	7560+8658	7.63	0.687	11.1	0.39	0.049	7.96

分析表 5-2，可以得出以下结论：

(1)对比特征提取的时间消耗可以发现，利用 GPU 对 SIFT 算法进行加速是十分有效的，特征提取的平均加速比在 10 倍以上，最高达 15.5 倍，而且加速比与影像特征点的数量呈正相关，特征点数量越多，加速比越高。

(2)对比特征匹配的时间消耗可以发现，原始 SIFT 算法特征匹配过程较为耗时，主要原因在于特征匹配时没有进行优化，穷举所有特征点进行匹配，所以特征点数量越多时间开销越大。但是采用 GPU 加速后特征匹配的速度得到大幅提升，加速比最高达几百倍，主要的原因在于特征匹配的并行化程度高，十分适合用 GPU 进行加速，而且特征点较少时 GPU 的计算任务未饱和，所以实验中采用 GPU 加速后特征匹配的耗时基本不随特征点数量的增多而延长。

5.3　分层分块、逐级引导的匹配策略

为解决计算机内存、显存有限与大幅面无人机影像处理需求之间的矛盾，设计了分层分块、逐级引导的特征提取与匹配策略。具体步骤如下：

（1）如图 5-5 所示，在处理大幅面影像时，通过建立影像金字塔，在高层金字塔上进行粗略匹配，获得少量同名点、单应变换矩阵 H 和基本矩阵 F，以确定影像之间相对位置关系和重叠范围。

（2）如图 5-6 所示，在基准影像上划分规则格网将影像分块，然后根据单应阵 H 计算在参考影像上的对应范围，由于单应矩阵的前提是场景是一个平面，无人机影像拍摄的地面场景是有一定起伏的，并不严格满足，计算范围难以避免存在误差，所以将参考影像上的范围进行适当拓展。

（3）不断将上层匹配的结果向下传导，直到原始影像，在分块后的原始影像进行匹配得到精确的同名点坐标信息。所有影像块匹配结束后将同名点坐标进行汇总，采用随机抽样一致算法（random sample consensus，RANSAC）方法整体上进行误匹配剔除，得到最终的匹配结果。

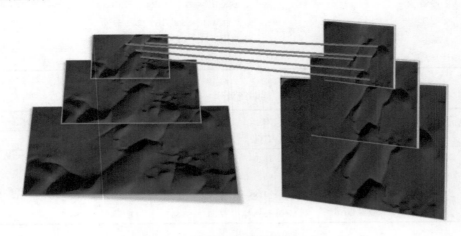

图 5-5　金字塔影像粗匹配

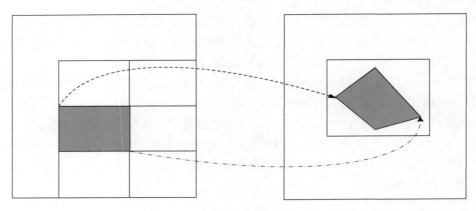

图 5-6　影像分块

为了验证分层分块、逐级引导匹配的效果，利用 5 组大幅面无人机影像进行了实验。分别采用 SiftGPU 和分层分块匹配的方法对数据进行了处理，实验时所有的阈值参数设置保持相同。由于影像幅面较大，超出了 SiftGPU 的 packed 版本默认最大支持影像尺寸，所以 SiftGPU 在处理时实际上将影像降采样为 3200×3200，两种方法的匹配结果如表 5-3 所示。

表 5-3　同名点数量

数据	像幅大小/像素	获取地区	SiftGPU	本书方法
A	10328×7760	登封	572	41397
B	10328×7760	登封	768	88220
C	10328×7760	登封	562	43407
D	10328×7760	登封	772	72185
E	7360×4912	泉州	569	69450

从表 5-3 可以看出，采用了分层分块、逐级引导的匹配策略后，成功匹配出同名点的数量明显增加，平均数量达 SiftGPU 的 97 倍，主要的原因有两方面：一方面，SiftGPU 对大幅面影像进行了降采样，特征点数量必然会随之减少，而分块以后可以提取出的特征点数量大大增加；另一方面，分块后匹配，同名点搜索范围减小，匹配的干扰项也随之减少，匹配成功率也随之提高。

成功匹配的特征点数量明显增多，其意义体现在两个方面：一方面，连接点的数量增加，可以提高区域网平差的可靠性，并且可以利用数量较多的连接点生产稀疏 DSM；另一方面，SiftGPU 输出的像点坐标实际上是从将降采样后的影像上反算回原始影像得到的，精度有所下降，而分层分块匹配得到的是特征点在原始影像上的坐标，对于保证空中三角测量的精度有重要意义。

5.4　误匹配剔除

采用 GPU 加速、分层分块匹配的策略后，可以快速得到数量较多的同名点对，这些同名点对存在误匹配点，而且比例有可能超出区域网平差的容忍度，从测量数据处理的角度来看，误匹配点就是观测值中的噪声，必须予以剔除。

5.4.1　两视几何约束模型及鲁棒估计

影像误匹配的剔除问题可以看作是模型估计问题。对于面阵中心投影的光学影像而言，两幅影像存在两种几何约束模型：对极几何和单应变换，对极几何通常用基本矩阵 F 表示，单应变换通常用单应矩阵 H 表示。影像中正确匹配的点都能够满足对极几何和单应几何的约束，而误匹配点则不满足这些约束关系。所以，无人机遥感影像误匹配剔除问题本质上是模型的鲁棒估计问题。

对极几何（epipolar geometry）在摄影测量学中又称为核线约束（耿则勋等，2010），简单来说就是同名点位于同名核线，是一种一维约束，这种约束对于场景的内容没有任何要求。而对于分布在同一个平面上的物方点，在不同影像上成像之后，像点存在一一对应关系，这种约束关系就是单应变换关系，通常用单应变换矩阵 $\boldsymbol{H}$ 来表示（孙岩标，2015；吴福朝等，2002）。如果物方点在立体像对上成像坐标分别为 x、x'，则满足式（5-1）：

$$x' = Hx \tag{5-1}$$

需要说明的是，单应变换的前提是物方点位于同一平面，对于无人机遥感影像来讲其实不是严格成立的，但是在相邻两幅影像的覆盖范围内，地形起伏与无人机航高相比通常较小，可以认为近似满足单应变换关系，作为对极几何之外的一种补充约束。

比较对极几何和单应变换两种约束关系可以发现：对极几何对于场景内容没有任何要求，而单应变换要求场景近似于平面；对极几何是一种一维约束，单应变换是二维约束，具有更强的约束力。实际应用中可以根据需要选择合适的约束模型，也可以同时使用两种约束模型。

误匹配的剔除就是利用初始匹配得到的同名像点进行参数估计，求解几何约束模型的估计值，然后将不符合几何模型约束的点作为错误点进行剔除。按照几何约束模型的求解方法，可以把误匹配剔除的方法分为三类：函数拟合方法、统计模型方法和基于图的方法（单小军和唐娉，2015）。函数拟合法的理论基础是同名点对之间可以用某种函数模型来描述，依据最小二乘原理求解模型参数，然后将不满足模型参数约束的点剔除掉。基于统计模型的方法是随机抽样计算模型参数，利用得到的参数去检验所有数据点，其经典算法是随机抽样一致性方法和最小中值（least media, LMedS）方法（许金山等，2016）。基于图的方法是依据影像上特征点的分布和邻域关系来剔除误匹配点，该方法主要用于弹性影像配准，无人机遥感影像不属于此类，本书对该方法不展开讨论。

最小二乘的方法利用所有点对求解单应矩阵或基本矩阵的估计值，如果对于特征匹配的结果比较自信，其中只有很少的噪声，没有外点的存在，默认的最小二乘方法是效果最好的方法。然而，如果不是所有的点对都能够满足严格透视变换关系，那么最小二乘得到的估计值精度较差。

实际应用中，通常采用鲁棒的方法进行参数估计。RANSAC 和 LMedS 是常用的两种鲁棒的估计方法，这两种方法都是尝试从匹配点对集合里面随机抽取不同的子集（通常4 对），并利用抽取的子集进行最小二乘估计，然后评价单应矩阵或基本矩阵的质量（对于 RANSAC 来说就是内点的数量，对于 LMedS 来说就是反投影中误差）。RANSAC 方法能够适应任意比例的外点，但是需要设置区分外点的阈值。LMedS 不需要设置任何阈值，只要内点的比例大于 50%就能够得到正确的结果。RANSAC 和 LMedS 的基本原理不再赘述，仅就实际应用中需要注意的问题进行探讨。

RANSAC 算法只能以一定的概率得到正确的估计结果，除非穷举所有的样本，但会导致迭代次数激增，特别是观测值数量较多的情况。因此，RANSAC 算法随机抽样次数 N 的确定十分关键。假设每次随机抽样最少需要抽取样本数量为 k，得到的样本不包含外点的概率为 P，ε 为内点的比例，N 为在置信概率 P 下所需要的最小抽样次数，几个变量之间的关系见式（5-2）：

$$P = 1 - (1 - \varepsilon^k)^N \tag{5-2}$$

为便于计算，对式(5-2)取对数可得

$$N = \frac{\log(1 - P)}{\log(1 - \varepsilon^k)} \tag{5-3}$$

从理论分析的角度来讲，当内点比率比较高，对于数据质量比较有把握时，采用 RANSAC 与 LMedS 的效果比较接近，但是当数据中噪声较多、质量没有把握时，最好采用 RANSAC 方法。

5.4.2　实验与分析

为了对比分析不同的鲁棒方法,利用固定翼无人机获取的数据进行误匹配剔除实验。影像为 2014 年利用 SONY ILCE-QX1 相机拍摄的北京房山地区城区影像，地面分辨率 0.1m。需要说明的是，实验过程中进行了两次匹配：第一次匹配结束后分别采用 RANSAC 和 LMedS 求解基本矩阵和单应矩阵，对误匹配点进行剔除；第二次匹配时将基本矩阵和单应矩阵作为先验信息，引导约束特征点的搜索过程，最终得到的同名点如图 5-7 所示。

匹配结束后，利用内点对基本矩阵和单应矩阵的精度进行评价。即利用特征点像方坐标和基本矩阵计算其理论上对应的核线，统计同名点到核线距离的中误差评价核线精度，利用特征点像方坐标和单应矩阵计算同名点理论坐标，统计与实际点位坐标差值的中误差评价单应变换精度，结果如表 5-4 所示。

(a) A-SIFT匹配结果

(b) A-RANSAC误匹配剔除结果

(c) A- LMedS误匹配剔除结果

(d) B-SIFT匹配结果

(e) B-RANSAC误匹配剔除结果

(f) B- LMedS误匹配剔除结果

(g) C-SIFT 匹配结果

(h) C-RANSAC误匹配剔除结果

(i) C- LMedS误匹配剔除结果

图 5-7　误匹配剔除效果图

　　分析表 5-4 可以得出以下结论：

　　(1)当初始匹配结果中错误点比例较低时(A、B)，RANSAC 和 LMedS 总体效果比较接近，都能够较好的剔除误匹配点，核线中误差在 1 个像素左右，考虑到相机是非量测相机而且没有做畸变改正，所以这个精度已经是比较理想。

表 5-4　实验结果统计

数据	误匹配剔除方法	初始匹配点数	最终匹配点数	单应变换中误差	核线中误差
A	RANSAC	819	968	7.88	1.04
	LMedS	819	939	8.50	1.01
B	RANSAC	561	674	11.35	0.99
	LMedS	561	673	9.93	0.99
C	RANSAC	342	347	8.06	1.21
	LMedS	342	275	11.04	1.35

(2) 当初始匹配结果中错误点比例较高时(C)，RANSAC 和 LMedS 的区别显现出来：利用 RANSAC 能够得到更多的点，而且 RANSAC 得到的基本矩阵和单应矩阵的精度也高于 LMedS，这与理论分析是一致的。

(3) 与初始匹配点数相比，采用单应矩阵和基本矩阵约束后重新匹配能够得到的同名点，这主要是因为在先验信息的约束下进行匹配时，搜索的范围减小，避免了同一幅影像中其他特征点的干扰，匹配成功率有所提高。

(4) 比较两种约束模型可以发现：单应变换的中误差明显大于核线中误差，这主要是因为所采用的影像为城区影像，高大建筑物较多，高程起伏较大，单应变换的不严密性在此体现了出来。

5.5　多视同名点并查集法快速高效提取

5.5.1　基本原理

按照影像匹配列表逐个像对进行特征提取与匹配之后就得到了大量的同名点对，这些同名点对有的是同一地物点在多幅影像上的成像。如图 5-8 所示，需要对这些多度重叠点进行"合并"，提高区域网平差的网形强度。

如何从两两匹配的结果中得到多视同名点，可以借鉴图的连通性原理。如果把每一个特征点都看作是一个节点，经过匹配之后得到同名点，则认为这两个节点具有联通关系。这种联通性具有传递性：如果两个节点都与同一个节点具有联通性，那么这两个节点也是联通的。按照匹配列表逐像对进行特征提取与匹配就相当于将节点之间的连通性进行了判断，而多视同名点的提取就是典型的动态联通问题，通常用并查集(union find set, UFS)解决图的动态联通性问题(Galler and Fischer, 1964; 陈慧南, 2001；卢俊等, 2016)。

并查集是一种抽象的数据类型，适用于处理集合之间的复杂关系，能够动态进行集合的查找、合并等操作。例如，给定两个元素 A 和 B，利用并查集合并 A 和 B 所在的集合，首先需要"查找" A 和 B 所在的"集合"，然后对其进行"合并"，"并查集"的名称也因此而来。并查集处理的集合通常是分离集合，如总共有 m 个元素，这些元素被分为了若干个组，每组元素构成一个集合，相互之间没有交集。典型的分离集合处理问题如下：①初始状态下，m 个元素是独立的，每个元素是一个集合；②依据一定的准则判断元素之间的关联性，将具有相同属性的元素合并到同一个集合；③给定任意元素，判定其关联性。

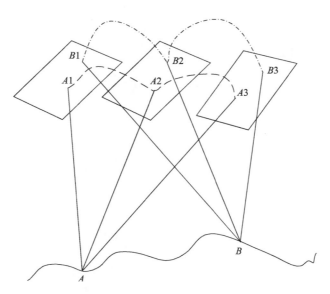

图 5-8　多视同名点提取

下面举例说明用并查集实现分离集合处理的流程。假定初始状态下有 5 个元素，依据一定的准则判断 1 和 2、1 和 3、5 和 4 具有关联性，分别对其进行合并，得到 3 个没有交集的集合，如图 5-9 所示。此时，如果给定元素 2 和 4 判断其关联性，那么查询 2 和 4 所在的集合返回其根节点，由于根节点不同，故判定其没有关联性。如果有了新的动态，如判定 3 和 5 具有关联性，那么就要将两个集合进行合并，同时进行路径压缩。路径压缩实际上是在完成集合的合并之后，将集合中的每个元素的父节点都指向根节点，如合并后把 5 和 4 的父节点直接指向 1。这样做的好处是，在判断任意两个元素是具有联通性时，只需要进行一次查询两个元素的父节点操作即可，通过判断是否具有相同的父节点判断其否具有联通性，因此并查集操作具有很高的效率。特别是当数据量很大时，仍然能够快速返回元素的根节点并判断其连通性。

应用到多视同名点的提取，以 A 点在 3 幅影像上成像为例，通过特征匹配可以得到两个集合 $\{A_1, A_2\}$、$\{A_2, A_3\}$，通过查询操作返回两个子集合，通过合并操作将两个子集合合并，得到 $\{A_1, A_2, A_3\}$，从而将 A 点对应所有像点提取出来。

由于并查集是抽象的数据类型，需要通过某种数据结构进行实例化。数据结构的选择通常是根据应用需求来确定的，常用的有数组、链表和树等。虽然采用不同的数据结构进行实例化进行查找、合并的效率会有所不同，但总体上并查集的实现是简单高效的。本书在实现并查集数据结构时采用的是数组的方式。

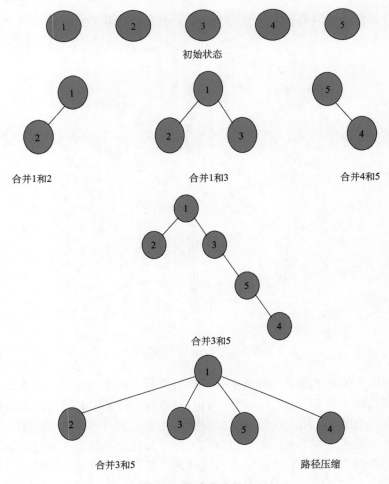

图 5-9　分离集合处理

5.5.2　实验分析

为了验证并查集方法的有效性，利用 4 组无人机影像初始匹配结果进行了多视同名点提取实验，得到结果基本情况如表 5-5 所示。从表 5-5 来看，并查集能够从大量的特征匹配结果中将多视同名点快速提取出来，对于百万级的像方点，算法依然具有很高的效率。为了可视化多视同名点提取的结果，前方交会得到连接点三维坐标，点云的空间分布情况如图 5-10 所示。

表 5-5　数据基本情况

数据集	影像数量	物方点数量	像方点数量	平均重叠度	时间消耗/s
A	563	206543	454724	2.20	5.2
B	433	220087	742503	3.37	6.0
C	186	1236799	4422700	3.58	19.8
D	28	182597	709932	3.89	4.9

(a) 数据集A的多视同名点　　　　　　　　　　　　(b) 数据集B的多视同名点

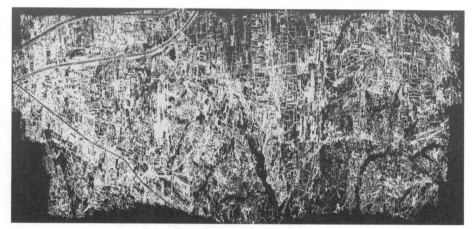

(c) 数据集C的多视同名点

(d) 数据集D的多视同名点

图 5-10　多视同名点空间分布情况

为了验证多视无人机影像同名点提取技术的性能，利用登封丘陵地区获取的无人机影像进行实验，同时与商业软件 PhotoScan 进行比较，硬件平台的配置情况如表 5-1 所示，影像的基本信息见表 5-6 所示，实验结果统计见表 5-7。

表 5-6　影像基本信息

项目	内容
无人机平台	智能鸟无人机
相机	Canon EOS 5DS
影像大小	8688×5792
相对航高	600 m
地面分辨率	7.5 cm
影像数量	2400
数据量	21.6 GB

表 5-7　结果统计

项目	本书方法	PhotoScan
物方点数	230042	256183
像方点数	788934	737579
平均重叠度	3.43	2.88
时间消耗	4 h 40 min	5 h 10 min

从表 5-3 可以看出，本书的多视同名点提取策略能够快速有效处理大数据量无人机影像，提取连接点的总数与商业软件 PhotoScan 基本相当，但是连接点的平均重叠度更高，说明本书方法在多视同名点提取中有一定的优势。运算速度方面，本书的方法也有一定的优势。

5.6　基于物方分块的点位筛选

采用多片前方交会方法对特征多视追踪结果进行计算生成物方点坐标，并利用共线条件方程反算得到每个物方点的反投影误差 φ_i 以及所有物方点的平均投影误差 $\bar{\varphi}$（于英，2017）。

（1）统计物方点在平面上的分布范围 $X_{\min}$、$X_{\max}$、$Y_{\min}$ 和 $Y_{\max}$，在平面上划分平行于 X 轴和 Y 轴的二维格网，格网的尺寸一般设为单张影像地面覆盖范围的 1/9 或者 1/12。设格网单元 X 方向和 Y 方向的尺寸分别为 X_size 和 Y_size，则 X 和 Y 方向的格网数量 X_num 和 Y_num 为

$$\begin{cases} X\_num = \dfrac{X_{\max}-X_{\min}}{X\_Size} \\ Y\_num = \dfrac{Y_{\max}-Y_{\min}}{Y\_Size} \end{cases} \tag{5-4}$$

（2）循环计算每个物方点所在的格网编号，并统计每个格网中物方点的数量，若格网中物方点的数量大于指定的阈值 κ，则转到步骤（3）。

$$\text{Value}_i = \lambda e^{(\bar{\varphi}-\varphi_i)/2} + (1-\lambda)O_i \tag{5-5}$$

（3）依据式（5-5）计算格网中每一个物方点的 Value_i 值，该值是点位反投影误差和多视重叠度值 O_i 的加权计算值。采用冒泡法对格网中点的 Value_i 进行从大到小排序，取前 κ 个作为该格网有效物方点。

5.7　基于最小二乘匹配坐标位置精化

在物方点位筛选结束后，SIFT 特征点的坐标精度可由最小二乘匹配进行优化提高。SIFT 特征点的信息由位置（p）、尺度（σ）和方向（θ）组成。设物方点 P 在影像 I_1、I_2、$\cdots$、I_n 上成像的像点为 $m_1(p_{m_1}, \sigma_{m_1}, \theta_{m_1})$、$m_2(p_{m_2}, \sigma_{m_2}, \theta_{m_2})$、$\cdots$、$m_n(p_{m_n}, \sigma_{m_n}, \theta_{m_n})$，计算物方点 P 与 I_1、I_2、$\cdots$、I_n 摄站中心之间的距离 D_1、D_2、$\cdots$、D_n。若 D_1 是所有距离中的最小值，则选 $m_1(p_{m_1}, \sigma_{m_1}, \theta_{m_1})$ 为最小二乘匹配的基准点，然后让 m_1 分别与其他的同名像点进行最小二乘匹配。下面以同名像点对 m_1 和 m_2 为例进行最小二乘匹配说明。

设 $\sigma_{m1} \geqslant \sigma_{m2}$，$s = (\sigma_{m1}/\sigma_{m2})$，$\theta = (\theta_{m1}-\theta_{m2})$。以 m_1 和 m_2 为中心的两个相关窗口分别为 W_1 和 W_2，大小为 $(2w+1)\times(2w+1)$。记 m_2 窗口邻域坐标为 $p=[x,y]^T$，$H \cdot p$ 表示对坐标 p 依据矩阵 H 进行透视变换，则窗口 W_1 和 W_2 可表示为

$$\begin{aligned} W_1 &= I_1(p_{m_1} + H \cdot p) \\ W_2 &= I_2(p_{m_2} + p) \end{aligned} \tag{5-6}$$

其中，H 中含义为

$$\begin{aligned} H &= \begin{bmatrix} a_0 & a_1 & a_2 \\ b_0 & b_1 & b_2 \end{bmatrix} \\ &= \begin{bmatrix} s_x & 0 \\ 0 & s_y \end{bmatrix}\begin{bmatrix} \cos\delta & -\sin\delta \\ \sin\delta & \cos\delta \end{bmatrix} \\ &\quad + \begin{bmatrix} a_0 \\ a_1 \end{bmatrix} \end{aligned} \tag{5-7}$$

式中，s_x、s_y 分别为 x、y 方向的缩放因子；δ 为窗口 W_1 和 W_2 之间的相对旋转角度。由于 m_1 和 m_2 为同名像点，则有式（5-8）成立：

$$h_0 + h_1W_1 + n_1 = W_2 + n_2 \tag{5-8}$$

$$\begin{cases} s_x = s \\ s_y = ks & k\in[0.2,2.0] \\ \delta = \theta + d\theta & d\theta\in[-20°,20°] \end{cases} \tag{5-9}$$

式中，h_0、h_1 为窗口之间线性灰度畸变参数；n_1、n_2 为与坐标有关的影像随机噪声。对式（5-8）进行线性化得到误差方程式，通过最小二乘平差求解得到像点坐标精确值。在进行最小二乘平差求解之前先利用 SIFT 特征信息按式（5-9）对仿射相关参数 s_x、s_y 和 δ 的

初始值进行设置，并以 NCC 最大为准则搜索确定 k 和 $d\theta$ 的最佳值(杨化超等，2010)。

5.8　沙漠地区(弱纹理)影像特征提取与匹配

沙漠地区是指地面完全被沙所覆盖、植被稀少、干旱少雨的地区。沙漠地区交通不便，环境恶劣，人力难以到达，且受风力、流动沙丘的影响地表变化较快，地表形貌不稳定。开展沙漠地区测绘对于科学考察、环境保护和监测沙漠变化具有重要的意义。特别是随着我国航天活动的增多，航天器的着陆、回收均在沙漠或戈壁地区进行，地面搜救工作亟需最新的地理信息。因此，对沙漠地区进行应急测绘和地理信息更新具有重要意义(薛武等，2017)。

利用无人机对沙漠地区进行航空摄影测量具有机动灵活、快速高效、实时性好以及环境适应性强的优势。无人机拍摄沙漠地区影像后，通过空中三角测量、影像密集匹配、正射纠正等处理后可以获取沙漠地区的大比例尺数字高程模型、正射影像等，用于分析沙漠地形特点，监测沙漠变化情况。空中三角测量需要提取影像上的同名点，而沙漠地区地表纹理信息不均衡，灰度相似性高，对比度低，容易出现同名点过少或者匹配失败的情况。

使用传统的数字摄影测量系统处理沙漠地区无人机影像时会出现失败，一方面，传统的空中三角测量中影像连接点的提取是通过在影像上划分格鲁伯区域，在格鲁伯区域内进行特征点提取与匹配。然而无论格鲁伯区域的划分还是特征点的匹配，均依赖于良好的成像几何条件和精确的 POS 数据。但无人机平台由于稳定性较差，飞行时姿态变化较大，影像的重叠度不规范，受载荷和成本的限制平台上通常也没有测量级的 POS 设备，采取上述方法极容易出现匹配失败和大量的外点。另一方面，沙漠地区影像的局部反差较低，灰度相似性很高，纹理信息不均衡，采用基于灰度的影像匹配时，易受噪声干扰，导致匹配失败；采用基于特征的影像匹配时，特征点数量稀少，分布不均衡。沙漠影像还存在纹理重复的问题，体现在弱纹理的有规则再现(袁修孝等，2016)。不论选择基于灰度的还是基于特征的影像匹配技术，得到同名点数量都偏少，且都难以避免误匹配。综上所述，沙漠地区无人机影像匹配的主要困难就是匹配点少且错误点多。

Wu(2012)试图通过提取影像中的线特征来辅助影像匹配，然而在沙漠地区很难找到明显的线特征。何海清等(2014)将特征匹配与傅里叶变换进行了结合，利用傅里叶变换复共轭功率谱预测同名点的位置，在预测位置附近进行尺度空间上的 Harris-Laplace 特征检测，然后在核线约束下进行相关系数匹配，该方法本质上是带有先验条件的灰度匹配，不能完全解决上述问题。SIFT 对于影像的旋转、缩放、光照变化等均具有一定的适应能力，在无人机影像拼接、空中三角测量中取得了广泛的应用(杨化超等，2011；袁修孝和李然，2012)。然而 SIFT 算法在处理沙漠地区无人机影像时，没有顾及沙漠地区特殊的地表纹理特征，也容易出现连接点提取数量较少、分布不均匀的现象。纪华等(2009)为了弥补局部特征算子未考虑影像全局特征的不足，提出了结合全局特征的 SIFT 改进算法。该算法在检测特征点时，不仅利用 SIFT 描述符描述了局部信息，还利用全局向量描述影像的全局信息，在匹配时综合 SIFT 和全局向量的欧氏距离进行同名点的判断。

该方法能够减少误匹配，然而对于改善连接点数量少、分布不均匀的问题效果并不明显。白亚茜等(2016)针对 SIFT 处理红外遥感影像中使用固定对比度阈值导致特征点数量少的问题，提出了顾及纹理特征的自适应对比度阈值的 SIFT 算法。但对灰度共生矩阵的计算并未作优化，对于可见光无人机影像的有效性也有待验证。

5.8.1　总体流程

针对沙漠地区无人机影像对比度低、纹理不均衡的特点，提出了一种纹理自适应的沙漠地区影像的连接点提取方法。如图 5-11 所示，整个匹配流程可以分为 3 个步骤。

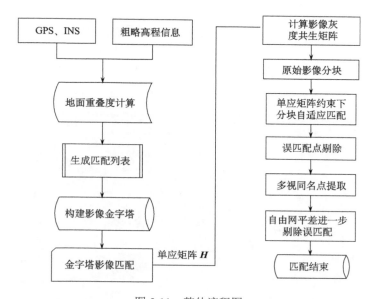

图 5-11　整体流程图

（1）影像粗匹配：首先利用无人机自驾仪记录的影像曝光的位置姿态信息和测区粗略地形信息计算影像之间的相对关系得到影像匹配列表，然后生成影像金字塔，并在金字塔影像上进行特征提取与匹配。

（2）影像分块精匹配：将待匹配影像分块后，分别计算其对比度、灰度共生矩阵，并统计灰度共生矩阵的熵，根据子块影像的纹理特征自适应调整特征提取与匹配的参数设置，在粗匹配结果的引导下进行精匹配。

（3）多视同名点的提取与误匹配剔除：首先采用 RANSAC 方法对影像两两匹配结果中的误匹配点进行剔除，然后利用并查集进行多视同名点的提取，最后进行自由网光束法平差，采用选权迭代法进一步剔除结果中的粗差点。

5.8.2　影像粗匹配及纹理特征分析

在进行影像连接点提取之前，首先利用 GPS、INS 等信息对影像之间的匹配相关度进行分析，即判断两幅影像是否重叠，重叠度是多少，然后决定是否进行匹配，以避免无谓的匹配时间代价。

随着无人机搭载相机的画幅逐渐增大，直接处理原始影像的计算量越来越大，给计算机内存、CPU、GPU 带来较大的负担。通过建立影像金字塔，在高层金字塔上进行粗略匹配，然后引导底层影像精确匹配是比较合理的方式。根据计算机的硬件配置情况设置金字塔的层数，选择计算机处理能力范围内的适宜影像尺寸进行特征提取与匹配，然后采用 RANSAC 方法计算单应变换矩阵 $\boldsymbol{H}$ ，同时剔除误匹配点。此时的单应变换关系是利用金字塔顶层影像特征点计算而来，精度较低，但是对于后续的影像分块来讲已经能够满足要求。

纹理指图像灰度变化的局部模式，是人类对于自然界物体表面现象的一种感知，最显著的视觉特征是粒度或粗糙度、方向性、重复性或周期性。如图 5-12 所示，沙漠地区的无人机影像纹理信息少、分布不均衡，同一幅影像内纹理特征不尽相同，红色方框内影像的纹理比较明显，而其余区域则十分匮乏，没有明显的特征，这就需要在处理时区别对待。图 5-13 是图 5-12 所示影像对应的灰度共生矩阵熵。另外，如图 5-14 中的(a)、(b)所示，沙漠不同影像之间的纹理信息也差别很大。如在进行特征提取与匹配时没有顾

图 5-12　沙漠地区无人机影像

图 5-13　灰度共生矩阵熵

(a) 沙漠蜂窝状地区无人机影像

(b) 沙漠平滑地区无人机影像

图 5-14　沙漠地区不同无人机影像对比

及影像的纹理分布特点，会导致连接点的数量少、分布不均匀，甚至提取失败。因此，有必要分析影像的纹理分布特点，根据纹理丰富程度自适应调整特征提取与匹配的参数设置，以改善特征提取与匹配效果。

利用统计学的方法能够对纹理进行比较客观的描述。灰度共生矩阵是常用的影像纹理描述方法，由影像灰度级之间的联合概率密度 $P(i, j, d, \theta)$ 所构成，表达的是影像中任意两点之间的灰度相关性。$[P(i, j, d, \theta)]_{L \times L}$ 表示方向为 θ，间隔为 d 的灰度共生矩阵，其第 i 行第 j 列元素的值为 $P(i, j, d, \theta)$，角度 θ 默认选取 0°、45°、90° 和 135° 四个方向。灰度共生矩阵的几个统计量能够有效表达影像的纹理特征，如均值（影像的平均情况）、方差（灰度变化的大小）、逆差矩（反应局部同质性）、对比度（反应图像纹理的清晰度）、熵（代表影像的信息量）、角二阶矩（反应纹理的粗细）等（侯群群等，2013）。在计算灰度共生矩阵时，设计了 10 种不同的位移矢量进行组合来有效描述影像的纹理特征，如图 5-15 所示，该组合避免了遗漏和极端角度的产生，并考虑到了灰度共生矩阵的对称性，结合影像金字塔等手段减少了计算量，在实际应用中具有明显优势（Pesaresi et al.,2008）。

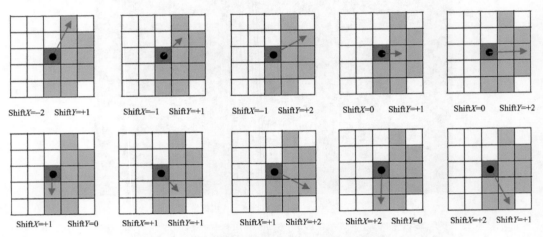

图 5-15　灰度共生矩阵位移矢量示意图

由于灰度共生矩阵的计算量较大，实际上对影像灰度分布的描述不需要精确定位。为减小计算量，在金字塔顶层影像上计算灰度共生矩阵并进行统计分析。考虑到熵能够较好地衡量信息量的丰富程度，所以在灰度共生矩阵的统计量中选择了熵作为沙漠无人机影像纹理信息丰富程度的评价指标。图 5-15 是图 5-14 对应的灰度共生矩阵的熵分布情况，从图 5-15 以看出，灰度共生矩阵熵的大小与纹理丰富程度呈正相关，即亮度越高代表影像上的纹理信息越丰富。

5.8.3　顾及纹理特征的影像分块精匹配及误匹配剔除

通过金字塔粗匹配获取了影像之间少量的可靠同名点和单应矩阵 H 与基本矩阵 F，通过纹理特征分析得到了影像的纹理分布信息。在 H、F 和纹理分布信息的引导下可以进行连接点的精匹配。首先在基准影像上划分规则格网将影像分块，然后在 H 和 F 的引导下计算在参考影像上的对应范围。由于单应矩阵的前提是场景是一个平面，沙漠无人机影像并不严格满足，计算范围难以避免存在误差，所以将参考影像上的范围进行适当拓展。

影像分块之后，根据灰度共生矩阵的熵 ENT，自适应调整 SIFT 特征提取、匹配的阈值。由于分块后每块的纹理特征变化相对较小，所以每块采用相同的参数进行特征提取与匹配。在 SIFT 特征提取与匹配的过程中，DOG 响应阈值 DOG_Value 和比值法匹配的阈值 Ratio_Value 与纹理特征的关系较大。根据 Lowe 的建议和学者们的研究实践，对于常规影像，DOG_Value 通常设置为 0.02/3，Ratio_Value 通常设置为 0.8，能够取得比较理想的提取和匹配效果（Wu，2011）。结合沙漠地区影像特点，在设置这两个参数阈值时将灰度共生矩阵的熵考虑进去，对这两个参数进行自适应调整：

$$DOG\_Value = 0.02 / 3 \frac{ENT}{C\_ExValue} \tag{5-10}$$

$$Ratio\_Value = 0.8 \times \frac{ENT}{R\_ExValue} \tag{5-11}$$

式中，$C\_ExValue$、$R\_ExValue$ 为对大量无人机影像进行纹理特征统计后得到的经验值。在 SIFT 特征匹配的过程中，利用金字塔粗匹配计算的单应矩阵 $\boldsymbol{H}$ 和基本矩阵 $\boldsymbol{F}$ 进行约束，一方面可以减少匹配搜索范围、节约时间；另一方面单应矩阵约束下可以减少匹配干扰项、提高匹配成功率和正确率。匹配结束后利用得到的大量同名点重新计算影像之间的单应矩阵 $\boldsymbol{H}$ 和基本矩阵 $\boldsymbol{F}$，利用 $\boldsymbol{H}$ 和 $\boldsymbol{F}$ 两种约束重新对匹配结果进行提纯。之所以采用两种约束进行提纯，主要是考虑 $\boldsymbol{H}$ 约束是二维的，能够有效剔除明显的错误点，但由于单应关系并不严格成立，加上计算误差，一些偏差较小的误匹配难以有效剔除，而核线约束虽然是一维的，但是精度较高，能够进一步剔除残留的误匹配点。

5.8.4 实验与分析

为了验证本书方法的有效性，利用 2015 年获取的内蒙古某沙漠地区无人机影像进行实验。影像是固定翼无人机拍摄的，共飞行 6 条航线(图 5-16)，获取 1200 余幅影像，航摄的基本信息如表 5-8 所示。

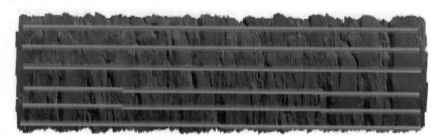

图 5-16　航线分布示意

表 5-8　航摄基本信息

参数	数值
相机	Canon EOS 5DS
影像大小	8688×5792 pixel
地面分辨率	0.1 m
航高	800m
航向重叠度	60%
旁向重叠度	30%
测区面积	73 km^2

1. SIFT 匹配实验

为了更直观地展示连接点提取与匹配的过程，从航摄影像中选择比较有代表性的一个像对为例进行说明。首先进行 SIFT 特征提取，各项参数按照 Lowe 给出的建议值进行设置，特征提取的结果如图 5-17 所示。图 5-17(a)共提取出 125 个特征点，图 5-17(b)

共提取出 156 个特征点，匹配得到 43 个同名点，利用 RANSAC 进行粗差剔除后得到 32 个可靠同名点。从图中可以看出，特征点的提取数量较少且分布不均匀，匹配得到的同名点数量更少，难以满足空中三角测量的要求。

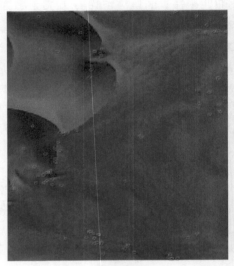

(a) 左影像　　　　　　　　　　　　　　　　　　(b) 右影像

图 5-17　SIFT 特征提取结果

2. 纹理自适应的连接点提取与匹配

针对 SIFT 算法的不足，对影像建立了金字塔，将影像重采样为原来的 1/4 以减小计算量。计算金字塔影像的灰度共生矩阵并统计其熵，然后利用 SIFT 匹配后得到影像间的单应矩阵 H 和基本矩阵 F。将左像均匀划分为 6 块，根据单应矩阵 H 计算每一块在右像上对应范围并适当扩展。根据每一块影像灰度共生矩阵熵的大小，自适应调整 SIFT 特征提取以及匹配的参数阈值，得到数量较多的特征点。图 5-18(a) 共得到 972 个特征点，图 5-18(b) 共得到 1098 个特征点，匹配后得到 485 对同名像点。经过 RANSAC 误差剔除后得到 375 对同名像点，如图 5-19 所示，蓝色连线代表正确匹配的同名点，红色连线代表误匹配点。正确匹配点的数量得到了显著增加，分布也相对均匀。

3. 多视同名点的提取

通过两两匹配可以得到大量的同名像点，然后利用 3.5 节中的并查集进行多视同名点快速提取。如表 5-9 所示，利用内蒙古某沙漠地区 1208 幅无人机影像进行多视点提取，共得到 737579 个像方特征点，对应 256183 个物方点，平均每幅影像 610.6 个点，点的平均重叠度 2.879，利用初始的 POS 数据和连接点信息进行自由网平差，并采用选权迭代法进行粗差探测与剔除，共剔除 1111 个粗差点，最终得到 255072 个可靠的物方点。多片前方交会得到连接点的三维坐标，其整体分布如图 5-20 所示，从图 5-20 中可以看出连接点数量较多，满足空三加密的需要，而且在物方空间的分布也比较均匀。

(a) 左影像　　　　　　　　　　(b) 右影像

图 5-18　改进后特征提取结果

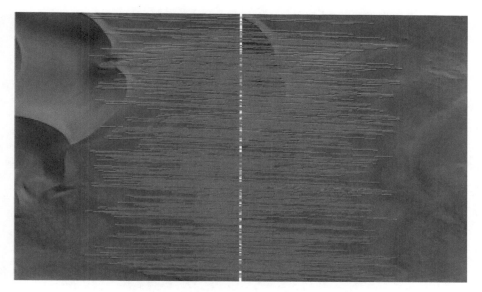

图 5-19　特征匹配结果

表 5-9　连接点提取结果

参数	数值
影像数量	1208
物方点数量	256183
剔除误匹配点数	1111
像方特征数量	737579
平均重叠度	2.879

图 5-20　测区连接点整体分布

　　对沙漠地区无人机影像进行密集匹配，得到测区的 DSM，如图 5-21 所示，并利用 DSM 对原始影像进行正射纠正、拼接、匀光匀色，得到测区的正射影像，如图 5-22 所示。

图 5-21　测区 DSM

图 5-22　测区正射影像

5.9　海岛礁(大面积落水)影像特征提取与匹配

海岛礁是我国领土的重要组成部分,是海洋资源开发的天然根据地和人民海军走向深蓝的重要支撑点。随着海上丝绸之路的建设和我国经略海洋战略的实施,对海洋的管控具有重要的现实需求(董国红,2015)。对海岛礁实施精确测绘,获取其精确地理信息是海洋管控工作的重要组成部分。在海岛礁大比例尺测图中,地面人力难以到达,航天影像的分辨率、定位精度不能满足要求,采用有人驾驶飞机航空摄影灵活性较差、成本较高,特别是零散分布的小岛礁航空摄影,性价比较低。借助无人机进行航空摄影具有机动灵活、成本低、易操作等显著优势。近年来无人机技术在遥感测绘领域得到成功的应用,特别是在海岛礁测图中发挥了重要的作用(张彦峰等,2014;李能能和柯涛,2016)。

在航空摄影测量中,海岛礁是公认的具有挑战性的区域。一片海域或者海峡将会把一个工程分割成两个不连接的区域,导致两个区域平差结果不一致,需要进行复杂的接边处理。因此匹配所有能够连接两个区域的影像具有十分重要的意义。包含水体的海岛礁无人机影像存在反射、波浪、海水泡沫等,其位置随着时间变化而发生运动,因此这些像元必须予以剔除。特别是在相邻的影像匹配时,误匹配的风险更高:在相邻影像的曝光间隔中,海浪的运动基本是一致的,导致类似于 RANSAC 和 LMedS 的算法失效,给误匹配剔除带来很大困难。

虽然无人机平台能够较好的解决海岛礁影像的获取问题,但由于后处理的难度较大,无人机海岛礁测绘仍有许多难题亟待解决,主要有影像连接点误匹配剔除困难、地面控制点布设难度较大以及空三精度不能很好地保证等,其中摆在内业人员面前的第一个难题就是影像连接点误匹配剔除困难。

5.9.1　海岛礁无人机影像误匹配剔除的难点

海岛礁无人机遥感影像的连接点提取具有重要的意义,因为在空中三角测量中,落水影像所起的作用通常都是将河流、湖泊或者海峡两侧的测区连接起来,其连接点提取的成败通常关系到区域网构建的成败。而海岛礁影像上误匹配点、落水点占有较大比例且比例不稳定,在光束法平差的过程中对其进行识别与剔除也十分困难,因此要在区域网平差之前尽可能剔除上述点才能正确实施空中三角测量。大面积的落水影像导致连接点提取、匹配困难以及较高的误匹配率,造成这种现象的原因主要有:①海岛礁影像中的落水部分纹理信息很少(平静的水面)或者重复性纹理(水面的浪花)给特征提取和匹配造成了困难;②海岛礁影像不是严格的刚性影像,因为影像中的岛礁部分虽然是刚性的,但是水面部分的空间位置是会发生变化的,比如波浪、移动船只和近海养殖场的人工设施在相邻曝光时刻可能已经发生了位移,即便是同名像点也不能作为光束法平差的约束条件。

对于海岛礁影像落水问题,常规的解决方案可以分为以下两类:一是对影像进行水域提取,然后将落入水域的特征点直接删除,但目前未能实现自动化,仍需人工编辑,费时费力，工作量较大；二是对测区进行合理分区，但是区域划分主要采用人工手动划分的方式，容易出现遗漏或误判断，准确性较低。因此，在影像连接点提取阶段应该尽可能将落水点以及其他误匹配点进行有效的剔除。

在过去的十几年中影像匹配取得了显著的进步，尤其是基于特征的匹配，这种匹配方法被证明是鲁棒和高效的，很多新的算法被提出，其中以尺度不变特征变换（SIFT）算子及其改进算法为杰出代表。SIFT 算子的诸多优秀性能已在前文进行了介绍，这里不再赘述。SIFT 算子在航空航天遥感影像处理中取得了广泛的应用，但对于海岛礁大面积落水航空影像来讲，SIFT 依然不能解决前文提到的连接点提取存在的问题。需要采用鲁棒的方法对海岛礁无人机影像连接点中的误匹配点、落水点进行剔除。最小中值估计由于误匹配点较多（可能超过 50%）而不再适用，只能考虑采用随机抽样一致方法。

RANSAC 方法在常规无人机影像的处理中取得了良好的效果，处理海岛礁影像时效果却不理想，原因在于海岛礁无人机影像的匹配结果中通常有较多的误匹配点，其中一部分误匹配点是由水面波浪、海面涌动、船只移动引起的，所以通常是"小粗差"，非常容易混淆在正确匹配的点当中。落水点、移动船只、养殖网箱上的误匹配点剔除难度很大，因为 RANSAC 算法在剔除误差的时通常都需要设置一个阈值，以区分"内点"和"外点"，阈值设置的太小，容易丢弃正确匹配的点，阈值设置的太大，容易引入错误匹配的点。特别是海岛礁无人机影像误匹配较多，随机抽样得到的点中含有外点的概率较高，且内点的比率有较大的浮动，从而导致内外点的阈值有较大的浮动。而且同一架次的不同影像，其阈值设置也不固定，如何自适应设置内外点的阈值成为误匹配剔除的关键（陈华等，2015；许金山等，2016）。

5.9.2　虚警值最小化的误匹配剔除

虚警值最小化误匹配剔除方法避免了人为设定经验阈值而是通过计算当前抽取样本的虚警值（number of false alarms，NFA）来评价当前模型的可靠性，认为虚警值最小的样本可靠性最高，用最可靠的样本计算单应矩阵。NFA 的计算公式为

$$\text{NFA}(M,k) = N_{\text{out}}(n - N_{\text{sample}}) \binom{n}{k}\binom{k}{N_{\text{sample}}} \left(e_k(M)^d \alpha_0\right)^{k - N_{\text{sample}}} \tag{5-12}$$

式中，M 表示待求解的模型参数；k 表示假设正确样本的数量；n 表示样本总数；N_{sample} 为 RANSAC 随机采样的数量；N_{out} 为利用 N_{sample} 个采样点计算出来的模型的个数；$e_k(M)$ 为根据参数 M 计算出的误差中第 k 小值；α_0 为随机误差是 1 个像素的概率；d 为误差的维度，在单应变换中取值 2。$e_k(M)^d \alpha_0$ 表示随机抽样点误差最大为 $e_k(M)$ 的概率；$\left(e_k(M)^d \alpha_0\right)^{k - N_{\text{sample}}}$ 表示 $k - N_{\text{sample}}$ 个匹配点对的最大误差为 $e_k(M)$；$N_{\text{out}}(n - N_{\text{sample}})\binom{n}{k}\binom{k}{N_{\text{sample}}}$ 表示抽样的总次数。从表达式来看，NFA 就是假设有 k 个内点时模型 M 虚警数量的期望（Moulon et al.,2012）。既然是虚警数量的期望，那么 NFA 越小，表明样本的可靠性就越高，随机性就越小，利用该样本对模型参数进行估计的可靠性也就越高。

在计算单应矩阵时，$N_{\text{sample}} = 4$，$N_{\text{out}} = 1$，$\alpha_0 = \dfrac{\pi}{w \times h}$，$d = 2$，$w$ 和 h 表示影像的宽和高，NFA 的具体形式为

$$\text{NFA}(M,k) = (n-4)\binom{n}{k}\binom{k}{4}\left(e_k\left(M\right)^2 \frac{\pi}{w \times h}\right)^{k-4} \tag{5-13}$$

模型 M 如果满足式(5-14)则认为是有效的：

$$\text{NFA}(M) = \min_{k = N_{\text{sample}}+1, \cdots, n} \text{NFA}(M,k) \leqslant \varepsilon \tag{5-14}$$

计算过程中唯一的一个阈值是 ε，在实际应用中都取 1，也就是说保证理论上随机抽样得到的样本点中没有外点。模型 M 区别内点和外点的误差阈值是 e_k，k 是式(5-14)取得最小值时的值。在编制程序计算 NFA 时，为了计算方便，通常对式(5-13)取对数，得到如下表达式：

$$\begin{aligned}
\log \text{NFA} = {} & \log(n-4) + \log\binom{n}{k} + \log\binom{k}{4} \\
& + (2\log e_k\left(M\right) + \log \frac{\pi}{w \times h}) \times (k-4)
\end{aligned} \tag{5-15}$$

最小化虚警值而不是最大化内点的数量或者最小化残差的中值，这是与传统 RANSAC 和 LMedS 的本质区别。按照虚警值最小化的原则进行参数估计时，不是根据内点的数量多少来评价当前模型的可靠性，而是根据样本的虚警值大小来评价。因为如果区别内外点的阈值设置不同，相同的模型得到的内点的数量可能不同。通过在每次随机抽样后对残差按照大小进行排序，计算样本的虚警值，反复迭代，当达到迭代最大次数时将虚警值最小的模型参数作为最终结果进行输出。虚警值最小化误匹配剔除总体流程如图 5-23 所示。

采用虚警值最小化误匹配剔除方法计算出单应矩阵后，能够较好的区分内点和外点。为了提高单应矩阵的估计精度，误匹配剔除后利用所有的内点，采用最小二乘方法重新优化单应矩阵，得到最终解。综上所述，海岛礁无人机影像连接点提取的整体流程如图 5-24 所示。

5.9.3 实验与分析

选取 6 组具有代表性的海岛礁无人机影像(图 5-25)进行实验，影像既有包含岛礁的，也有包含海峡的，其中陆地部分既有包含人工建筑物的，也有包含自然植被的，水面部分包含船只、人工网箱、海面涌浪，基本能够代表实际作业中遇到的所有典型情况，影像的其他基本信息如表 5-10 所示。

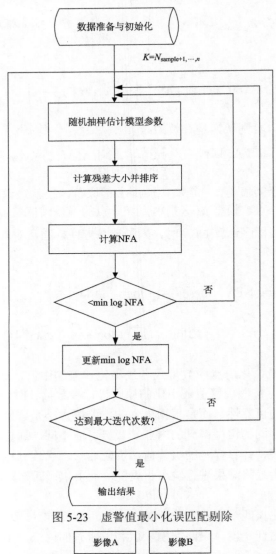

图 5-23　虚警值最小化误匹配剔除

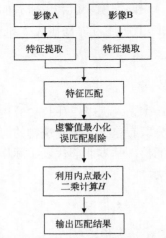

图 5-24　海岛礁无人机影像连接点提取

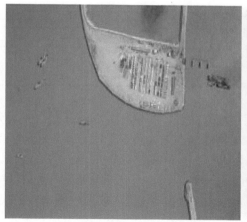

(a) 影像A(含有移动船只的海岛礁影像)

(b) 影像B(含有人工网箱和陆地的海岛礁影像的1组)

(c) 影像C(含有人工网箱和陆地的海岛礁影像的2组)

(d) 影像D(含有陆地的海岛礁影像)

(e) 影像E(含小面积房屋海岛礁影像)

(f) 影像F(含跨海电力线海岛礁影像)

图 5-25　海岛礁无人机影像

表 5-10　影像基本信息

影像	相机	影像大小/pixel	获取地区
A/B/C/D/E	Canon EOS 5D Mark II	5616×3744	江苏某海域
F	Phase One P 45+	7228×5428	欧洲某海域

　　实验中首先利用 SIFT 算法对海岛礁无人机影像进行了特征提取与匹配，然后分别采用 RANSAC 方法和虚警值最小化方法对 6 组海岛礁无人机影像进行了误匹配剔除。匹配结果如图 5-26 所示（为便于显示，将原始影像做了灰度化处理），A1～F1 表示误匹配点，用红色连线表示，A2～F2 表示正确匹配的点，用绿色连线表示，两种误匹配剔除方法各项指标的统计情况如表 5-11 所示。"RANSAC 中误差"、"虚警值最小化中误差"是指采用两种方法求解单应矩阵的精度，"最小二乘中误差"是指利用所有内点最小二乘重新计算单应矩阵的精度，"核线残差"是指最小二乘得到的内点的核线精度，"log NFA"表示最小虚警值的对数，"内外点阈值"是指根据内外点残差分布反推如果采用 RANSAC 方法应该设置的内外点阈值大小。

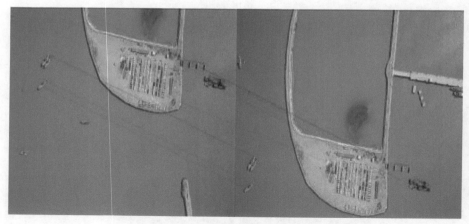

(a) 影像A1(含有移动船只的海岛礁影像的误匹配)

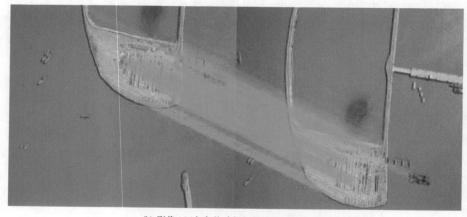

(b) 影像A2(含有移动船只的海岛礁影像的正确匹配)

(c) 影像B1(含有人工网箱和陆地的海岛礁影像的1组误匹配)

(d) 影像B2(含有人工网箱和陆地的海岛礁影像的1组正确匹配)

(e) 影像C1(含有人工网箱和陆地的海岛礁影像的2组误匹配)

(f) 影像C2(含有人工网箱和陆地的海岛礁影像的2组正确匹配)

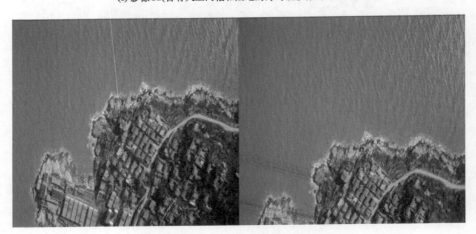

(g) 影像D1(含有陆地的海岛礁影像误匹配)

(h) 影像D2(含有陆地的海岛礁影像正确匹配)

(i) 影像E1(含小面积房屋海岛礁影像误匹配)

(j) 影像E2(含小面积房屋海岛礁影像正确匹配)

(k) 影像F1(含跨海电力线海岛礁影像误匹配)

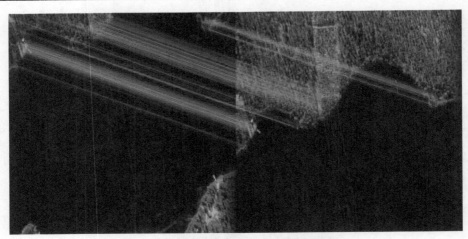

(l) 影像F2(含跨海电力线海岛礁影像正确匹配)

图 5-26　虚警值最小化误匹配剔除后连接点分布

表 5-11　误匹配剔除情况统计

实验数据	初始匹配点数	正确匹配点数	RANSAC中误差/pixel	虚警值最小化中误差/pixel	最小二乘中误差/pixel	核线残差中误差/pixel	log NFA	内外点阈值/pixel
A	736	650	7.66	5.07	4.47	0.905	−2898.48	13.81
B	104	81	7.70	6.89	5.11	1.212	−333.96	13.21
C	182	139	7.44	5.95	4.81	0.848	−584.67	12.98
D	2446	2170	20.55	18.61	16.03	0.870	−7482.97	46.65
E	770	690	6.75	3.33	2.86	0.802	−3290.34	7.32
F	446	384	6.41	3.64	3.47	1.419	−1916.14	9.16

分析图 5-26 和表 5-11，可得出以下结论：

(1)从图 5-26 中最终匹配结果和剔除的误匹配点的分布来看，基于虚警值最小化的误匹配剔除算法能够将水面浪花、移动船只、养殖网箱等误匹配点有效剔除，同时较好地保留了正确匹配点。

(2)与 RANSAC 算法相比，采用基于虚警值最小化的误匹配剔除方法得到单应变换矩阵，单应变换残差中误差均变小，也就是说虚警值最小化的方法从原始的匹配点集中筛选出来的点质量更好。

(3)利用所有内点重新计算单应矩阵的最小二乘估计，能够得到精度更高的单应矩阵，说明该步骤是必要的、有效的。

(4)6 组实验数据的虚警值均远小于 1，也就是说，从理论上保证了随机抽取的样本中没有外点，因此能够取得较好的剔除效果。

(5)从内外点的阈值来看，不同影像的内外点阈值浮动范围较大，从 7.32 个像元到46.65 个像元。如果采用 RANSAC 方法，即使凭借经验也难以设置合理的阈值进行外点的剔除，这也印证了虚警值最小化误匹配剔除的必要性和重要价值。

(6)6 组影像核线残差中误差平均 1.009 个像元，最大不超过 1.5 个像元，考虑到相机是非量测相机而且没有做畸变改正，所以该精度已经比较理想。

第6章 区域网平差

POS 辅助光束法区域网平差是摄影测量平差发展历程中的一个重要突破，它将 POS 数据引入到经典的光束法区域网平差当中，可最大限度地减少对地面控制点的依赖程度。甚至只需要少量的几个控制点用于坐标转换，从而节省了大量的野外测量工作、降低生产成本、提高了作业效率（袁修孝，2008）。

纵然 POS 辅助光束法区域网平差已经大大提高了无人机摄影测量的效率，但其仍是一种事后处理的方法，并不满足应急响应情况下的需求，因此本章随后研究了无人机影像的序贯平差方法，该方法以精度和速度的平衡为原则，实现了平差速度的提升。

当前广泛应用的测绘无人机以中小型固定翼无人机为主，此类无人机通常搭载导航型的 GPS、INS，相机以消费级数码相机或者单反相机为主。这样的硬件配置可以大大节约作业成本，但同时也为无人机影像的区域网平差带来了很多困难，主要有：影像获取的同时没有 POS 辅助数据，仅有自驾仪记录下的低精度的无人机位置和姿态信息；影像姿态变化大，连接点提取匹配难度大，不可避免的会产生误匹配点；影像的像幅普遍较小，与大面阵航测相机相比，同样面积的测区需要更多的影像才能覆盖，导致了区域网平差时需要求解的未知数数量很大。因此无人机影像平差的难点就是需要解算有噪声的大规模方程组。

无人机影像还有一个特点就是很多情况下没有地面控制数据，一方面，在一些非测绘类的应用中不需要成果的地理坐标，如景区导航影像图、园区三维建模等；另一方面，无人机在用于应急测绘或者在困难地区作业时，往往难以布设地面控制点，又给无人机数据的处理增加了难度。

6.1 POS 辅助光束法区域网平差

POS 辅助光束法区域网平差是摄影测量平差发展历程中的一个重要突破，它将 POS 数据引入到经典的光束法区域网平差当中，可最大限度地减少对地面控制点的依赖程度。甚至只需要少量的几个控制点用于坐标转换，从而节省了大量的野外测量工作、降低生产成本、提高了作业效率。

POS 辅助光束法区域网平差将安装在机载平台上的 POS 设备获取相机曝光时刻的三维坐标和三个姿态角引入到光束法平差中，在平差时将其视为带权观测值，最后经过统一的数学模型和算法对像点观测值和 POS 观测值进行整体处理（袁修孝，2008），来确定加密点的三维空间坐标、像片的六个外方位元素及附加参数，并可对平差质量进行评定。下面从误差方程式构建、参数求解（整体式求解和分组求解）和精度评估 3 个方面进行介绍。

6.1.1　误差方程式构建

如式(6-1)所示,自检校光束法区域网平差是以带误差的共线方程为基础,其中相机焦距为 f;像点在像空间坐标系中的坐标为 (x,y);对应物方点坐标为 (X,Y,Z);影像外方位线元素为 X_S、Y_S、Z_S;影像外方位角元素 ω,φ,κ 构建的旋转矩阵元素为 r_{11}、r_{12}、r_{13}、r_{21}、r_{22}、r_{23}、r_{31}、r_{32} 和 r_{33}。自检校光束法区域网平差的观测量只有像点坐标,答解的未知数包括物方点坐标、摄站参数和相机参数,对式(6-1)线性化构建误差方程,迭代得到未知数的值。

$$\begin{cases} x+\Delta x = -f\dfrac{r_{11}(X-X_S)+r_{21}(Y-Y_S)+r_{31}(Z-Z_S)}{r_{13}(X-X_S)+r_{23}(Y-Y_S)+r_{33}(Z-Z_S)} \\ y+\Delta y = -f\dfrac{r_{12}(X-X_S)+r_{22}(Y-Y_S)+r_{32}(Z-Z_S)}{r_{13}(X-X_S)+r_{23}(Y-Y_S)+r_{33}(Z-Z_S)} \end{cases} \tag{6-1}$$

POS 辅助光束法区域网平差是一种比自检校光束法区域网平差更加复杂的模型,它的观测量不仅有像点坐标,还包括 POS 系统中的 GPS 位置观测值和 IMU 的姿态观测值。其数学模型就是在自检校光束法区域网平差的基础上,顾及式(6-2)和式(6-3),式中的 X_A、Y_A、Z_A 为 GPS 观测值,α、β、γ 为 IMU 观测值,(u,v,w,e_x,e_y,e_z) 为偏心矢量和偏心角。

$$\begin{bmatrix} X_A \\ Y_A \\ Z_A \end{bmatrix} = \begin{bmatrix} X_S \\ Y_S \\ Z_S \end{bmatrix} + \boldsymbol{R}(\omega,\varphi,\kappa)\begin{bmatrix} u \\ v \\ w \end{bmatrix} \tag{6-2}$$

$$\begin{cases} \alpha = -\arctan(r_{23}'/r_{33}') \\ \beta = -\arcsin(r_{13}') \\ \gamma = n\pi - \arctan(r_{12}'/r_{11}') \end{cases} \tag{6-3}$$

根据 Ackermann 等(1994)的研究,当一条航线的连续飞行时间不超过 15min 时,POS 系统的载波相位测量的 GPS 定位会随时间 t 成线性关系的漂移,IMU 测量的姿态也会产生类似的线性漂移,将其引入到式(6-2)和式(6-3)得

$$\begin{bmatrix} X_A \\ Y_A \\ Z_A \end{bmatrix} = \begin{bmatrix} X_S \\ Y_S \\ Z_S \end{bmatrix} + \boldsymbol{R}\begin{bmatrix} u \\ v \\ w \end{bmatrix} + \begin{bmatrix} a_X \\ a_Y \\ a_Z \end{bmatrix} + (t-t_0)\begin{bmatrix} b_X \\ b_Y \\ b_Z \end{bmatrix} \tag{6-4}$$

$$\begin{cases} \alpha = -\arctan(r_{23}'/r_{33}') \\ \beta = -\arcsin(r_{13}') \\ \gamma = n\pi - \arctan(r_{12}'/r_{11}') \end{cases} + \begin{bmatrix} \alpha_\omega \\ \alpha_\varphi \\ \alpha_\kappa \end{bmatrix} + (t-t_0)\begin{bmatrix} b_\omega \\ b_\varphi \\ b_\kappa \end{bmatrix} \tag{6-5}$$

式(6-4)和式(6-5)中的 t_0 为参考时刻,可取航线中第一张像片的曝光时刻为参考时刻。a_X、a_Y、a_Z、b_X、b_Y 和 b_Z 为定位线性漂移误差改正参数,α_ω、α_φ、α_κ、b_ω、b_φ 和 b_κ 为姿态线性漂移误差改正参数。

综合归纳式(6-1)、式(6-4)和式(6-5)就可以得到 POS 辅助光束法区域网平差的基础误差方程：

$$\begin{cases} V_x = Ax + Bt + Cs - l_x & E \\ V_g = B_g t + Rr + Gg - l_g & P_g \\ V_i = B_i t + Mm + Ii - l_i & P_i \end{cases} \tag{6-6}$$

式中，V_x、V_g、V_i 分别为像点坐标、GPS 摄站坐标和 IMU 姿态角观测值的改正数向量；$x = [\Delta X \quad \Delta Y \quad \Delta Z]^T$ 为物方点坐标未知数改正量；$t = [\Delta X_s \quad \Delta Y_s \quad \Delta Z_s \quad \Delta \omega \quad \Delta \varphi \quad \Delta \kappa]^T$ 为像片外方位元素增量；s 为自检校参数向量，根据所选择的畸变模型确定；$r = [\Delta u \quad \Delta v \quad \Delta w]^T$ 为 GPS 天线相位中心与相机投影中心的偏心矢量增量；$m = [\Delta e_x \quad \Delta e_y \quad \Delta e_z]^T$ 为 IMU 坐标系与相机像空间坐标系间的偏心角增量；$g = [a_x \quad a_y \quad a_z \quad b_x \quad b_y \quad b_z]^T$ 为 GPS 动态定位线性漂移误差改正参数向量；$i = [a_\omega \quad a_\varphi \quad a_\kappa \quad b_\omega \quad b_\varphi \quad b_\kappa]^T$ 为 IMU 测姿线性漂移误差改正参数向量；A、B、C 为像点坐标观测值相对于 x、t、s 未知数的系数矩阵；B_g、R、G 为 GPS 摄站坐标观测值相对于 t、r、g 未知数的系数矩阵；B_i、M、I 为 IMU 测姿相对于 t、m、i 未知数的系数矩阵；$l_x = \begin{bmatrix} x - x^0 \\ y - y^0 \end{bmatrix}$ 为像点坐标观测值误差向量，(x^0, y^0) 为依据共线方程计算的像点坐标值；$l_g = \begin{bmatrix} X_A - X_A^0 \\ Y_A - Y_A^0 \\ Z_A - Z_A^0 \end{bmatrix}$ 为 GPS 摄站坐标观测值误差向量，(X_A^0, Y_A^0, Z_A^0) 为按照式(6-4)计算的 GPS 摄站坐标值；$l_i = \begin{bmatrix} \alpha - \alpha^0 \\ \beta - \beta^0 \\ \gamma - \gamma^0 \end{bmatrix}$ 为 IMU 姿态观测值误差向量，$(\alpha^0, \beta^0, \gamma^0)$ 为按照式(6-5)计算的 IMU 姿态角；E 为单位矩阵；P_g 为 GPS 摄站坐标观测值权矩阵；P_i 为姿态角权矩阵。

设 σ_0 为像点坐标观测值中误差，σ_g 为 GPS 动态定位的摄站坐标观测值中误差，σ_i 为 IMU 测量姿态精度的中误差，则有

$$\begin{cases} P_g = \dfrac{\sigma_0^2}{\sigma_g^2} E \\ P_i = \dfrac{\sigma_0^2}{\sigma_i^2} E \end{cases} \tag{6-7}$$

设获取了 m 张像片，在 m 张像片上总共有 n 个像点，则可以列出如式(6-6)样式的 $2n + 6m$ 个误差方程，构建完成了 POS 辅助光束法区域网平差的基础误差方程。根据像点坐标精度、GPS 动态定位精度以及 IMU 测定姿态角的精度，按照式(6-7)给予适当的权矩阵。通过迭代求解，就可以得到物方点坐标、影像外方位元素、相机畸变参数、偏心矢量、偏心角和随时间的线性漂移参数(目前生产的 GPS 接收机和 IMU 设备性能的提

高，线性漂移参数很小）。

6.1.2　整体式求解

根据最小二乘原理，由式(6-6)的误差方程构造法方程公式：

$$
\begin{bmatrix}
A^TA & A^TB & A^TC & 0 & 0 & 0 & 0 \\
B^TA & B^TB+B_g^TP_gB_g+B_i^TP_iB_i & B^TC & B_g^TP_gR & B_g^TP_gG & B_i^TP_iM & B_i^TP_iI \\
C^TA & C^TB & C^TC & 0 & 0 & 0 & 0 \\
0 & R^TP_gB_g & 0 & R^TP_gR & R^TP_gG & 0 & 0 \\
0 & G^TP_gB_g & 0 & G^TP_gR & G^TP_gG & 0 & 0 \\
0 & M^TP_iB_i & 0 & 0 & 0 & M^TP_iM & M^TP_iI \\
0 & I^TP_iB_i & 0 & 0 & 0 & I^TP_iM & I^TP_iI
\end{bmatrix}
\tag{6-8}
$$

$$
\cdot
\begin{bmatrix}
x \\
t \\
s \\
r \\
g \\
m \\
i
\end{bmatrix}
=
\begin{bmatrix}
A^Tl_x \\
B^Tl_x+B_g^TP_gl_g+B_i^TP_il_i \\
C^Tl_x \\
R^TP_gl_g \\
G^TP_gl_g \\
M^TP_il_i \\
I^TP_il_i
\end{bmatrix}
$$

如图 6-1 所示，POS 辅助光束法平差的法方程结构与传统的自检校光束法平差相比，只是因为 POS 观测方程的引入使得镶边带状结构的边宽加大了，仍然是良好的稀疏带状结构，因此 Brown 提出的循环分块约化法仍然是适用的，采用这种方法可以明显节省计算量和内存（李德仁和袁修孝，2012）。

6.1.3　参数分组求解

设加密物方点的数量为 n，对式(6-8)整体法方程式前 n 行分别左乘 $(C^TA)(A^TA)^{-1}$ 与第 $n+1$ 行作差；将式(6-8)中的前 n 行分别左乘 $B^TA(A^TA)^{-1}$，与第 $n+2$ 行作差。即可得到消去加密物方坐标后的法方程式，如式(6-9)所示，其中 $y=\begin{bmatrix} r & g & m & i \end{bmatrix}^T$。

$$
\begin{pmatrix}
N_{11} & N_{12} & N_{13} \\
N_{21} & N_{22} & N_{23} \\
N_{31} & N_{32} & N_{33}
\end{pmatrix}
\begin{pmatrix}
t \\
s \\
y
\end{pmatrix}
=\hat{R}
\tag{6-9}
$$

在实际的 POS 辅助光束法平差的未知数中，加密物方点占了绝大部分，因此若可以先解算出来加密物方点的坐标则可以极大降低式(6-8)的矩阵维数，节约法方程求逆的时间。将加密物方点分离的思想进行扩展，POS 辅助光束法平差采用分组法，将方程待解算的未知数分成 3 组，这 3 组未知数分别是加密物方点坐标、相机参数、影像外方位元素和其他未知数，具体的计算过程如下所示：

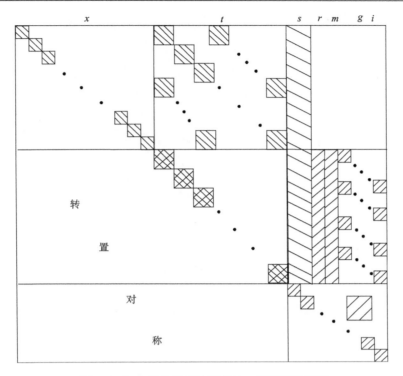

图 6-1　POS 辅助光束法平差法方程矩阵结构图

（1）将其他未知数视为真值的情况下，根据式(6-1)计算相机参数对应的系数矩阵，答解相机参数。

（2）将其他未知数视为真值的情况下，根据式(6-1)和式(6-4)和式(6-5)计算影像外方位元素、其他未知数对应的系数矩阵，答解影像外方位元素和其他未知数。

（3）利用空间前方交会算法计算加密物方点坐标。

（4）重复(1)至(3)，直至像点残差变化量小于设定的阈值。这种分组绑定参数循环答解的方法，相当于先进行后方交会再进行前方交会，也称为"后方-前方"答解方法。

6.1.4　精度评估

1. 理论精度

采用 Gauss-Markov 平差系统模型的一般描述的误差方程为

$$V = CX - LP \tag{6-10}$$

由最小二乘平差原理可得相应的法方程式为

$$C^T PC = C^T PL \tag{6-11}$$

或简记为

$$NX = U \tag{6-12}$$

式中，$N = C^T PC$，$U = C^T PL$；C 为误差方程组的系数矩阵；L 为观测值向量，P 为

观测值的权矩阵。由式(6-12)的法方程式可求解出未知参数向量 $\boldsymbol{X}$ 为

$$\boldsymbol{X} = \boldsymbol{N}^{-1}\boldsymbol{U} = (\boldsymbol{C}^{\mathrm{T}}\boldsymbol{P}\boldsymbol{C})^{-1}\boldsymbol{C}^{\mathrm{T}}\boldsymbol{P}\boldsymbol{L} \tag{6-13}$$

根据平差系统的误差传播定律，得平差参数向量 $\boldsymbol{X}$ 的相关权倒数矩阵为

$$\boldsymbol{Q}_{XX} = (\boldsymbol{N}^{-1}\boldsymbol{C}^{\mathrm{T}}\boldsymbol{P})\boldsymbol{P}^{-1}(\boldsymbol{N}^{-1}\boldsymbol{C}^{\mathrm{T}}\boldsymbol{P})^{\mathrm{T}} = \boldsymbol{N}^{-1} \tag{6-14}$$

由权倒数矩阵 $\boldsymbol{Q}_{XX}$ 的对角线元素可以求得各点平差坐标在 X、Y 和 Z 三个方向上的权倒数为 $Q_{X_iX_i}$、$Q_{Y_iY_i}$ 和 $Q_{Z_iZ_i}$，则该点坐标理论上的中误差为

$$\begin{cases} \sigma_{X_i} = \sigma_0 \sqrt{Q_{X_iX_i}} \\ \sigma_{Y_i} = \sigma_0 \sqrt{Q_{Y_iY_i}} \\ \sigma_{Z_i} = \sigma_0 \sqrt{Q_{Z_iZ_i}} \end{cases} \tag{6-15}$$

式中，σ_0 为单位权中误差，按下式计算：

$$\sigma_0 = \sqrt{\frac{\boldsymbol{V}^{\mathrm{T}}\boldsymbol{P}\boldsymbol{V}}{r}} \tag{6-16}$$

式中，r 为多余观测的数量；$\boldsymbol{V}$ 为观测值残差向量。

从式(6-15)中也可以得到平面坐标理论上的中误差为

$$\sigma_{X_iY_i} = \sqrt{\sigma_{X_i}^2 + \sigma_{Y_i}^2} \tag{6-17}$$

在计算出每一点的坐标中误差的基础上，也可以通过计算所有点中误差的平均值作为平差系统的平面精度和高程精度，如式(6-18)所示，其中 n 为点的个数。

$$\begin{cases} \sigma_X = \sqrt{\dfrac{\displaystyle\sum_{i=1}^{n}\sigma_{X_i}^2}{n}} \\[3ex] \sigma_Y = \sqrt{\dfrac{\displaystyle\sum_{i=1}^{n}\sigma_{Y_i}^2}{n}} \\[3ex] \sigma_Z = \sqrt{\dfrac{\displaystyle\sum_{i=1}^{n}\sigma_{Z_i}^2}{n}} \\[2ex] \sigma_{XY} = \sqrt{\sigma_X^2 + \sigma_Y^2} \end{cases} \tag{6-18}$$

此外，也可以取区域网平差坐标中误差的最大值作为理论精度指标来评估区域网的精度，即 $(\sigma_X)_{\max}$、$(\sigma_Y)_{\max}$ 和 $(\sigma_Z)_{\max}$。

$$\begin{cases} (\sigma_X)_{\max} = \max(\sigma_{X_i}) \\ (\sigma_Y)_{\max} = \max(\sigma_{Y_i}) \\ (\sigma_Z)_{\max} = \max(\sigma_{Z_i}) \end{cases} \tag{6-19}$$

2. 实际精度

平差系统的实际精度计算是将一部分控制点视为检查点，将控制点和检查点的已知

的地面坐标与光束法区域网平差计算得到的地面坐标作比较，将其差值当作"真误差"对待，然后对其分别进行统计与分析，如式(6-20)所示：

$$\begin{cases} \text{RMS}_X = \sqrt{\dfrac{\sum\limits_{i=1}^{n}(\hat{X}_i - X_i)}{n}} \\[12pt] \text{RMS}_Y = \sqrt{\dfrac{\sum\limits_{i=1}^{n}(\hat{Y}_i - Y_i)}{n}} \\[12pt] \text{RMS}_Z = \sqrt{\dfrac{\sum\limits_{i=1}^{n}(\hat{Z}_i - Z_i)}{n}} \end{cases} \quad (6\text{-}20)$$

$$\text{RMS}_{XY} = \sqrt{\text{RMS}_X{}^2 + \text{RMS}_Y{}^2} \quad (6\text{-}21)$$

式中，n 为检查点(控制点)的个数；$\hat{X}_i$、$\hat{Y}_i$ 和 $\hat{Z}_i$ 为平差计算得到的地面坐标值；X_i、Y_i 和 Z_i 是真实地面坐标；RMS_X、RMS_Y、RMS_Z 分别为 X、Y 和 Z 方向的中误差；RMS_{XY} 为平面方向的中误差。

实际进行精度估计时，通常将理论精度和实验精度相结合来评估区域网平差的精度，理论精度反映了平差系统的内符合情况，实际精度反映了平差结果的外符合情况。当测量误差为服从正态分布的偶然误差时，理论估计精度一般会高于其实际测量精度。

6.1.5 实验与分析

SYA 数据(具体情况详见 3.3.4 节)，该数据的相对航高为 1100m，地面分辨率为 10cm，共 787 张像片。如图 6-2 所示，这次实验在整个测区选择了 59 个控制点，其中 9 个作为控制点，50 个作为检查点。

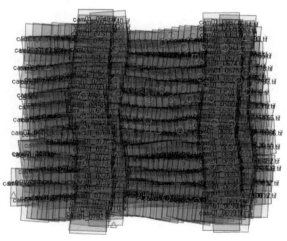

图 6-2　SYA 数据控制点分布图

采用 POS 辅助光束法区域网平差 SYA 数据进行了平差处理，按照式(6-16)得到的均方根误差为 0.403pixel。表 6-1 为 SYA 数据各检查点的残差，按照式(6-20)计算得到实际精度，其中为 X 方向误差为 0.073m，Y 方向误差为 0.064m，Z 方向误差为 0.12m，这与理论精度基本一致(理论精度统计时，涵盖了所有的地面点)。

表 6-1　SYA 检查点残差　　　　　　　　　　　(单位：m)

点号	X 方向残差	Y 方向残差	Z 方向残差
25	0.0616	0.0702	0.1634
40	0.0583	0.1265	0.0359
45	0.0207	0.0189	0.1298
49	0.0942	0.0635	0.1217
52	0.0488	−0.0006	0.2373
54	−0.0197	−0.0061	0.2581
56	0.0824	0.0601	0.2281
…	…	…	…
58	0.1013	0.0357	0.0791
16	0.0952	0.043	0.0275
18	0.0895	0.0681	−0.0877
190	−0.0423	−0.1551	−0.0836
20	0.0477	0.0833	−0.0938
实际精度 RMS	0.073	0.064	0.12
理论精度 RMS	0.038	0.055	0.146

注：点号顺序是按照检查点在空间的位置排列的

SYB 数据(具体情况详见 3.3.4 节)，该数据的相对航高为 2100m，地面分辨率为 20cm，共 966 张像片。如图 6-3 所示，在整个测区选择了 45 个控制点，其中 8 个作为控制点，37 个作为检查点。

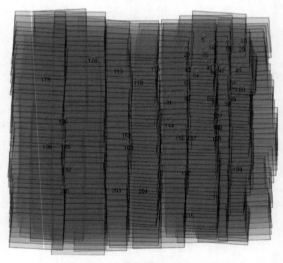

图 6-3　SYB 数据控制点分布图

采用 POS 辅助光束法区域网平差对 SYB 数据进行了平差处理，按照式(6-16)得到的均方根误差为 0.259pixel。表 6-2 为 SYB 数据各检查点的残差，按照式(6-20)计算得到实际精度，其中 X 方向误差为 0.137m，Y 方向误差为 0.110m，Z 方向误差为 0.222m，这与理论精度基本一致(理论精度统计时，涵盖了所有的地面点)。

表 6-2　SYB 检查点残差　　　　　　　　　　　　　　(单位：m)

点号	X方向残差	Y方向残差	Z方向残差
45	0.3204	−0.1284	0.2988
47	0.0640	−0.0849	−0.0282
49	0.0940	−0.0762	0.3721
54	0.1336	0.0334	0.1686
56	0.1334	0.0249	−0.0698
63	0.1337	−0.0987	0.0211
…	…	…	…
197	0.0394	0.0747	−0.3386
23	0.1135	−0.2157	−0.0519
25	−0.0045	−0.0706	−0.1930
203	0.0170	0.0250	0.3229
204	−0.0254	0.1538	0.4953
43	−0.0357	−0.1698	0.1168
实际精度 RMS	0.137	0.110	0.220
理论精度 RMS	0.087	0.152	0.234

注：点号顺序是按照检查点在空间的位置排列的

数据 SYA 和数据 SYB 飞行的航高是不同的，通过检查点的精度统计分析可以得出如下结论：在少量控制点参与下，POS 辅助光束法平差在 X 和 Y 方向(平面)的绝对精度都在 0.5 个 GSD 左右，在 Z 方向(高程)的绝对精度在 1 个 GSD 左右。

6.2　无人机影像序贯平差

在应急响应情况下，需要无人机动态获取影像数据，同时对影像数据进行实时或者近实时处理，得到地球参考坐标系下的 DSM 和正射影像。而在灾害救援等情况下，依靠地面布设控制点的方法是行不通的。利用无人机上安装的轻巧型 POS 系统获取曝光时刻相机的空间位置和姿态数据进行直接定位是一种解决方案。但已有试验表明，直接利用 POS 系统获取的影像外方位元素进行立体测绘，其精度特别是高程精度难以满足大比例尺地形测图的精度要求，因此需联合 POS 系统测定的影像外方位元素和观测值像点观测值进行平差计算(POS 辅助光束法区域网平差)以提高精度，不过这是一种数据后处理提高精度的方法，并不满足应急情况下的需求。为实现数据实时或者近实时的处理，就必须采用一种序贯处理的思路改进 POS 辅助空中三角测量。　无人机影像序贯平差以时间和精度的平衡为原则，解决了应急条件下对动态获取的无人机影像进行快速平差的问题。当然，在获取了所有的无人机影像之后，若需要高精度的测绘成果，可按原有的 POS 辅助光束法区域网平差进行处理。

　　图 6-4 为无人机影像外方位元素高精度实时赋值的全过程。当获得新的影像后，采用序贯平差的方法进行处理，不仅要更新当前影像的外方位元素，还要更新之前影像的外方位元素。序贯平差处理凭借对数据间相关信息的挖掘和平差信息的重复利用，实现了比 POS 辅助光束法区域网平差更快的速度。在摄影测量和计算机视觉领域，目前序贯平差算法分为三类：分别是卡尔曼滤波（Mikhail and Helmering, 1973）、上三角矩阵更新（Gruen, 1982）和固定转化（Blais et al.,1983）。上三角矩阵更新在计算速度和存储空间需求上都优于卡尔曼滤波，固定转化是目前最有效率的算法，但因不能顾及参数间的协方差矩阵，因此理论上不严谨。

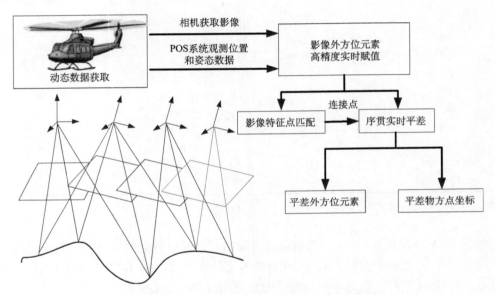

图 6-4　无人机影像外方位元素高精度实时赋值

　　本书设计的无人机影像序贯实时平差的方案分为两个阶段：首先是初始化阶段，对一定数量的影像进行 POS 辅助空中三角测量；然后是序贯平差阶段，计算与新影像相关的已经平差的影像，新影像与其相关影像一起序贯平差。

6.2.1　相关影像确定方法

　　在初始化阶段后，对于新获取的影像要进行序贯平差。此时将参与序贯平差阶段的影像分为新获取的影像和已经平差过的影像。采用相关分析的方法，确定哪些已平差过的影像需要参与后面的序贯平差。

　　随着影像获取数量的增加，未知数向量的维数线性增大。在序贯平差阶段，如果让所有影像都参与序贯平差，显然无法做到实时序贯平差。实际上，POS 辅助空中三角测量的平差中相隔很远的影像间几乎没有相互影响。为达到实时的平差，因此需要一个几乎固定的未知数向量尺寸。依据经验值可以设定一个常数，如前面 10 张影像与新获取的影像一起进行序贯平差，但显然这是不科学的。

在初始化平差阶段，不仅得到了影像外方位元素和地面点坐标的平差结果，同样得到了未知数间的协方差矩阵 $\boldsymbol{Q}$，通过协方差矩阵可以计算得到两个未知数之间的相关系数。任意两个未知数之间的相关系数可由式(6-22)求出：

$$r_{ij} = \frac{q_{x_i x_j}}{\sqrt{q_{x_i} \cdot q_{x_j}}} \tag{6-22}$$

如图 6-5 所示，显然新获取的影像与前一张已经参与平差的影像很近，因此可以用前一张影像代替新获取的影像计算相关系数。每张像片有 6 个外方位元素，则两张像片的相关系数可以构成6×6矩阵，该矩阵元素中的最大值用来确定两张影像之间的相关程度。设定一个相关程度的阈值 ε，相关程度大于阈值 ε 的影像将参与随后的序贯平差，这样就可以获得与新获取的影像一同参与序贯平差的影像。

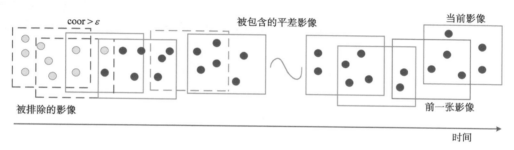

图 6-5　参与平差影像确定示意图

6.2.2　初始化阶段

在初始化阶段，当一定数量的影像获取后，就可以进行 POS 辅助空中三角测量。无人机上的相机可在控制场中进行精确的标定，并且不考虑偏心矢量、偏心角和 POS 数据的线性漂移误差，因此待平差的未知数只包括两类即影像外方位元素(EOP)和地面点坐标(GP)。对式(6-1)的共线方程进行线性化可得

$$\begin{bmatrix} y_{11} \\ z_1 \end{bmatrix} = \begin{bmatrix} \boldsymbol{A}_{e11} & \boldsymbol{A}_{p11} \\ \boldsymbol{B}_1 & 0 \end{bmatrix} \begin{bmatrix} X_{\text{EOP1}} \\ X_{\text{GP1}} \end{bmatrix} + \begin{bmatrix} e_{y11} \\ e_{z1} \end{bmatrix} \tag{6-23}$$

式中，y_{11} 为像点观测值；z_1 为 POS 观测值；X_{EOP1} 和 X_{GP1} 分别为像片外方位元素未知数和地面点坐标未知数；其他为对应的系数矩阵和残差矩阵，按最小二乘原理对其法方程化后得

$$N_{11} \begin{bmatrix} \Delta X_{\text{EOP1}} \\ \Delta X_{\text{GP1}} \end{bmatrix} = \boldsymbol{L}_1 \tag{6-24}$$

或

$$\begin{bmatrix} \boldsymbol{A}_{e11}^{\mathrm{T}}\boldsymbol{P}_{y11}\boldsymbol{A}_{e11} + \boldsymbol{B}_1^{\mathrm{T}}\boldsymbol{P}_{z1}\boldsymbol{B}_1 & \boldsymbol{A}_{e11}^{\mathrm{T}}\boldsymbol{P}_{y11}\boldsymbol{A}_{p11} \\ \boldsymbol{A}_{p11}^{\mathrm{T}}\boldsymbol{P}_{y11}\boldsymbol{A}_{e11} & \boldsymbol{A}_{e11}^{\mathrm{T}}\boldsymbol{P}_{y11}\boldsymbol{A}_{p11} \end{bmatrix} \begin{bmatrix} \Delta X_{\mathrm{EOP1}} \\ \Delta X_{\mathrm{GP1}} \end{bmatrix} = \begin{bmatrix} \boldsymbol{A}_{e11}^{\mathrm{T}}\boldsymbol{P}_{y11}y_{11} + \boldsymbol{B}_1^{\mathrm{T}}\boldsymbol{P}_{z1}z_1 \\ \boldsymbol{A}_{p11}^{\mathrm{T}}\boldsymbol{P}_{y11}y_{11} \end{bmatrix}$$

整理得

$$\begin{bmatrix} \boldsymbol{N}_{e11} + \boldsymbol{N}_{z1} & \boldsymbol{N}_{ep11} \\ \boldsymbol{N}_{ep11}^{\mathrm{T}} & \boldsymbol{N}_{p11} \end{bmatrix} \begin{bmatrix} \Delta X_{\mathrm{EOP1}} \\ \Delta X_{\mathrm{GP1}} \end{bmatrix} = \begin{bmatrix} \boldsymbol{L}_{e11} + \boldsymbol{L}_{z1} \\ \boldsymbol{L}_{p11} \end{bmatrix} \tag{6-25}$$

则

$$\begin{bmatrix} \Delta X_{\mathrm{EOP1}} \\ \Delta X_{\mathrm{GP1}} \end{bmatrix} = \begin{bmatrix} \boldsymbol{N}_{e11} + \boldsymbol{N}_{z1} & \boldsymbol{N}_{ep11} \\ \boldsymbol{N}_{ep11}^{\mathrm{T}} & \boldsymbol{N}_{p11} \end{bmatrix}^{-1} \cdot \begin{bmatrix} \boldsymbol{L}_{e11} + \boldsymbol{L}_{z1} \\ \boldsymbol{L}_{p11} \end{bmatrix} = \boldsymbol{N}_{11}^{-1} \cdot \begin{bmatrix} \boldsymbol{L}_{e11} + \boldsymbol{L}_{z1} \\ \boldsymbol{L}_{p11} \end{bmatrix}$$

其中，$\boldsymbol{P}_{y11}$ 和 $\boldsymbol{P}_{z1}$ 根据像点量测精度和 POS 数据精度确定的经验权阵，可参考式(6-7)。

6.2.3　序贯平差阶段

在序贯平差阶段，可以将观测量分为三类。第一类观测量是 y_1，只与已经存在的影像有关；第二类观测量是 y_2，与新影像和已经存在的影像都有关；第三类观测量是 y_3，只与新影像有关。

$$\begin{bmatrix} y_1 \\ y_2 \\ y_3 \end{bmatrix} = \begin{bmatrix} \boldsymbol{A}_{11} & 0 \\ \boldsymbol{A}_{21} & \boldsymbol{A}_{22} \\ 0 & \boldsymbol{A}_{32} \end{bmatrix} \begin{bmatrix} X_1 \\ X_2 \end{bmatrix} + \begin{bmatrix} e_1 \\ e_2 \\ e_3 \end{bmatrix} \tag{6-26}$$

其中，

$$y_1 = \begin{bmatrix} y_{11} \\ z_1 \end{bmatrix}, y_2 = \begin{bmatrix} y_{12} \\ y_{21} \end{bmatrix}, y_3 = \begin{bmatrix} y_{22} \\ z_2 \end{bmatrix}$$

$$\boldsymbol{A}_{11} = \begin{bmatrix} A_{e11} & A_{p11} \\ B_1 & 0 \end{bmatrix}, \boldsymbol{A}_{21} = \begin{bmatrix} A_{e12} & 0 \\ 0 & A_{p21} \end{bmatrix}$$

$$\boldsymbol{A}_{22} = \begin{bmatrix} 0 & A_{p12} \\ A_{e21} & 0 \end{bmatrix}, \boldsymbol{A}_{32} = \begin{bmatrix} A_{e22} & A_{p22} \\ B_2 & 0 \end{bmatrix}$$

$$\boldsymbol{X}_1 = \begin{bmatrix} X_{\mathrm{EOP1}} \\ X_{\mathrm{GP1}} \end{bmatrix}, \boldsymbol{X}_2 = \begin{bmatrix} X_{\mathrm{EOP2}} \\ X_{\mathrm{GP2}} \end{bmatrix}$$

$$\boldsymbol{e}_1 = \begin{bmatrix} e_{y11} \\ e_{z1} \end{bmatrix}, \boldsymbol{e}_2 = \begin{bmatrix} e_{y12} \\ e_{y21} \end{bmatrix}, \boldsymbol{e}_3 = \begin{bmatrix} e_{y22} \\ e_{z2} \end{bmatrix}$$

$$\boldsymbol{P}_1 = \begin{bmatrix} P_{y11} & 0 \\ 0 & P_{z1} \end{bmatrix}, \boldsymbol{P}_2 = \begin{bmatrix} P_{y12} & 0 \\ 0 & P_{y21} \end{bmatrix}, \boldsymbol{P}_3 = \begin{bmatrix} P_{y22} & 0 \\ 0 & P_{z2} \end{bmatrix}$$

按最小二乘原理对式(6-26)法方程化：

$$\begin{bmatrix} \boldsymbol{A}_{11}^{\mathrm{T}}\boldsymbol{P}_1\boldsymbol{A}_{11} + \boldsymbol{A}_{21}^{\mathrm{T}}\boldsymbol{P}_2\boldsymbol{A}_{21} & \boldsymbol{A}_{21}^{\mathrm{T}}\boldsymbol{P}_2\boldsymbol{A}_{22} \\ (\boldsymbol{A}_{21}^{\mathrm{T}}\boldsymbol{P}_2\boldsymbol{A}_{22})^{\mathrm{T}} & \boldsymbol{A}_{22}^{\mathrm{T}}\boldsymbol{P}_2\boldsymbol{A}_{22} + \boldsymbol{A}_{32}^{\mathrm{T}}\boldsymbol{P}_3\boldsymbol{A}_{32} \end{bmatrix} \begin{bmatrix} \Delta X_1 \\ \Delta X_2 \end{bmatrix} = \begin{bmatrix} L_1 \\ L_2 \end{bmatrix} \tag{6-27}$$

变量代换得

$$\begin{bmatrix} N_{11}+M_{11} & M_{12} \\ M_{12}^{\mathrm{T}} & M_{22}+K_{22} \end{bmatrix}\begin{bmatrix} \Delta X_1 \\ \Delta X_2 \end{bmatrix}=\begin{bmatrix} L_1 \\ L_2 \end{bmatrix} \tag{6-28}$$

在最小二乘平差中，最耗时的步骤是求解法矩阵的逆矩阵，特别是当法矩阵的维数很大时，尤其明显。为此，在序贯平差阶段求解法矩阵的逆矩阵时，要充分利用前一平差阶段的结果。法矩阵的逆矩阵可以写成如下形式：

$$\begin{bmatrix} N_{11}+M_{11} & M_{12} \\ M_{12}^{\mathrm{T}} & M_{22}+K_{22} \end{bmatrix}^{-1}=\begin{bmatrix} N_r^{-1} & W_2 \\ W_2^{\mathrm{T}} & W_3 \end{bmatrix} \tag{6-29}$$

其中，

$$\begin{cases} N_r^{-1}=[N_{11}+M_{11}-W_1 M_{12}^{\mathrm{T}}]^{-1};W_1=M_{12}(M_{22}+K_{22})^{-1} \\ W_2=-N_r^{-1}W_1;W_3=(M_{22}+K_{22})^{-1}+W_1^{\mathrm{T}}N_r^{-1}W_1 \end{cases}$$

式(6-30)中最主要的计算量是 N_r^{-1}，采用矩阵固定变化理论得到如下的公式：

$$\begin{cases} N_r^{-1}=N_{11}^{-1}-N_{11}^{-1}A_{21}^{\mathrm{T}}[E+P_4 A_{21}N_{11}^{-1}A_{21}^{\mathrm{T}}]^{-1}P_4 A_{21}N_{11}^{-1} \\ P_4=(P_2-P_2 A_{22}(M_{22}+K_{22})^{-1}A_{22}^{\mathrm{T}}P_2) \end{cases} \tag{6-30}$$

在前一平差阶段已经得到了 N_{11}^{-1}，因此这里主要的逆矩阵计算量只有两个，$[E+P_4 A_{21}N_{11}^{-1}A_{21}^{\mathrm{T}}]^{-1}$ 和 $(M_{22}+K_{22})^{-1}$。采用这种方法，平差中矩阵的计算量会明显减少。比如之前影像(已经平差影像)为 100 张和 300 个地面点，新获取了 1 张影像并增加了 3 个地面点。整体平差法方程的维数是 $(100\times6+300\times3)+(1\times6+3\times3)=1515$，可以发现增加了 1 张影像就导致方程的维数增加了 15(不固定)，即使采用参数分组平差的方法，法方程的维数也达到了 606，这样随着影像获取数量的不断增加可能会导致无法解算，更无从谈起实时解算。采用本书序贯的方法，见式(6-29)和式(6-30)所示，可以显著节省计算量。设新影像对应的 3 个新地面点中的一个点在之前影像上都有 3 个对应的像点，而之前的 100 张影像上有 8 个地面点在新影像上出现。$[E+P_4 A_{21}N_{11}^{-1}A_{21}^{\mathrm{T}}]^{-1}$ 的维数有两部分构成，一部分是新地面点在之前影像上的观测方程数为 $(1\times3)\times2=6$，另一部分是之前影像上的地面点在新影像上对应像点的观测方程 $(1\times8)\times2=16$，即矩阵的维数是 22。$(M_{22}+K_{22})^{-1}$ 的维数也是由两部分组成，一部分是只与新影像相关的观测方程的数量 $2\times2=4$，另一部分是新影像外方位元素的个数是 6，矩阵的维数共为 10。序贯平差中 22 维度矩阵和 10 维度矩阵的计算量，远远小于参数分组平差中 606 维度矩阵的计算量。

6.2.4　实验分析

采用数据 SYB 中的 56 张像片作为实验数据(注：本实验是将一部分影像视为之前影像(已经平差)，一部分影像视为新增影像来模拟真实情况)，采用连接点自动提取方法共获得了 2452 个像点，对应 421 个地面点，像点提取的精度约为 0.3pixel。该数据获取时，平台的相对飞行高度为 2200m，对应的地面分辨率 GSD 约为 20cm，平均每 3 秒时间拍摄一张影像。这 56 张影像对应的初始外方位元素的精度为：位置测量精度 0.3m、俯仰角和横滚角的精度 0.005deg、航向角测量精度为 0.008 deg。

首先采用 POS 辅助光束法平差对所有的这些数据进行处理，再用本书的无人机影像序贯平差的方法对这些数据进行处理，然后将两者处理的结果进行比对分析，分析的内容包括线元素插值、角元素插值和地面点坐标。在地面布设了 4 个控制点和 7 个检查点，采用传统的 POS 辅助光束法平差得到的检查点外符合情况如表 6-3 所示，平差精度优于 1 个像素。

表 6-3　POS 辅助光束法平差检查点外符合情况　　　　　　　　（单位：cm）

序号	点名	X 方向残差	Y 方向残差	Z 方向残差	径向残差
1	P157	0.71	11.29	−15.21	18.96
2	P199	2.92	−1.48	−6.77	7.52
3	P116	−0.76	3.19	−35.84	36.77
4	P148	0.89	−5.50	−1.81	5.86
5	P156	8.09	−5.96	15.35	18.34
6	P25	−2.76	−4.19	−21.8	22.43
7	P56	4.32	9.86	7.28	13.00
	RMS	2.92	5.93	14.86	17.55

利用本书序贯平差方法对上面同样的数据进行处理，其中初始阶段选用了 15 张像片，相关系数阈值设定为 0.3。如图 6-6 所示，以传统 POS 辅助光束法平差的外方位元素为基准，本书的序贯平差方法的外方位元素在开始阶段的误差急剧上升，随着新影像的不断加入逐渐趋于平稳在 35mm 和 10mdeg。

如图 6-7 所示，以 POS 辅助光束法平差的地面点坐标为基准，本书的序贯平差方法得到的地面点坐标的误差可以控制在 40cm。图 6-8 为本书序贯平差方法与 POS 辅助光束法平差计算时间的比较，POS 辅助光束法平差随着影像的增加其计算时间显著增加，但本书的序贯平差方法的计算时间可以控制在 1.5s 内，达到提升平差速度的目标。本书研究的序贯平差在测量精度上满足应急响应情况的要求，在平差速度上也有优势。尽管无人机序贯平差已经取得了良好的实验效果，仍需进一步优化与完善。

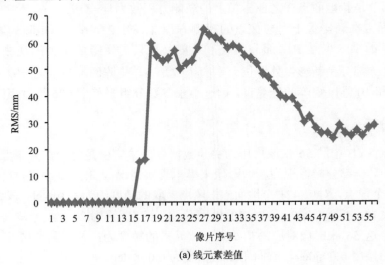

(a) 线元素差值

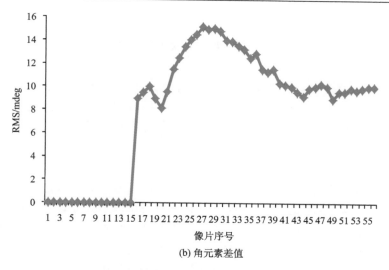

(b) 角元素差值

图 6-6　序贯平差方法与 POS 辅助光束法平差外方位元素比

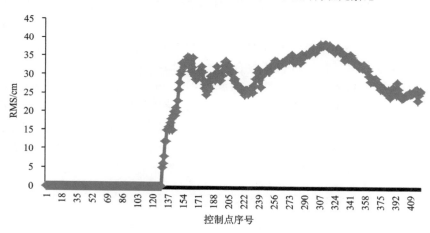

图 6-7　序贯平差方法与 POS 辅助光束法平差地面点坐标比较

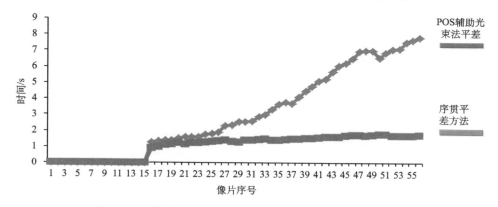

图 6-8　序贯平差方法与 POS 辅助光束法平差计算时间比较

6.3　无控稳健区域网平差

　　无人机影像定位过程中的"噪声"主要是指在连接点提取过程中产生的误匹配点，这些误匹配点与正确的观测值混淆在一起给光束法区域网平差造成很大干扰。采用最小二乘方法解算影像内外方位元素可以很好地配赋偶然误差，但对于影像误匹配带来的粗差却不能有效探测和剔除，常常会将粗差点的残差配赋到其他正确的点位上，使得平差结果严重偏离真值。

　　计算机视觉中通常在特征匹配结束后，利用匹配得到的同名点采用随机抽样一致方法估计影像之间的单应矩阵或者基本矩阵，将不符合单应矩阵或者基本矩阵约束的点判定为误匹配点进行剔除。这种方法需要设定用于区分内外点的阈值，阈值的设定对于结果的影响较大。特别是当一批影像中误匹配点的比率有较大的浮动时，阈值的设定更加困难。摄影测量在处理这个问题时是在光束法平差的过程中进行粗差的探测与剔除，常用的方法有数据探测法和选权迭代法。数据探测法的理论基础是统计学中的假设检验，该方法能发现粗差，但是定位困难，且每次只能检测一个观测值，各改正数之间相关性应很小。选权迭代法是在平差的过程中依据残差按照选定的权函数动态调整每个观测值在下一次计算中的权值，常用的权函数有丹麦法、El-Hakim 法和李德仁法等（徐青等，2000）。然而对于无人机影像中存在较多的误匹配点的情况，选权迭代法效果也并不理想。

　　无人机影像区域网平差过程中噪声数据较多，采用标准的 L2 范数对于噪声比较敏感，尤其是为了克服法方程的病态而采用列文伯格-马夸尔特法，噪声的影响更加明显。为此提出了一种顾及观测值可靠性的稳健平差方法，该方法能够根据特征点的重叠度和残差大小自适应调整代价函数，从而克服误匹配点对平差结果的干扰。

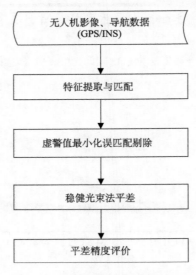

图 6-9　无控稳健平差流程示意图

无人机影像稳健区域网平差的核心思想是采用虚警值最小化的方法（见本书 5.9.2 节）剔除连接点中的错误点，对于残留的误匹配点，则通过设计稳健的代价函数克服其对平差结果的影响。如图 6-9 所示，无人机影像稳健区域网平差的流程主要包括特征提取与匹配、误匹配剔除、光束法平差和精度评价等步骤。

6.3.1 方法原理

无人机影像的成像模型为共线条件方程，光束法平差就是以共线条件方程为基本的数学模型。由于影像坐标观测值是未知数的非线性函数，因此需要进行泰勒展开，对观测方程线性化处理得到误差方程，才能利用最小二乘原理进行计算。最小二乘估计采用的是一种 L2 范数代价函数，当观测值中的噪声服从高斯分布时，最小二乘估计等效于最大似然估计。

无人机影像光束法平差解决的是一个非线性约束的优化问题。解决非线性最小二乘问题的方法很多，Levenberg-Marquardt（LM）是比较经典的一种。LM 方法本质上是一种启发式的阻尼高斯牛顿法，在非线性估计中广泛使用。通过启发式方法，算法在高斯牛顿法和梯度下降法之间灵活地切换，这样既能保证算法的收敛，又具有较快的收敛速度。但是 LM 对于输入数据中的噪声十分敏感，甚至一个错误点就会影响整体的解算精度，这些噪声可能会使 LM 陷入局部最优解或者不收敛（Aravkin et al.,2012）。

对于无人机影像而言，连接点数量十分多，经常会出现上述情况。通常的做法是，在进行光束法平差之前，对数据中的噪声点进行剔除。但即便采用 5.9.2 节中的虚警值最小化的误匹配剔除方法也不能保证数据中的粗差被完全剔除，因此需要一种顾及观测值可靠性的稳健平差方法。

考虑到在影像匹配时，多度同名点具有更高的可靠性，因为特征点重叠度越高，说明其稳定性较好，平差时可以给予更高的"信任"。所以需要设计一种能够顾及特征点重叠度的代价函数，以提高区域网平差的稳健性。受 Cauchy 代价函数式（6-31）的启发，本书设计了一种结合 Cauchy 理论和连接点重叠度信息的稳健代价函数，具体表达式如式（6-32）所示。

$$\rho(s) = \log(1+s^2) \tag{6-31}$$

$$\rho_j(s_j, r_j, \mu, \sigma) = \left(\frac{r_j}{\mu+\sigma}\right)^2 \log(1+\left(\frac{\mu+\sigma}{r_j}\right)^2 s_j^2) \tag{6-32}$$

式中，s_j 为第 j 个物方点的像方反投影误差；r_j 为其重叠度；μ 和 σ 表示测区中连接点重叠度的均值和方差。对于每一个独立的残差，除以均值和方差的和而归一化了，得到的结果作为稳健代价函数的权重。较高的重叠度说明连接点在影像上出现的轨迹较长，可靠性更高，相应的观测值被赋予更高的权重，因此稳健光束法区域网平差的代价函数可以表示为

$$\min_{R_i, t_i, X_j} \sum_{i=1}^{N_c} \sum_{j=1}^{N_{3D}} \rho(\|x_{ji} - g(X_j, R_i, t_i, K_i)\|, r_j, \mu, \sigma) \tag{6-33}$$

　　为了更直观的展示稳健代价函数与常规代价函数的区别，以重叠度均值是 3，方差是 2 为例，将相同数据采用不同代价函数用曲面图进行表示，常规代价函数如图 6-10 所示，稳健代价函数如图 6-11 所示。从图中明显可以看出，对于重叠度比较低，可靠性较差的连接点，当其残差较大时，稳健代价函数能够较好的克服其影响，降低其在平差中的干扰作用。而对于重叠度较高，可靠性比较高的点，则赋予其较高的权重，在平差中发挥更大的作用。

　　采用新的代价函数后，解算的过程变得复杂。本书改进了 Google 的开源库 Ceres Solver 对式(6-33)进行求解。Ceres Solver 是由谷歌公司推出的解决非线性最小化问题的开源软件包，由于功能强大而稳定，在谷歌的多款产品中取得了成功的应用。Ceres Solver 为用户提供了方便的接口，用户只需要定义自己的 CostFunction 和 LostFunctin，Ceres Solver 便可以根据设置自动对 CostFunction 求导，构建法方程并解算法方程。

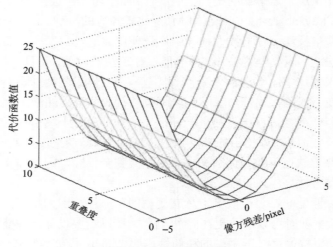

图 6-10　常规代价函数

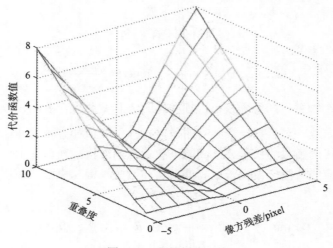

图 6-11　稳健代价函数

6.3.2　精度评价

区域网平差精度的评价通常采用两种方式：当有地面控制点数据时，采用平差优化后的内外方位元素前方交会得到物方坐标，与外业测量结果进行比较；当没有地面控制点时，统计平差后连接点像方残差中误差。第一种方式得到的精度是"外符合"精度，结果客观，说服力强，但依赖于外业控制点；第二种方式方便灵活，只需要在平差结束之后进行一次统计运算，但得到的精度结果是"内符合"精度，说服力没有第一种方式强。

为了对稳健区域网平差结果的精度进行评价，需要相对应的技术方法。由于无人机作业时很多情况下无法布设地面控制点，特别是在沙漠、海岛礁等困难地区，所以要采用一种不依赖于地面控制点的精度评价方法。采用了稳健代价函数之后，虽然克服了粗差点对于平差结果的影响，但并没有进行粗差的定位与剔除，所以采用统计像方残差中误差的方式也不再合适。

考虑到区域网平差起的作用是对影像的内外方位元素进行"精化"，所以从这个角度出发，利用平差后的内外方位元素计算基本矩阵 $\boldsymbol{F}$，利用基本矩阵的精度间接评价区域网平差的效果。

对极几何是计算机视觉中描述两视图几何的重要概念，它表征的是针孔相机成像时，两视图之间内在的几何约束，即同名点坐标满足对极几何约束，如图 6-12 所示。对极几何在摄影测量学中又称为核线约束，本质上是同名点位于同名核线，是一种一维约束。对极几何通常用基本矩阵 $\boldsymbol{F}$ 表示，如果一个物方点在两幅影像中的齐次坐标分别为 x、x'，那么像点满足关系：

$$x'Fx = 0 \tag{6-34}$$

影像匹配结束后利用同名点坐标计算基本矩阵，根据式(6-35)，至少需要 8 对同名点才能计算 $\boldsymbol{F}$，当同名点数量更多时可以对 $\boldsymbol{F}$ 进行最小二乘估计。在区域网平差之后，也可利用两幅影像的内外方位元素直接求解 $\boldsymbol{F}$，如式(6-35)所示，$\boldsymbol{B}$ 为摄影基线向量，$\boldsymbol{B}_{[\times]}$ 为向量 $\boldsymbol{B}$ 的叉乘矩阵表示式(6-36)，$\boldsymbol{R}_1$、$\boldsymbol{R}_2$ 分别为左像和右像的旋转矩阵。

$$\boldsymbol{F} = \boldsymbol{R}_1^{\mathrm{T}} \boldsymbol{B}_X \boldsymbol{R}_2 \tag{6-35}$$

$$\boldsymbol{B}_{[\times]} = \begin{bmatrix} 0 & -B_Z & B_Y \\ B_Z & 0 & -B_X \\ -B_Y & B_X & 0 \end{bmatrix} \tag{6-36}$$

采用了新的精度评价指标，就可以在区域网平差结束后，从测区中均匀选取一定数量的立体像对，利用平差前和平差后的内外方位元素分别求解基本矩阵。在立体像对左像上选择一定数量显著的特征点(如地物角点、端点、交叉点等)，分别利用两个基本矩阵计算核线，然后在右像上量测同名特征点到两个核线的距离，依据距离中误差大小来衡量平差前后外方位元素的精度。

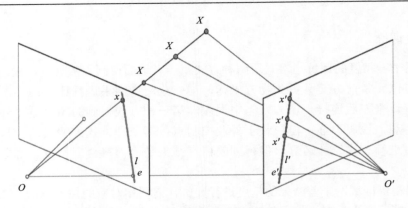

图 6-12　对极几何示意图实验及分析

6.3.3　实验与分析

　　实验中共采用了 4 组无人机影像，各组数据的基本情况见表 6-4。其中 A、B、C、D 是利用固定翼无人机获取的数据，B 是利用无人直升机获取的数据，A 组数据是在地面纹理稀少、无法布设地面控制点的沙漠地区获取的影像，4 组数据的航高从 150m 到 700m，数据种类较为丰富，比较具有代表性。

　　实验时，首先分别用常规的光束法平差和稳健区域网平差方法处理 4 组影像；然后分别向 4 组影像中添加 5%、10%、15%、20%、25% 的随机噪声（噪声均值 3 个像素，方差 2 个像素，服从高斯分布），验证所提出方法的有效性。

表 6-4　实验数据基本情况

数据	影像数量	平台	相机	像幅/pixel	航摄时间（年.月）	区域	航高/m	地面分辨率/cm
A	1209	智能鸟无人机	Canon EOS 5DS	8688×5792	2015.10	内蒙古	700	10
B	186	无人直升机	Phase One IQ180	10328×7760	2015.10	登封	500	5.0
C	563	天宝无人机	SONY_α5100	6000×4000	2016.04	登封	150	4.0
D	433	天宝无人机	SONY_α5100	6000×4000	2016.04	登封	150	4.0

　　利用 6.3.2 的精度评价方法对稳健区域网平差的结果进行评价，统计不同方法得到的外方位元素计算出核线残差中误差，结果如表 6-5 所示，BA 表示采用传统光束法平差方法得到的结果，RBA 表示本书提出的方法得到的结果，"×" 表示处理失败。

表 6-5　数据处理结果

数据	经典方法		5%噪声		10%噪声		15%噪声		20%噪声		25%噪声	
	BA	RBA	BA	RBA	BA	RBA	BA	RBA	BA	RBA	BA	RBA
A	1.03	0.71	2.32	0.76	4.68	0.81	×	1.33	×	1.50	×	2.84
B	0.99	0.58	1.21	0.66	3.25	0.72	×	1.29	×	2.01	×	×
C	1.23	0.72	1.56	0.84	6.22	0.88	×	1.56	×	2.34	×	2.99
D	1.35	0.78	3.11	0.77	5.88	0.98	×	1.07	×	1.12	×	×

通过分析表 6-5 可以得出以下结论：

（1）常规的光束法平差对于噪声比较敏感，当数据中噪声达到 5% 时，平差精度显著下降，当噪声达到 10% 时，平差结果精度超出可以接受的范围，噪声比例达到 15% 以上时，平差不收敛，解算失败；

（2）所设计的代价函数对于噪声具有一定的稳健性，当噪声比例低于 10% 时，平差结果几乎不受影响，当噪声比例达到 20% 时，精度变差，但仍然可以解算，当噪声比例大于 20% 时，不一定能够解算处结果。

6.4　大规模区域网平差加速

无人机航空摄影的初衷就是利用机动灵活的飞行平台更便捷的获取数据，经济实用是其追求的重要目标。为了保证成果的精度，无人机影像连接点提取采取的策略是"以多求可靠"，即采用基于特征的匹配方法得到大量的连接点，利用大量的多余观测提高平差的可靠性。这就导致了一个问题：同样面积的测区，与专业的有人驾驶航测飞机相比，无论是影像数量还是连接点的数量都要大很多。在光束法平差时，未知数的数目大大增加，相应的误差方程的数量、法方程的规模也大大增加。解算大规模线性方程组要耗费更多的内存空间和更长的处理时间，特别是当测区影像数量超过 1 万幅时，对内存的消耗急剧增大，同时导致运算效率明显降低，传统区域网平差技术流程已经不能满足大规模数据处理需求。

提高数据处理的速度是无人机影像定位中重要的问题，特别是当前计算机配置水平不断提高，为快速处理提供了良好的硬件基础。如何挖掘其计算潜力以提高数据处理速度成为摆在我们面前的重要问题。为了提高无人机影像区域网平差的效率，一方面对光束法平差进行了算法上的优化设计，另一方面充分挖掘计算机硬件的计算潜力，利用 CPU 多核并行运算、GPU 并行加速等手段提高数据处理效率。

6.4.1　算法优化

假定在区域网平差之前已经进行了相机检校，平差时仅需要求解影像位置姿态和连接点三维坐标，误差方程可以表示为如下形式：

$$\begin{bmatrix} J_c & J_p \end{bmatrix} \begin{bmatrix} \Delta x_c \\ \Delta x_p \end{bmatrix} = \begin{bmatrix} l_c & l_p \end{bmatrix}^T \tag{6-37}$$

式中，J_c、J_p 分别对应误差方程中影像位置姿态和连接点三维坐标的系数矩阵；l_c、l_p 分别表示误差方程常数项中影像位置姿态部分和连接点三维坐标部分；Δx_c、Δx_p 分别表示影像位置姿态和连接点三维坐标改正数向量。

对式 (6-37) 法化可以得到法方程：

$$\begin{bmatrix} J_c^T J_c & J_c^T J_p \\ J_p^T J_c & J_p^T J_p \end{bmatrix} \begin{bmatrix} \Delta x_c \\ \Delta x_p \end{bmatrix} = \begin{bmatrix} l_c \\ l_p \end{bmatrix} \tag{6-38}$$

　　由于未知参数多，缺少地面控制点，法方程系数矩阵的奇异性造成解的不稳定，从而导致系统病态。病态性很容易导致最小二乘估计的性质显著变坏，具体体现在在估值与真值相差很大、数值计算很不稳定等，致使平差成果严重失真。从统计的角度讲，自变量之间客观有近似线性关系，是产生病态性的一个重要原因。

　　采用列文伯格－马夸尔特(Levenberg-Marquardt, LM)可以克服法方程的病态性，控制未知数变化的幅度，减小解的不稳定性。LM 最早由 Levenberg 提出并由 Marquardt 进行改进，本质上是一种启发式的阻尼高斯牛顿法，在计算机视觉中广泛使用。将 LM 方法应用于无人机影像光束法平差，可以在没有地面控制点的情况下控制未知数的变化幅度，避免因法方程奇异造成解的不稳定。对式(6-38)采用 LM 方法后，得到：

$$\begin{bmatrix} J_c^T J_c + \lambda_1 D_c^T D_c & J_c^T J_p \\ J_p^T J_c & J_p^T J_p + \lambda_2 D_p^T D_p \end{bmatrix} \begin{bmatrix} \Delta x_c \\ \Delta x_p \end{bmatrix} = \begin{bmatrix} l_c \\ l_p \end{bmatrix} \tag{6-39}$$

式中，c 为相机（camera），表示影像内外方位元素；p 为点（points），表示加密点坐标；J_c 为相机的雅可比矩阵；J_p 为地面点的雅可比矩阵；D_c 为维度与相机参数数量相同的单位矩阵；D_p 表示维度与地面点参数数量相同的单位矩阵。λ_1、λ_2 为对应于相机位置姿态和地面点坐标的阻尼系数。假定有 n 幅影像的位置姿态和 m 个地面点的坐标需要求解，那么未知数的总数为 $6n+3m$。由于采用基于特征的匹配方法，每幅影像都可以提取大量的特征点，会导致最后需要求解的地面点坐标数量十分庞大，进而导致法方程的规模很大，带来了很大的内存开销和计算压力。

　　在实际处理中，地面点坐标未知数的数目远远大于影像位置姿态的数目，所以可以利用 Schur 补方法将两类变量分离，先解算影像位置姿态，然后解算连接点地面坐标。Schur 补是利用高斯消元法，分块求解方程组的一种方法(Huang,2015)，如

$$\begin{bmatrix} A & B \\ C & D \end{bmatrix} \begin{bmatrix} x \\ y \end{bmatrix} = \begin{bmatrix} m \\ n \end{bmatrix} \tag{6-40}$$

可以分两步求出 x、y，首先根据高斯消元法，式(6-40)可以变形为

$$\begin{bmatrix} A - BD^{-1}C & 0 \\ C & D \end{bmatrix} \begin{bmatrix} x \\ y \end{bmatrix} = \begin{bmatrix} m - BD^{-1}n \\ n \end{bmatrix}$$

易得 $x = (A - BD^{-1}C)^{-1}(m - BD^{-1}n)$，将结果代入式(6-40)便可求得 y。Schur 补在大型方程组解算中取得广泛应用。对于式(6-38)，令 $U = J_c^T J_c + \lambda_1 D_c^T D_c$，$V = J_p^T J_p + \lambda_2 D_p^T D_p$，$W = J_c^T J_p$，可得

$$\begin{bmatrix} U & W \\ W^T & V \end{bmatrix} \begin{bmatrix} \Delta x_c \\ \Delta x_p \end{bmatrix} = \begin{bmatrix} l_c \\ l_p \end{bmatrix} \tag{6-41}$$

根据 Schur 补方法可得

$$(U - WV^{-1}W^T)\Delta x_c = l_c - WV^{-1}l_p \tag{6-42}$$

　　由于影像的数量远小于连接点的数目，所以采用 Schur 补方法后明显减小了法方程的规模。与普通的大型方程组解算不同，解算式(6-42)得到影像的位置姿态信息后，不

用代回到式(6-38)中进行求解,而是直接通过多片前方交会解算连接点的地面坐标。下面讨论大型法方程的解算问题。

法方程的解算方法通常可以分为两类:直接法和迭代法(吴福朝,2008)。从理论上来讲,直接法是严密的,如果数值运算都是精确的,那么得到的结果也是精确无误的。而迭代法解算未知数时是从一个给定的初始值出发,不断迭代去逼近真值。由于计算机采用的是有限小数位的运算,所以不论采用直接法还是迭代法得到的都是近似解,在误差允许的范围内,可以视为准确解。

从节省计算量来说,直接法优于迭代法。因为直接法是有限次运算,而且法方程系数矩阵的性质不影响解算时间。迭代法是无穷多次运算,实际计算时,虽然经过有限次运算,得到满足精度要求的解,但比直接法运算次数多,特别是当法方程系数矩阵的性质不良时,迭代收敛很慢。

迭代法计算过程简单,有规律,便于编制程序,而且所需存储量少,用同样大小内存的机器,仅用内存解算法方程,其解算阶数要比直接法高得多。此外,由于每次得到的结果都是近似解,迭代过程中可以自动修正微小错误,所以不存在解算过程中舍入误差的影响,解算结果的精度也比较均匀。

直接法计算过程不如迭代法简单,编制程序较繁,存储量大,中间过程出现差错需要重算,计算过程中有舍入误差的影响,特别是系数矩阵性质不良的法方程,舍入误差的影响就更加严重,同时解算的结果精度也不均匀。

常用的法方程解算方法中,直接法有高斯消去法、主元素消去法、豪斯豪德尔法和乔里斯基法,迭代法有赛德尔迭代法、点松弛迭代法和共轭方向法等。

无人机位姿求解中的法方程系数矩阵通常是稀疏的,稀疏矩阵的特点是,非零元素只占总元素数目的一小部分,大部分元素都为零。解算大型稀疏矩阵方程,将遇到以下两个问题:

(1)存储问题:即便稀疏矩阵非零元素所占比例相对较小,但考虑到方程阶数高,其数量也是相当可观的,此外,非零元素分布不规则,用高斯消元法取求解还会产生新的非零元素。

(2)解法问题:为克服矩阵存储的困难,常用迭代法求解法方程。由于矩阵阶数高,运算量大,就要求算法的收敛速度快,如何提高收敛的速度,是需要研究的问题。

当影像数量很多时,式(6-42)就是典型的大型稀疏矩阵,本书采用共轭梯度法对其进行求解。共轭梯度法是一种解对称正定方程组的方法,理论上属于直接解法,但实际计算时,必然会产生舍入误差,所以常作为迭代法使用。由于共轭梯度法的迭代次数和方程组稀疏矩阵的条件数密切相关,为了尽量减少迭代次数,提高收敛速度,利用前承条件矩阵来降低式(6-42)的条件数(谷同祥等,2017)。对于线性方程组:

$$Ax = b \tag{6-43}$$

式中,A 为系数矩阵;b 为常数矩阵。

通过在方程组左右各乘一个矩阵 $\boldsymbol{M}^{-1}$,得到:

$$\boldsymbol{M}^{-1}Ax = \boldsymbol{M}^{-1}b \tag{6-44}$$

系数矩阵的条件数变成 $M^{-1}A$ 的条件数,通过适当选择矩阵 M,能够降低方程组的条件数,加快收敛速度。前承条件矩阵选取的原则是,易于构建并且可以降低条件数。由于式(6-41)的雅可比矩阵 M [式(6-45)] 为块状对角矩阵,构造简单,易于求逆,且实践证明效果稳定,所以是前承条件矩阵的理想选择。但是考虑到式(6-42)的条件数小于式(6-41),所以对式(6-42)采用前承条件矩阵可以进一步降低条件数,此时前承条件矩阵为 U。

$$M = \begin{bmatrix} U & 0 \\ 0 & V \end{bmatrix} \tag{6-45}$$

引入前承条件矩阵有效减少了共轭梯度法的迭代次数,但是当影像数量很多、法方程规模很大时,其收敛速度仍然不理想。由于整个区域网平差的过程是迭代逼近的过程,而每次迭代时利用共轭梯度法解算法方程又是一个迭代的过程,上一次共轭梯度法得到的法方程的解都是作为下一次区域网平差迭代计算的初始值,因此用法方程的近似解代替严密解,具有可行性。特别是利用前承条件共轭梯度法迭代解算大型方程组时,只有在前几次迭代中改正数较大,后面几次对未知数的改动不大,但是迭代次数会增加很多。因此,可以提前终止迭代,舍去后面次数较多、改动量不大的迭代计算,不影响区域网平差的整体收敛性。

非精确牛顿解是常用的共轭梯度法的近似解,其基本原理是在迭代求解法方程的过程中,采用强制序列系数代替残差向量作为迭代中止的阈值条件,如式(6-46)所示,η^k 是第 k 次迭代的强制序列系数;c 为法方程常数向量;s^{k+1} 为第 $k+1$ 次迭代的残差向量。在每次迭代后,计算当前的强制序列数,当强制序列数小于阈值时则终止迭代。实践表明,非精确牛顿解既能保证精度,又可以显著减少前承条件共轭梯度法的迭代次数。

$$\eta^k = \frac{|c|}{|s^{k+1}|} \tag{6-46}$$

6.4.2　GPU 硬件加速

通过 Schur 补方法大大减小了法方程的规模,前承条件矩阵降低了法方程系数矩阵的条件数,采用法方程非精确牛顿解加快了收敛速度,一系列算法优化措施使得区域网平差的整体效率显著提升。但以往的区域网平差大多数是以 CPU 单线程计算为主,没有充分发挥现代计算机多核 CPU 以及 GPU 的计算潜力(郑经纬等,2014)。因此有必要研究区域网平差的硬件加速技术,以进一步提高数据处理效率。

当前并行计算的方法大体上可以分为三大类:集群技术、多核并行和 GPU 并行。集群技术是利用多个联网协作的设备将计算任务分解到多个平台,从而提高计算的速度。消息传递接口(message passing interface, MPI)是实现高性能并行计算的标准方式,MPI 具有完备的进程间消息传递机制,便于扩展,适宜于分布式计算。但 MPI 的缺点也很明显,进程间的通信协调降低了效率,消耗了内存。多核技术主要是充分发挥现代计算机 CPU 多核、多线程的计算潜力,可以通过 OpenMP 实现。OpenMP 适用于共享内存的多处理器,支持多种编程语言。由于对并行算法进行了高度抽象,降低了开发难度,用户只需要集中精力设计核心算法，具体实现细节不必关心。但其缺点是不适用非共享内存，也不适宜进程间存在同步、互斥的运算。综合对比以上 3 种并行计算技术，集群技术依赖分布式计算环境，价格高昂，而多核技术和 GPU 技术的性价比较高，优势比较明显。特别是无人机航空摄影常常是飞行结束后在野外立即进行数据处理，不具备大型运算平台的工作条件，通常只能保障常规配置的计算机，因此采用 CPU 多核和 GPU 并行加速更为实用方便。

无人机影像光束法平差过程中主要的计算开销有：

(1) 反投影误差计算；

(2) Jacobi 矩阵计算；

(3) 前承条件矩阵 $\boldsymbol{M}$ 构建；

(4) 矩阵相乘　$\boldsymbol{J}_c \Delta \boldsymbol{x}_c + \boldsymbol{J}_p \Delta \boldsymbol{x}_p$；

(5) 矩阵相乘　$\boldsymbol{J}^T y = [\boldsymbol{J}_c^T y, \ \boldsymbol{J}_p^T y]$；

(6) 矩阵相乘　$\boldsymbol{M}\boldsymbol{v}$。

步骤 (3) 和步骤 (4) 是最耗费时间的，因为采用共轭梯度法解算法方程时每次迭代都要计算一次。而 Jacobi 矩阵和前承条件矩阵的计算虽然复杂但并不是主要的开销，因为只有在每次 LM 迭代时才计算一次。因此，加速的重点在于步骤 (3) 和步骤 (4)。

平差过程中涉及多个大型矩阵的存储读取问题，这些矩阵大都是稀疏矩阵。在传统的光束法平差中，直接存储原始法方程对计算机内存空间占用较大，特别是当影像数量超过 1 万幅时，普通计算机的内存不能满足要求。为了节省 CPU 和 GPU 的 RAM 资源，需要一种合理的存储方式。考虑到采用共轭梯度法解算大规模方程组时，每次迭代时只需要计算系数矩阵与其他矩阵的乘积，因此可以采用压缩存储的方式。块压缩稀疏行 (blocked compressed sparse row, BCSR) 是一种性能优异的存储方式，具有高度压缩、分块存储的特点，可以显著降低数据的冗余度。BCSR 利用 4 个向量 〈Row, Block, Col, Val〉在保持对矩阵中分块控制的同时保留了原始矩阵的完整信息，如图 6-13 所示。

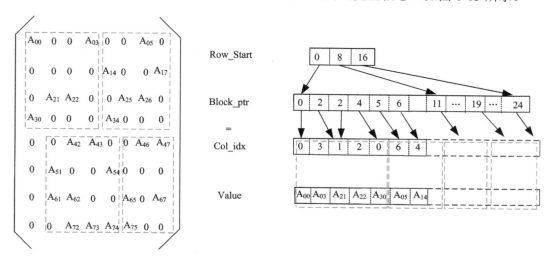

图 6-13　BCSR 矩阵存储示意图

采用块压缩稀疏行格式存储 J_p、J_p^T、J_c 和 J_c^T 时，按照物方点编号存储坐标观测值，考虑到 J_p 是块状对角矩阵，J_p 和 J_p^T 有相同的 BCSR 表达式，因此没有必要分别存储，仅保留 J_p 即可。采用 BCSR 格式后，不但节约了计算机内存开支，而且使计算的复杂度从 $O(M \times N)$ 降低到了 $O(E)$，M、N 表示稀疏矩阵的维度，E 表示非零元素的数量。

至此，整个非线性优化过程分解为一系列矩阵运算，结合使用 SSE（streaming SIMD extensions）和 SIMD（single instruction multiple data）可以充分发挥 CPU 和 GPU 的并行计算能力，提高大规模区域网平差的效率。

6.4.3　实验与分析

为了验证算法优化和硬件加速的效果，在笔记本电脑上进行了测试实验，硬件平台的配置情况如表 6-6 所示。

表 6-6　硬件平台的配置情况

项目	配置情况
硬件平台	联想 ThinkPad S3 Yoga 14
操作系统	Windows 8.1 64 位
处理器	英特尔 Core i7-4510U @ 2.00GHz 双核
内存	8 GB（海力士 DDR3L 1600MHz）
硬盘	三星（512 GB／固态硬盘）
显卡	NVIDIA GeForce 840M（2 GB 显存）
编程开发环境	Microsoft Visual Studio 2010+CUDA v6.5

实验中共采用 6 组数据，其中 3 组为无人机获取数据，为验证超过 1 万幅影像时的处理能力，还从互联网下载了 3 组公开数据（数据下载网址为：http://grail.cs.washington.edu/projects/bal/final.html）。影像连接点是利用本书的方法进行提取的结果，互联网下载数据是已经提取好的连接点结果，各组数据的基本情况如表 6-7 所示。

表 6-7　实验数据

数据	数据来源	影像地区	影像数量	物方点数	像方点数
A	互联网	Trafalgar Square（伦敦特拉法尔加广场）	257	65132	225911
B	无人机	登封丘陵地区	433	330087	742503
C	无人机	登封丘陵地区	555	491829	1000219
D	无人机	内蒙古沙漠地区	1210	68238	141592
E	互联网	伦敦街区	1695	155710	676595
F	互联网	威尼斯街区	13775	4468275	29823581

实验中共采用 4 种方案进行对比，方案 1、方案 2 为常规的区域网平差方法，方案 1 在解算法方程时直接采用乔里斯基分解的方法（DENSE_SCHUR），方案 2 采用稀疏矩阵的方式存储 S 矩阵（SPARSE_SCHUR），通过行和列重新排序的方法最大化乔里斯基分解

的稀疏性；方案 3 按照 6.4.1 节对算法进行了优化并采用 CPU 多核并行加速，方案 4 按照 6.4.1 对算法进行了优化并采用 GPU 并行加速。4 种方案的技术流程如图 6-14、图 6-15 所示，平差过程中参数设置情况如表 6-8 所示。

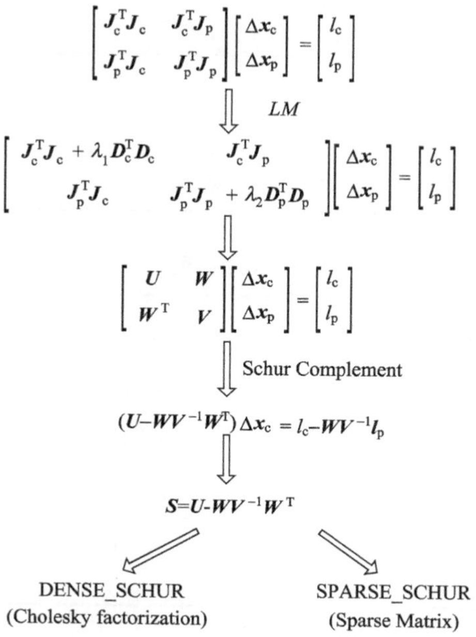

$$\begin{bmatrix} J_c^T J_c & J_c^T J_p \\ J_p^T J_c & J_p^T J_p \end{bmatrix} \begin{bmatrix} \Delta x_c \\ \Delta x_p \end{bmatrix} = \begin{bmatrix} l_c \\ l_p \end{bmatrix}$$

$$\Downarrow \quad LM$$

$$\begin{bmatrix} J_c^T J_c + \lambda_1 D_c^T D_c & J_c^T J_p \\ J_p^T J_c & J_p^T J_p + \lambda_2 D_p^T D_p \end{bmatrix} \begin{bmatrix} \Delta x_c \\ \Delta x_p \end{bmatrix} = \begin{bmatrix} l_c \\ l_p \end{bmatrix}$$

$$\Downarrow$$

$$\begin{bmatrix} U & W \\ W^T & V \end{bmatrix} \begin{bmatrix} \Delta x_c \\ \Delta x_p \end{bmatrix} = \begin{bmatrix} l_c \\ l_p \end{bmatrix}$$

$$\Downarrow \quad \text{Schur Complement}$$

$$(U - WV^{-1}W^T)\Delta x_c = l_c - WV^{-1}l_p$$

$$\Downarrow$$

$$S = U - WV^{-1}W^T$$

DENSE_SCHUR　　　　　　　　SPARSE_SCHUR
(Cholesky factorization)　　　　　(Sparse Matrix)

图 6-14　方法 1/2 主要技术流程

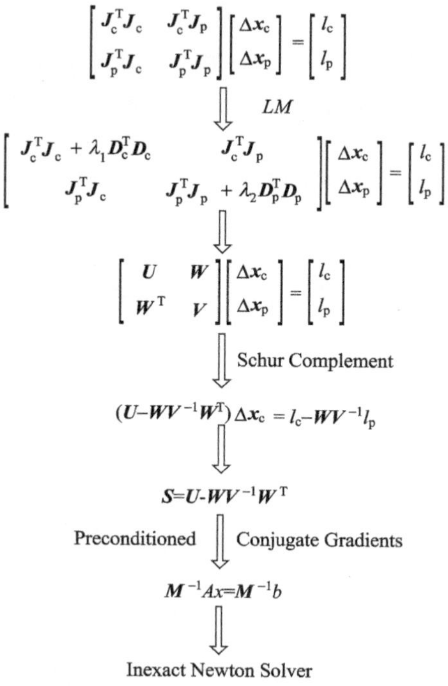

$$\begin{bmatrix} J_c^T J_c & J_c^T J_p \\ J_p^T J_c & J_p^T J_p \end{bmatrix} \begin{bmatrix} \Delta x_c \\ \Delta x_p \end{bmatrix} = \begin{bmatrix} l_c \\ l_p \end{bmatrix}$$

$$\Downarrow \quad LM$$

$$\begin{bmatrix} J_c^T J_c + \lambda_1 D_c^T D_c & J_c^T J_p \\ J_p^T J_c & J_p^T J_p + \lambda_2 D_p^T D_p \end{bmatrix} \begin{bmatrix} \Delta x_c \\ \Delta x_p \end{bmatrix} = \begin{bmatrix} l_c \\ l_p \end{bmatrix}$$

$$\Downarrow$$

$$\begin{bmatrix} U & W \\ W^T & V \end{bmatrix} \begin{bmatrix} \Delta x_c \\ \Delta x_p \end{bmatrix} = \begin{bmatrix} l_c \\ l_p \end{bmatrix}$$

$$\Downarrow \quad \text{Schur Complement}$$

$$(U - WV^{-1}W^T)\Delta x_c = l_c - WV^{-1}l_p$$

$$\Downarrow$$

$$S = U - WV^{-1}W^T$$

Preconditioned $\Downarrow$ Conjugate Gradients

$$M^{-1}Ax = M^{-1}b$$

$$\Downarrow$$

Inexact Newton Solver

图 6-15　方法 3/4 主要技术流程

分别对 6 组数据用 4 种方案平差所需的时间进行了统计，结果如表 6-9 所示。

表 6-8　平差参数设置情况

参数设置	最大迭代次数	共轭梯度 最小迭代次数	共轭梯度 最大迭代次数	改正数阈值	迭代收敛条件 梯度阈值	残差中误差阈值
方案 1	100	——	——	10^{-6}	——	0.25
方案 2	100	——	——	10^{-6}	——	0.25
方案 3	100	10	100	10^{-6}	10^{-10}	0.25
方案 4	100	10	100	10^{-6}	10^{-10}	0.25

表 6-9　实验结果统计

数据	影像数量	耗时统计/s			
		方案 1	方案 2	方案 3	方案 4
A	257	130.587	87.581	32.895	8.453
B	433	222.832	121.962	46.461	10.047
C	555	1414.426	512.282	110.706	31.500
D	1210	Failed	90.523	30.110	8.391
E	1695	Failed	No_Convergence	12.988	7.078
F	13775	Failed	Failed	Failed	247.608

注：灰色突出部分表示实验中该方案能够处理的最大影像数量；"Failed"表示因数据量超出了计算机硬件处理能力的限制而失败；"No_Convergence"表示不收敛

分析表 6-9，可以得出如下结论：

(1) 从处理的结果来看，采用算法优化和硬件加速后，在普通配置的计算平台上进行光束法区域网平差，能够处理影像的最大数量从数百幅提高到了 1 万余幅，连接点的数量达到百万级别，耗时不超过 5 分钟，大大降低了后处理对于硬件平台的要求，对于降低作业成本、提高处理速度具有重要的意义。

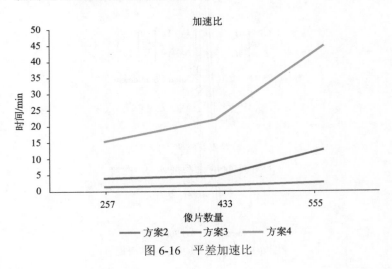

图 6-16　平差加速比

(2)采用算法优化和硬件加速后,平差效率取得明显提升:与方案 1 相比,方案 2 平均加速比 2 倍,最大接近 3 倍;方案 3 平均加速比 7 倍,最大达 12.78 倍;方案 4 平均加速比 27.5 倍,最大达 44.9 倍,说明本书的加速策略是十分有效的。

(3)对影像数量与加速比之间的关系进行统计分析,如图 6-16,从图中可以看出,加速比与影像数量之间是正相关,即影像数量越多,加速越明显,特别是方案 4 采用 GPU 加速后,效果最明显,处理 13775 幅影像仅用时不到 5 分钟,效率十分可观。

第 7 章　无人机影像密集匹配

　　利用无人机影像对地表进行三维重建，在最近十年来一直是计算机视觉以及摄影测量领域的研究热点之一。无人机影像在经过空中三角测量或者运动恢复结构后，被赋予了精确的外方位元素，虽然在此过程中也同时得到了稀疏的点云数据，但稀疏的点云数据无法细腻地刻画地表的三维形态，因此需要通过密集匹配技术得到数字表面模型 DSM（稠密的点云数据）。影像密集匹配算法是在恢复影像序列方位元素的基础上，通过逐像素的匹配建立对应关系，获取可以描述左右影像像素之间匹配关系的视差图。在此基础上，可以根据已知的方位元素，对匹配像素进行前方交会，恢复三维位置信息，生成密集的三维点云。

　　无人机以其方便快捷、费用低廉的优势，取得了迅猛的发展，拥有着广阔的市场发展空间。但是，由于无人机体积小质量轻，飞行高度相对较低，飞行过程中容易受到气流的影响，导致飞行姿态不稳定、影像重叠度变化范围大且倾斜方向没有规律。同时，由于目前大多数无人机摄影测量系统采用非量测相机对地拍摄，像片像幅较小、序列影像数量较多。在城市地区进行低空摄影时，由于无人机飞行航高低，姿态不稳定，导致高层建筑物在无人机影像上存在较大变形。无人机影像的这些特点使它区别于传统的航空影像，给无人机影像的密集匹配带来了一定的困难和挑战。

　　在影像密集匹配技术几十年的发展长河中，影像密集匹配技术不断发展和成熟，期间国内外很多著名专家和学者提出了许许多多各具特色的匹配算法，大浪淘沙目前在用的影像密集匹配方法逐渐归为三类：基于体素的密集匹配方法（voxel based MVS）(Zaharescu et al., 2007)、基于点云扩散的匹配方法（feature point growing based MVS）(Lhuillier and Quan, 2005)和基于深度图（视差图）融合的密集匹配方法（depth-map merging based MVS）(Zhang, 2000)。基于体素的密集匹配方法将立体匹配问题等价于一个 3D 空间 Voxel 的标记(labeling)问题，然后采用马尔可夫随机场对标记进行优化获取极值点。基于体素的密集匹配方法优点是可生成规则的点云，且易提取格网(mesh)，主要缺点是占内存过大问题(Paris et al., 2006; Pons et al., 2007)，即使很小的体素也要很大的内存，不过即使采用自适应多分辨率格网改进思路，对于无人机低空测绘的大场景仍难以进行处理。基于点云扩散的密集匹配方法主要过程包括初始点云生成、点云扩散和点云滤波等(Yasutaka and Jean, 2010)，基于点云扩散的匹配方法的主要优点是得到的点云精度较高并且点云分布均匀，缺点是弱纹理区域较容易造成扩散空洞和需要一次性读入所有影像（可采用影像分组的方法进行改进）。基于深度图融合的密集匹配方法主要包括立体匹配影像对筛选、立体匹配生成深度图和深度图融合。基于深度图融合的密集匹配方法特别是适合大场景海量图像并行计算(姜翰青等，2015)，而且生成的点云非常稠密，因此也成为目前无人机影像数据处理商用软件和开源软件的首选方法。这里需要特别指出，随着以深度学习为代表的人工智能技术的发展，当前也有不少学者尝试采用基于深度学习的方法进行立体匹配的研究，并且在特定的数据集上已经取得了优于上述传统立体匹配方法的性能(Liu and Ji, 2019)，但是基于深度学习(deep learning)进行立体匹配方法的整体普适性还比较差，往往在实测数据集上表现的效果也较差，因此本书不对基于深度学习立体匹配方法进行讨论。

对于基于深度图融合的密集匹配方法，由于无人机影像中每对匹配点间存在核(极)线约束条件，利用这些约束条件，会极大改善匹配的搜索范围(Xiao et al.,2013)，所以面阵影像的密集匹配首先需要进行影像预处理，通过校正镜头畸变检校和核线校正两部分恢复匹配点间的核线约束；接着在校正后的影像上，先计算逐点在各个视差上的代价形成代价立方体；然后进行代价聚合，使得代价以单点为目标变成以区域为目标，从而更加的具有鲁棒性；对聚合后的代价进行视差计算提取视差，同时考虑到遮挡、误匹配、视差边缘与图像边缘对齐等因素，进行了视差的优化，从而完成无人机影像的密集匹配工作。

7.1　立体像对筛选

在双目立体影像匹配之前加入立体像对筛选工作是非常有必要的(纪松等，2018)。其一，避免低质量立体像对，可有效减少影像"负信息(遮挡、重复纹理、光照环境、基高比过大或过小等问题)"影响，提高匹配精度；其二，面对大量的重叠影像，采用影像筛选择优策略，可有效减少参与匹配影像的数目，提高匹配效率(孙晓昱，2015)。

不同的立体像对筛选方法是通过对像对的基高比约束、重叠度约束、可视性约束、遮挡约束以及光度一致性约束等约束条件进行优化组合构成的，因此本书对立体像对筛选中常用的约束条件进行总结。

1. 基高比

基高比定义为立体像对的基线长度 B 与相对航高 H 的比值。单从立体匹配角度来看，较小基高比的立体影像之间的几何变形和辐射差异也较小，因此可获得较高的匹配精度。但是过小的基高比立体像对在将匹配结果通过前方交会生成点云时是非常不利的，所以在影像密集匹配时通常将选择的立体像对基高比约束在一个范围内，避免过小或过大基高比的立体像对(申二华，2013)。

2. 重叠度

影像之间的重叠度是指两张像片上有同一地面影像的范围，影像之间的重叠度分为有物方计算方法和像方计算方法，下面分别对这两种计算方法进行介绍。

1)影像重叠度物方计算方法(许志华，2015)

(1)飞控数据或 POS 数据转换。无人机搭载飞控系统或者 POS 系统，可直接获取摄影曝光时刻影像的空间位置和姿态信息。其中，飞控系统或者 POS 系统记录的传感器姿态角为 IMU 本体坐标系在导航坐标系中的侧滚、俯仰和偏航，通过 5 步坐标变换得到地摄坐标系相对于像空间坐标系的外方位角元素。

（2）算影像角点坐标。以某拍照时刻无人机位置在地面的投影作为原点，以飞行航向为 X 轴，垂直 X 轴向右为 Y 轴，大地高方向为 Z 轴建立地摄坐标系。利用共线方程计算每张影像 4 个角点的地摄坐标值，得到每张影像对应的地面范围。

（3）采用几何拓扑学方法，对两张影像之间的地面影像范围进行关联分析，若两张影像为交叠关系，进一步量化计算得到影像之间的重叠度。

2）影像重叠度像方计算方法

在不知道影像 POS 数据或相对航高的情况下，可采用下面的方法得到影像之间的重叠度。

设原始影像对上有同名像点对 (x, y) 和 (x', y')，根据单应矩阵变换关系可得到：

$$\begin{cases} x' = \dfrac{h_1 x + h_2 y + h_3}{h_7 x + h_8 y + 1} \\ y' = \dfrac{h_4 x + h_5 y + h_6}{h_7 x + h_8 y + 1} \end{cases} \tag{7-1}$$

式中，h_1，h_2，h_3，h_4，h_5，h_6，h_7 和 h_8 是单应矩阵的 8 个元素，当公式中同名像点的数量大于 4 个的时候，可采用 RANSAC（random sample consensus）最小二乘的方法估计出这 8 个元素的值。在估计得到两幅影像间单应矩阵后，反过来再根据式(7-1)计算出右影像上对应左影像上的 4 个角点坐标的透视变换坐标，以这 4 个透视变换坐标为顶点的四边形即为右影像上这两幅影像的重叠区域。根据同样的方法，可求左影像在右影像的重叠区域。

3. 摄影光线夹角约束（Ahmadabadian et al.,2013；孙晓昱，2015）

摄影光线夹角指的是，对某个特征点，搜索影像到该点的摄影光线与基准影像到该点的摄影光线之间的夹角。

4. 光度一致性约束（Furukawa et al.,2010；孙晓昱，2015）

经过可视性筛选后，减少了由于基线过大造成投影畸变较大和部分有遮挡的影像，但是仍不能排除部分影像由于光照强度、地物阴影、影像拍摄时间等原因，造成匹配效果差或出现错误匹配。同一地物特征在各影像上的投影应该具有很高的相似性，即光度差异性较小。光度一致性约束是通过光度差异函数评估，并将影像质量评价标准描述为：对同一地物不但光度差异性小，而且在真实高程附近匹配效果显著。

7.2　无人机影像匹配几何预处理

无人机上搭载的传感器与卫星和大飞机上搭载的专业传感器相比，其几何畸变较大。如果不对影像进行几何畸变校正，会导致误匹配和匹配失败等情况发生。根据光束法区域网平差得到的影像外方位元素对立体像对进行校正生成核线影像，在核线上进行影像匹配，将同名像点的寻找过程由二维搜索变成一维搜索，不仅可以提高匹配的效率，而且减少了误匹配的发生。此外，影像的几何畸变校正和核线影像生成都包含大量重复性计算，非常适合在 GPU 上进行并行计算。

7.2.1　基于 GPU 的影像几何畸变校正

根据相机畸变参数标定的结果和对应的畸变模型公式，对应原始影像每一像素的像平面坐标 (x, y) 进行畸变差校正后都可得到其在改正后影像上的像平面坐标 (x', y')。由于 (x', y') 通常都不是整数，为避免改正后影像出现"空白像素"的情况，本书采用了插值计算的方法。基于 GPU 的影像几何畸变校正的具体过程如下：

第一步：根据畸变模型公式，计算原始影像的四个角点 A、B、C、D 的畸变差改正值，得到这四个角点在改正后影像平面的位置 A'、B'、C'、D'。根据 A'、B'、C'、D' 确定的内接矩形即为改正后影像的幅面大小。

第二步：对于每一单元格网中心处像平面坐标 (x, y) 的畸变差，计算其在相应改正后影像上的对应像平面位置 (x', y')。将 (x', y') 分成整数部分和小数部分，如式(7-2)所示。(x', y') 将对其周围的四个像素 $([x], [y])$、$([x]+1, [y])$、$([x], [y]+1)$、$([x]+1, [y]+1)$ 进行灰度赋值，其灰度赋值方法如式(7-3)所示：

$$\begin{cases} x' = [x'] + \Delta x' \\ y' = [y'] + \Delta y' \end{cases} \tag{7-2}$$

$$\begin{cases} I'([x], [y]) = I(x, y) \times w_1 \\ I'([x]+1, [y]) = I(x, y) \times w_2 \\ I'([x], [y]+1) = I(x, y) \times w_3 \\ I'([x]+1, [y]+1) = I(x, y) \times w_4 \end{cases} \tag{7-3}$$

式中，$I(x, y)$ 为原始影像 (x, y) 处的灰度值；$I'(x, y)$ 为改正后影像 (x, y) 处的灰度值；w_1、w_2、w_3 和 w_4 为相应的权系数，其计算方法如式(7-4)所示，同时 $I'(x, y)$ 对每个位置的权系数进行累加：

$$\begin{cases} w_1 = \sqrt{(1 - \Delta x')^2 + (1 - \Delta y')^2} \\ w_2 = \sqrt{(\Delta x')^2 + (1 - \Delta y')^2} \\ w_3 = \sqrt{(1 - \Delta x')^2 + (\Delta y')^2} \\ w_4 = \sqrt{(\Delta x')^2 + (\Delta y')^2} \end{cases} \tag{7-4}$$

该过程通过编写核函数 CUDA_ CorrectDistortion _KERNEL 实现并行，设置计算每个 block 中 thread 的维度为 $(16, 16)$，block 的维度为 $(width/16+1，height/16+1)$，每个线程纠正 1 个像素。若影像过大超出当前 GPU 的计算能力，采用分块纠正的方法实现。

第三步：$I'(x, y)$ 中每个像素的灰度值除以其累加的权系数，该过程通过核函数 CUDA_ Unitary_KERNEL 实现并行，两层并行的设置方法与上面相同，不再赘述。

选取一幅登封无人数据图像进行畸变校正实验，无人机搭载的相机为飞思 IXA180 相机，像幅大小为 10320×7752 像素，表 7-1 为该相机畸变内参数检校结果，相机畸变模型为 Fraser 参数模型。图 7-1(a) 为原始影像，图 7-1(b) 为畸变差改正后的影像。

表 7-1　飞思 IXA180 相机 Fraser 参数模型内参数检校结果

指数	x_0 /mm	y_0 /mm	f /mm	k_1	k_2
参数	-7.696×10^{-3}	2.200×10^{-1}	5.508×10^{-1}	2.416×10^{-5}	-1.088×10^{-8}
指数	k_3	P_1	P_2	Ap_1	Ap_2
参数	-6.027×10^{-13}	-7.978×10^{-7}	5.748×10^{-7}	-7.039×10^{-5}	-2.607×10^{-5}

(a) 原始影像　　　　　　　　　　　(b) 畸变差改正后的影像

图 7-1　畸变差改正前后影像对比效果图

从原始影像裁剪出幅面大小不同的影像数据，对这些不同像幅大小的影像分别使用
CPU 串行和 GPU 并行算法进行畸变差改正速度实验，统计运行时间以及加速比。从
表 7-2 的时间统计结果可以看出，影像畸变纠正采用 GPU 并行计算可以得到很高的加速
比。随着图像尺寸增大，加速比一直上升。当 GPU 上的所有资源被充分利用时，加速比
趋于稳定，不再随着图像增大而明显增加。

表 7-2　CPU 串行与 GPU 并行影像畸变纠正时间对比

图像尺寸/pixel	串行算法时间/ms	GPU 并行算法时间/ms	加速比
2000×1000	2180	98	20.4
5000×4000	21966	115	30.5
8000×6000	39283	247	46.5
10460×7861	89662	984	49.2

7.2.2　基于 GPU 的核线影像生成

设 p 为空间任意一点，O_L、O_R 分别为左右像片的透视投影中心。p 在两坐标系下
的坐标分别为 (X_{LP},Y_{LP},Z_{LP}) 和 (X_{RP},Y_{RP},Z_{RP})；o_L、o_R 分别为左、右像片的像主点，S_L
和 S_R 为左、右像平面，两像平面的焦距分别为 f_L、f_R；$o_L-x_L y_L$ 和 $o_R-x_R y_R$ 为两像
平面对应的像坐标系，$o_L x_L$、$o_L y_L$ 轴分别与 $O_L X_L$、$O_L Y_L$ 轴平行，$o_R x_R$、$o_R y_R$ 轴分别
于与 $O_R X_R$、$O_R Y_R$ 轴平行；P'_L 和 P'_R 分别为 p 对应在左、右像平面上的像点，像坐标分
别为 (x_L,y_L)、(x_R,y_R)；在 $O_L O_R o_L$ 三点所确定的平面内，建立 O_L-XYZ 左相机核线坐

标系，以 O_L 为坐标系原点，O_L 指向 O_R 的方向为 X 轴的正方向，平面的法线方向为 Z 轴的正方向，Y 轴由 X 和 Z 轴确定；$O_R - X'Y'Z'$ 为右相机的核线坐标系，它由坐标系 $O_L - XYZ$ 平移至 O_R 产生；P 在两坐标系下的坐标分别为 (X_p, Y_p, Z_p) 和 (X'_p, Y'_p, Z'_p)；o'_L、o'_R 分别为左右核线坐标系对应的虚拟像平面 S'_L 和 S'_R 的像主点，核线图像纠正就是将在 S_L 和 S_R 上所成的两张影像投影到以 $O_L - XYZ$、$O_R - X'Y'Z'$ 核线坐标系对应的虚拟像平面 S'_L 和 S'_L 上。

　　以左影像的纠正为例，首先计算坐标系 $O_L - XYZ$ 和 $O_L - X_LY_LZ_L$ 坐标系的转换关系，由右像空间坐标系相对于左像空间坐标系的坐标转换参数，可得：

$$\begin{pmatrix} X_L \\ Y_L \\ Z_L \end{pmatrix} = \mathbf{R} \begin{pmatrix} X_R - X_0 \\ Y_R - Y_0 \\ Z_R - Z_0 \end{pmatrix} \tag{7-5}$$

其中，$\mathbf{R}$ 为 $(\omega, \kappa, \varphi)$ 构成的旋转矩阵。

　　利用公式 (7-5) 可以计算出点 O_R 在 $O_L - X_LY_LZ_L$ 坐标系下的坐标 $(X_{LO_R}, Y_{LO_R}, Z_{LO_R})$，表达为

$$\begin{pmatrix} X_{LO_R} \\ Y_{LO_R} \\ Z_{LO_R} \end{pmatrix} = \mathbf{R} \begin{pmatrix} -X_0 \\ -Y_0 \\ -Z_0 \end{pmatrix} \tag{7-6}$$

　　在 $O_L - XYZ$ 坐标系的 O_LZ 轴上找单位长度为 1 的点 P_1，坐标为 $(0,0,1)$。P_1 在 $O_L - X_LY_LZ_L$ 坐标系下坐标 $(X_{LO_1}, Y_{LO_1}, Z_{LO_1})$ 可由向量 $\overrightarrow{O_LO_R}$ 和向量 $\overrightarrow{O_Lo_L}$ 叉乘并单位化得到：

$$\overrightarrow{O_LP_1} = \frac{\overrightarrow{O_LO_R} \times \overrightarrow{O_Lo_L}}{|\overrightarrow{O_LO_R} \times \overrightarrow{O_Lo_L}|} = X_{LP_1}i + Y_{LP_1}j + Z_{LP_1}k \tag{7-7}$$

　　O_L、O_R、P_1 在 $O_L - XYZ$ 坐标系中的坐标为：$(0,0,0)$、$(\sqrt{X_0^2 + Y_0^2 + Z_0^2}, 0, 0)$ 和 $(0,0,1)$，在 $O_L - XYZ$ 中对应的坐标为：$(0,0,0)$、$(X_{LO_R}, Y_{LO_R}, Z_{LO_R})$、和 $(X_{LP_1}, Y_{LP_1}, Z_{LP_1})$。已知三点分别在两个坐标系中的坐标就可方便的求出 $O_L - XYZ$ 和 $O_L - X_LY_LZ_L$ 坐标系的转换关系。方法类似可以求得坐标系 $O_R - X'Y'Z'$ 和 $O_R - X_RY_RZ_R$ 坐标系的转换关系。

　　以左影像的核线纠正为例，设核线影像像平面上某点的像空间坐标为 (u, v, w)，则该点在原始影像像空间的坐标为 $(x, y, -f)$，则有

$$(u, v, w)^T = \mathbf{R_1}(x, y, -f)^T \tag{7-8}$$

其中，$\mathbf{R_1}$ 为左影像旋转矩阵，由像空间坐标系与核线坐标系的坐标转换参数计算得到：

$$\mathbf{R_1} = \begin{pmatrix} a_1 & a_2 & a_3 \\ b_1 & b_2 & b_3 \\ c_1 & c_2 & c_3 \end{pmatrix}$$

　　令所有像点在同一平面上，即 w 坐标相等，由式 (7-8) 可得核线影像与原始影像的映射关系：

$$(u,v,w)^{\mathrm{T}} = \boldsymbol{R}_1(x,y,-f)^{\mathrm{T}} \tag{7-9}$$

对核线影像的一个点，根据式(7-9)可求得其在原始影像上对应的坐标，由于坐标不是整数，采用双线性内插方法进行处理。该过程通过编写核函数 CUDA_RECTIFICATION _KERNEL 实现 GPU 并行，设置计算每个 block 中 thread 的维度为(16, 16)，block 的维度为(width/16+1，height/16+1)，每个线程处理 1 个像素。

采用登封无人数据中相邻的一对影像构成立体像对，进行影像几何畸变纠正后，分别采用串行和基于 GPU 的核线影像生成算法进行实验。对于分辨率 10320×7752 的立体像对，采用串行算法生成核线影像需要的时间是 120522ms，采用基于 GPU 的核线影像生成算法需要的时间是 2485ms，加速比为 48.5。图 7-2(a)和图 7-2(b)为生成的核线影像的截图，在其重叠区域随机选取 20 个特征点，采用最小二乘匹配得到点坐标。表 7-3 中绝对值最大的上下视差为 0.2612pixel，满足影像密集匹配的要求(于英等，2013)。

(a) 左核线影像　　　　　　　　　　　(b) 右核线影像

图 7-2　生成的核线影像

表 7-3　基于 GPU 的核线影像生成算法得到的同名点(pixel)

点号	x	y	x'	y'	上下视差
1	761.5313	137.5878	253.447	137.6834	−0.0956
2	700.9410	388.3309	192.3786	388.1639	0.1670
3	871.9514	203.1723	363.3609	203.4335	−0.2612
4	849.6660	211.6126	341.1867	211.5673	0.0453
5	870.0731	210.6540	361.8751	210.5357	0.1183
6	867.3436	389.9642	359.1106	389.9912	−0.0270
7	873.8124	243.4547	365.5854	243.6524	−0.1977
8	841.6934	276.3525	333.1534	276.2729	0.0796
9	839.7578	298.5100	331.4744	298.4299	0.0802
10	849.7354	330.2150	341.1461	330.1160	0.0989
11	712.9141	348.6481	204.418	348.4840	0.1641
12	686.1020	379.7334	177.6625	379.8315	−0.0981

续表

点号	x	y	x'	y'	上下视差
13	898.4716	486.1904	390.7177	486.2172	−0.0267
14	924.8657	368.4002	416.3422	368.5971	−0.1969
15	798.4966	399.1332	290.5389	399.1642	−0.0310
16	1077.9510	399.1573	570.8874	399.1579	−0.0006
17	968.8486	365.3277	460.9241	365.1664	0.1613
18	795.1780	406.3766	287.0176	406.4243	−0.0477
19	678.9881	420.5866	170.4785	420.7184	−0.1318
20	949.2225	468.0683	441.6958	468.2309	−0.1626

7.3　影像匹配代价

相似性测度函数是用于度量参考图像中的匹配基元和目标图像中的匹配基元的相似性，即判断参考图像和目标图像中两点为对应匹配点的可能性，也称为匹配代价。确定合适的匹配代价对影像匹配至关重要，选取匹配代价要考虑的因素主要有抗旋转、抗辐射变化以及计算量等。对于理想的匹配，应该仅利用待匹配点的灰度值作为匹配代价，但实际效果不好，常见的影像匹配代价总结如下。

1. 相关系数匹配代价

$$\rho(c,r) = \frac{D_{gg'} - D_g D_{g'} / N}{\sqrt{(D_{gg} - D_g^2 / N)(D_{g'g'} - D_{g'}^2 / N)}} \tag{7-10}$$

式中，$D_{gg} = \sum_{i=1}^{m}\sum_{j=1}^{n} g_{i,j}^2$；$D_{g'g'} = \sum_{i=1}^{m}\sum_{j=1}^{n} g_{i,j}'^2$；$D_g = \sum_{i=1}^{m}\sum_{j=1}^{n} g_{i,j}$；$D_{g'} = \sum_{i=1}^{m}\sum_{j=1}^{n} g_{i+r,j+c}'$；$N = m \times n$；$\rho(c,r)$ 为搜索区影像相对于目标区影像的位移参数；$g_{i,j}$ 为左影像灰度值；$g_{i+r,j+c}'$ 为右影像的灰度值；m 和 n 为目标窗口的尺寸。

2. 差平方和匹配代价

$$S^2(c,r) = \sum_{i=1}^{m}\sum_{j=1}^{n}(g_{i,j} - g_{i+r,j+c}')^2 \tag{7-11}$$

3. 差绝对值和匹配代价

$$S(c,r) = \sum_{i=1}^{m}\sum_{j=1}^{n}|g_{i,j} - g_{i+r,j+c}'| \tag{7-12}$$

4. 互信息匹配代价

互信息作为信息理论中的重要概念，是指是一个系统中所含有的另一个系统信息的数量，它主要用于描述系统之间的统计相关性。在影像立体匹配中，两幅影像之间的互信息用信息熵和联合信息熵来表示：

$$\mathrm{MI}_{I_1,I_2} = H_{I_1} + H_{I_2} - H_{I_1,I_2} \tag{7-13}$$

信息熵通过计算相关图像的灰度值分布概率 P 得到：

$$\begin{cases} H_I = -\int_0^1 P_I(i)\log P_I(i)\mathrm{d}i \\ H_{I_1,I_2} = -\int_0^1\int_0^1 P_{I_1,I_2}(i_1,i_2)\log P_{I_1,I_2}(i_1,i_2)\mathrm{d}i_1\mathrm{d}i_2 \end{cases} \tag{7-14}$$

不必在整幅影像 I_1 和 I_2 上计算概率分布 P_I，仅需要在相对应的区域进行计算即可，这可以通过先后计算相应行和列的联合概率分布，然后再对其求和的方法得到，进而采用式(7-15)计算得到相对应的互信息。

$$\begin{cases} \mathrm{MI}_{I_1I_2} = \sum_p mi_{I_1I_2}(I_{1p},I_{2p}) \\ P_{I_1}(i) = \sum_k p_{I_1,I_2}(i,k) \end{cases} \tag{7-15}$$

5. 线性插值点不相似度匹配代价

点不相似度不能简单使用像素灰度的不相似性来度量，因为图像采样的差异，灰度不相似性在灰度的边界变得很大。针对这一问题，可以采用亚像素或者窗口匹配的方法解决，但这两种方法都不完美。亚像素的方法需要搜索所有可能的视差值，导致计算量的增大，而窗口的方法会导致深度不连续点精度的下降。Birchfield 和 Tomasi(1998)提出的相邻两点使用线性插值函数计算不相似度的方法，已被证明对采样是不敏感的。

如图 7-3 所示，设定 x_i 和 y_i 分别是 I_L 和 I_R 图像上用来计算不相似度的两个像素点，定义像素点之间的不相似度如下：

$$d(x_i,y_i) = \min\{\bar{d}(x_i,y_i,I_L,I_R),\bar{d}(y_i,x_i,I_L,I_R)\} \tag{7-16}$$

因分段函数的极值点必定是断点，所以首先计算点 y_i 和其左边相邻点的中点的插值灰度值 I_R^-，相似思路得到 y_i 和其右边相邻点的中点插值灰度值 I_R^-，如式(7-16)所示。令 $I_{\min} = \min(I_R^-,I_R^+,I_R(y_i))$，$I_{\max} = \max(I_R^-,I_R^+,I_R(y_i))$，由此可得到式(7-17)。使用这种方法计算点的灰度不相似度比使用绝对差值的方法。

$$\begin{cases} I_R^- = \frac{1}{2}(I_R(y_i) + I_R(y_i-1)) \\ I_R^+ = \frac{1}{2}(I_R(y_i) + I_R(y_i+1)) \end{cases} \tag{7-17}$$

$$\bar{d}(x_i,y_i,I_L,I_R) = \max\{0,I_L(x_i)-I_{\max},I_{\min}-I_L(x_i)\} \tag{7-18}$$

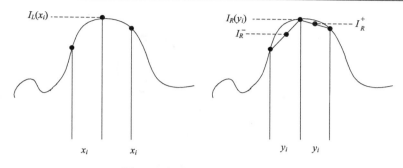

图 7-3　插值点不相似度示意图

6. Census 匹配代价

Census 变换是一种局部非参数的变换,其计算点在窗口中的灰度顺序。按照式(7-19),Census 变换以待计算像素点为中心开辟一个矩形窗口,将窗口中除中心像素以外的其他像素变换为一个比特串(王军政等,2013)。若窗口中一个像素的灰度值比中心像素的灰度值大,则相应位置为 1;反之,置为 0。

$$T(u,v) = \mathop{\otimes}\limits_{i=-n'}^{n'} \mathop{\otimes}\limits_{j=-m'}^{m'} \xi(I(u,v), I(u+i, v+j)) \tag{7-19}$$

式中,$T(u,v)$ 为变换窗口生成的比特串;$I(u,v)$ 为 (u,v) 处的灰度;$m'=[m/2]$,$n'=[n/2]$,分别为矩形窗口的宽和高;$\otimes$ 表示按位连接。函数 $\xi(x,y)$ 定义为

$$\xi(x,y) = \begin{cases} 1 & x < y \\ 0 & x \geqslant y \end{cases} \tag{7-20}$$

分别对左右两影像的特征点进行 Census 变换后,将两特征点 Census 比特序列的汉明码距离作为匹配测度,见式(7-21):

$$\begin{aligned} &\mathrm{Hamming}(T_l(u,v), T_r(u+d,v)) \\ &= \sum_{i=-n'}^{n'} \sum_{j=-m'}^{m'} \begin{pmatrix} \xi(I_l(u,v), I_l(u+i, v+j)) \\ \oplus \xi(I_r(u,v), I_r(u+d+i, v+j)) \end{pmatrix} \end{aligned} \tag{7-21}$$

其中,$\oplus$ 表示异或,即相同返回 1,不相同返回 0。

7. DAISY 匹配代价

如图 7-4 所示,DAISY 描述符支撑区域形状是类似"雏菊"的中央-周围对称计算结构,以直方图待统计的像素点为中心,构成 3 个不同半径的同心圆环形结构;相应的取样点位于上述不同半径的同心圆环上,每个同心圆环上按 45°等角度间隔提取 8 个取样点;同一半径上的取样点具有相同的高斯尺度值,不同半径上的取样点高斯尺度值不同(刘天亮等,2013)。

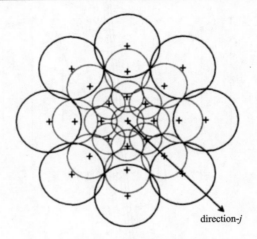

direction-*j*

图 7-4　DAISY 描述符

逐像素构造 DAISY 特征描述符方法如下： 首先，计算立体图像中在每个位置的 8 个方向梯度，然后，高斯核卷积得到点(*u*， *v*) 的向量：

$$h_{\Sigma}(u,v) = [G_1^{\Sigma}(u,v), G_2^{\Sigma}(u,v), ..., G_8^{\Sigma}(u,v)]^T \tag{7-22}$$

接着，多次高斯卷积可以实现多尺度空间。而 DAISY 特征描述符 $D(u,v)$ 就是在局部支撑区域中每个位置的一系列相关向量的加权，表示如下：

$$D(u,v) = \begin{bmatrix} h_{\Sigma_1}^T(u,v), \\ h_{\Sigma_1}^T(l_1(u,v,R_1)), \cdots, h_{\Sigma_1}^T(l_n(u,v,R_1)), \\ h_{\Sigma_2}^T(l_1(u,v,R_1)), \cdots, h_2^T(l_n(u,v,R_2)), \\ h_{\Sigma_3}^T(l_1(u,v,R_1)), \cdots, h_{\Sigma_3}^T(l_n(u,v,R_3)) \end{bmatrix} \tag{7-23}$$

式中，$h_{\Sigma_1}^T(u,v)$ 为像素点 (u,v) 的局部梯度方向直方图；$l_m(u,v,R_n)$ 为中央-周围对称计算结构中第 n 个同心圆环上第 m 个取样点的坐标；$h_{\Sigma_n}^T(l_m(u,v,R_n))$ 为中央-周围对称计算结构中第 n 个同心圆环上第 m 个取样点的局部梯度方向直方图，统计每个梯度方向直方图过程都是将梯度方向从 0° 到 360° 均匀量化到 8 个等角度范围区间，$m = 1, 2, \cdots, 8$；$n = 1, 2, 3$。

8. 混合型匹配代价

上述单一的匹配代价均有各自的缺点，在实际匹配过程中也常采用混合型匹配代价，即采用两种以上匹配代价值加权组合的方法(李珊等，2017)。如：为使 Census 匹配代价能够体现出相邻像素间的灰度波动，提高匹配代价函数的信息量，可采用梯度(Grad)的方法对 Census 匹配代价进行了改进，记为 Grad-Census。设左影像任一个像点 $p(u,v)$ 的灰度值为 $I_l(u,v)$，任意视差 d 处右影像的灰度值为 $I_r(u+d,v)$。计算窗口中每个点的水平梯度，这样就得到了对应的水平梯度窗口。对这两个水平梯度窗口都进行 Census 代价值的计算，就得到基于水平梯度窗口的 Census 代价值 $C_{\mathrm{grad}-h}(p,d)$。同样的方法得到基于垂直梯度窗口的 Census 代价值 $C_{\mathrm{grad}-v}(p,d)$。加上原来基于灰度的 Census 代价值 $C_{\mathrm{gray}}(p,d)$，得到了三个代价值。

$$
\begin{aligned}
C(p,d) = {} & \rho(C_{\mathrm{grad}-h}(p,d),\lambda_{\mathrm{grad}-h}) \\
& + \rho(C_{\mathrm{grad}-v}(p,d),\lambda_{\mathrm{grad}-v}) \\
& + \rho(C_{\mathrm{gray}}(p,d),\lambda_{\mathrm{gray}})
\end{aligned}
\tag{7-24}
$$

式中，$\rho(C,\lambda)$ 的定义如式(7-25)所示，k 为设定的变量，这样可以更方便进行代价值控制。

$$
\rho(C,\lambda) = 1 - \exp(-\frac{k}{\lambda})
\tag{7-25}
$$

7.4　匹配代价聚合方法

对所有可能的匹配点进行匹配代价计算之后，可以得到代价立方体，如果不对立方体内的代价进行代价聚合操作，若直接采用胜者全胜(winner takes all，WTA)策略计算视差图，则由于匹配错误及噪声等原因导致得到的视差图精度不高。代价聚合可以分为局部方法和全局方法，局部方法主要采用多窗口或支撑窗口方法进行代价聚集，如十字支撑区域匹配方法。全局方法优化对象不是像素点的局部视差赋值信息，而是整幅图像的全局视差赋值信息，如置信传播立体匹配等。局部方法无法顾及整体性且无法处理遮挡区域，通常难以得到高精度的结果。而全局方法虽然能够获得高精度的视差，但计算复杂，速度较慢。Hirschmüller(2005)提出了半全局影像匹配(semi global matching)算法，其基本思想是用多个一维平滑动态规划代替全局方法，凭借良好的匹配效果和匹配效率得到了高度的赞扬和关注。

7.4.1　十字支撑区域匹配方法

局部匹配方法是通过对视差平面图像进行求和或取平均，从而实现匹配代价聚集，获得更可靠的匹配代价，通常其支撑区间既可以是确定视差下的两维窗口。现有的局部立体匹配算法的支撑区间主要集中于从多个预先定义的多窗口中选择对应的最优支撑区间，或者是针对每个像素获得形状和大小自适应的支撑区间，然而这些算法共同的缺陷就是支撑区间的形状都是长方形，或者是固定形状。一种基于十字交叉的局部立体匹配算法，由于该算法可充分利用像素点之间的亮度和空间信息，对每个像素点自适应的构造对应的支撑区间，可获得比较精确的视差估计，因而近年来比较受推崇(王云峰等，2018；朱孔粉，2015)。

十字交叉局部立体匹配算法的核心是对于任意输入图像 I 上的一点 $P(x_p,y_p)$ 构造一个垂直交叉的框架，并且这个垂直交叉的框架对于每个像素点的自适应交叉是由在点 P 处交叉的两个正交的分片组成。假定水平分片为 $H(P)$，垂直分片为 $V(P)$、$H(P)$ 和 $V(P)$ 联合构成了点 P 的局部支撑架构。与以往固定支撑窗口大小的算法不同，通过自适应的改变对应像素点的四个臂长大小，可以可靠的捕捉局部图像结构。为了更加明确的表示点 P 的垂直交叉框架，首先定义一个四元组 $\{h_p^-, h_p^+, v_p^-, v_p^+\}$ 来分别表示对应点 P 的左右上下臂长。

　　如图 7-5 所示，该算法可根据灰度变化得到像素点距离图像边缘的上、下、左、右4 个方向距离，且这个距离被称为臂长。设一像素点为 $p(x, y)$，以左臂为例，计算左臂长是从 P 开始向左逐个像素点 $p_i(x_i, y_i)$ 计算，直至不满足式(7-17)中任一条件。最后一个满足式(7-17)的像素点与 P 之间的距离即为左臂长。式中 τ 为同一区域像素点的灰度差变化阈值。小于此阈值，即认为像素点属于同一区域；$D(p, p_i)$ 表示像素点 p 和 p_i 间的距离，　为算法设定的最大臂长。当像素点 p 的上、下、左、右 4 个臂长 $\{h_p^-, h_p^+, v_p^-, v_p^+\}$ 确定后，再利用约束条件式(7-26)寻找纵臂上所有像素点的横臂，构成自适应窗口。

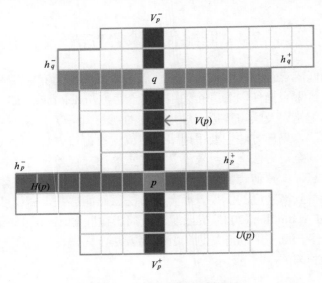

图 7-5　十字支撑区域构建

$$\begin{cases} |I(x, y) - I(x_i, y_i)| < \tau \\ D(p, p_i) < l \end{cases} \tag{7-26}$$

　　基于式(7-17)对计算臂长的条件进行进一步限制，减少因臂长必须小于 l 这一条件而停止计算的情况发生。仍以计算左臂长为例，计算时要求必须满足式(7-27)中的任一条件。当计算右、上、下臂长时，式(7-18)中第一个条件要进行相应更改。

$$\begin{cases} |I(x, y) - I(x_i, y_i)| < \tau_1, |I(x_i, y_i) - I(x_i + 1, y_i)| < \tau_1 \\ D(p, p_i) < l_1 \\ |I(x, y) - I(x_i, y_i)| < \tau_2, l_2 < D(p, p_i) < l_1 \end{cases} \tag{7-27}$$

　　式(7-27)中第一个条件表示向左遍历时，不仅要求 p 和 p_i 的灰度变化在阈值范围内，还要求与其相邻的前一个像素点 $p_{pre}(x_i + 1, y_i)$ 的灰度变化也要小于阈值。当计算右、上、下臂长时，此条件要进行相应更改；第 2 个条件表示臂长要小于最大臂长；条件 3

中的阈值 τ_2 要小于条件 1 中的阈值 τ_1，表示当臂长达到一定程度后，即大于 l_2，应执行更加严格的阈值变化限制，达到减少因条件 2 结束计算情况的目的。

　　为进一步增加灰度变化影响臂长计算，可基于式(7-27)进一步严格限制同一区域内的灰度变化，如式(7-28)所示：

$$\begin{cases} |I(x,y)-I(x_i)|<\tau_1, |I(x_i,y_i)-I(x_i+1,y_i)|<\tau_1 \\ \qquad\qquad D(p,p_i)<l_i \\ |I(x,y)-I(x_i)|<\tau_2, |I(x_i,y_i)-I(x_i+1,y_i)|<\tau_2 \\ \qquad\qquad l_2<D(p,p_i)<l_i \end{cases} \tag{7-28}$$

7.4.2　置信传播立体匹配

　　全局立体匹配方法的优化对象不是像素点的局部视差赋值信息，而是整幅图像的全局视差赋值信息。在目前的基于全局的立体匹配算法中，用来求解立体匹配的能量函数最小化的算法中较为快速且最终解的能量近似于最小能量值的方法有动态规划化算法 (dynamic programming，DP) 和基于马尔可夫随机场 (Markov random field，MRF) 的算法等 (张超平，2015)。DP 算法运算速度高，匹配准确度相对来说也较高，能够保证视差在单行的分配是最优的，缺点是在匹配的过程中每条核线是被独自计算的，忽略了整幅影像中核线之间视差的约束，从而导致了视差图有条纹现象产生 (刘英杰，2011)。

　　在 MRF 立体模型中，立体匹配被等效为求取贝叶斯最大后验估计，等效后的全局能量的最小化可以通过求解马尔可夫随机场的最大后验概率来获取，但 MRF 能量最小化问题却是个非确定性多项式 (non-deterministic polynomial，NP) 问题，因此 MRF 的实用与否取决于能量最小化问题求解方法的计算性能。因此人们提出一些基于推断 (inference) 的算法来求取其近似解，置信传播算法 (belief propagation，BP) 是其中最具代表性的算法。

　　立体匹配的马尔可夫随机场认为各个像素点除了与其一阶邻域像素有关外，影像中其他像素点的存在不会对其造成任何的影响，这便是立体匹配中马尔可夫的属性所在。

　　如图 7-6 所示，灰色点表示待求解量，黑色的节点为已知量。基于马尔可夫模型的立体匹配能够表示为最大化后验概率问题，用公式表示如下：

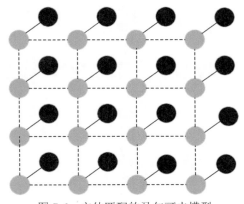

图 7-6　立体匹配的马尔可夫模型

$$p(d\,|\,I) = \frac{p(I\,|\,d)\,p(d)}{p(I)} \tag{7-29}$$

式中，$p(d\,|\,I)$ 为后验项；$p(I\,|\,d)$ 为似然项；$p(d)$ 为先验项；d 是参照影像 I 的视差场；I 为经过核线校正的影像。立体匹配即是将 $P(d\,|\,I)$ 最大化获得最优解 d。最优视差值 d^* 的求解公式为

$$d^* = \arg\max_d p(d\,|\,I) = \arg\max_d \frac{p(I\,|\,d)\,p(d)}{p(I)} \tag{7-30}$$

立体匹配中，MRF 模型的似然项 $p(I\,|\,d)$ 可以理解为表示立体匹配的相似性度量，先验项 $p(d)$ 代表相邻像素间的视差的连续性，因为某一节点的视差值只会受其邻域节点的影响，后验项 $p(d\,|\,I)$ 是全局能量函数，可表示如下：

$$P(d\,|\,I) \propto \prod_P \exp(-\varphi(p,dp,I)) . \prod_P . \prod \exp(-\Psi_c(d_p,d_q)) \tag{7-31}$$

我们常用的是便于认知和理解的 Potts 模型的 MRF，将式(6-22)转化为 Potts 模型中的能量函数形式进行描述，这便建立了全局立体匹配的能量函数，表达式如下：

$$E(d\,|\,I) = \sum_p D(p,d_p,I) + \sum_P \sum_{q \in N(P)} V(d_p,d_q) \tag{7-32}$$

式(7-32)构建了最小化的能量函数，$E(d\,|\,I)$ 为视差全局能量函数，其主要包括数据项和平滑项。其中，$D(P,d_p,I)$ 为数据项，表示 p 点视差为 d_p 时的不相似性度量；$V(d_p,d_q)$ 为平滑项，表示相邻像点 p 与 q 点对应的视差值 d_p 和 d_q 之间的不连续惩罚。

基于置信传播的立体匹配算法，也称为消息传递方法，通过节点之间消息的迭代计算来更新当前整个马尔可夫随机场的标记状态，最终结点的置信度不再发生变化，此时每个节点的标记即为最优标记，MRF 便达到了收敛状态(王昭娜，2016)。

1. 消息更新

消息传递的示意图如图 7-7 所示，p 到 q 的消息传输为

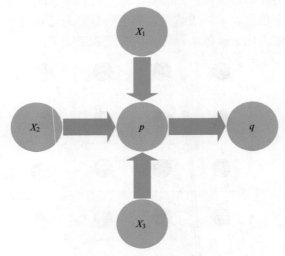

图 7-7　消息传递示意图

$$m_{p \to q}^{t}(d_q) = \min_{d_p \in \Omega}\left[V(d_p, d_q) + D_p(d_p) + \sum_{r \in N(p)\backslash q} m_{r \to p}^{t-1}(d_p) \right] \qquad (7\text{-}33)$$

其中，

$$\sum_{r \in N(p)\backslash q} m_{r \to p}^{t-1}(z_P) = m_{x_1 \to p}^{t-1} + m_{x_2 \to p}^{t-1} + m_{x_3 \to p}^{t-1}$$

式中，Ω 代表视差搜索范围；$m_{p \to q}^{t}$ 为第 t 次迭代计算时，p 结点向 q 结点传递的消息；$N(p)\backslash q$ 表示 p 除去 q 外的三邻域结点。

2. 置信度计算

置信度传播示意图如图 7-8 所示，p 节点的置信度为

$$b_p(d_p) = D_p(d_p) + \sum_{r \in N(p)} m_{r \to p}^{T}(d_p) \qquad (7\text{-}34)$$

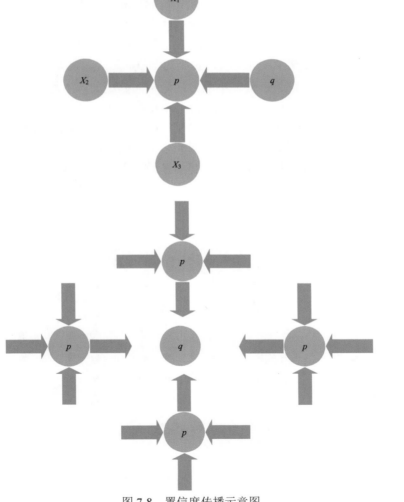

图 7-8　置信度传播示意图

其中，$\sum\limits_{r \in N(p)} m_{r \to p}^{\mathrm{T}}(d_p) = m_{x_1 \to p}^{\mathrm{T}} + m_{x_2 \to p}^{\mathrm{T}} + m_{x_3 \to p}^{\mathrm{T}}$，则最小化置信度为

$$d_p^* = \arg\min\nolimits_{d_p \in \Omega} b_p(d_p)$$

式中，d_p^* 为结点 p 的最优视差，求出每一点 p 最小置信度 b_p 时所对应的 d_p，即为 p 点的最优视差，然后生成整体视差图。

7.4.3　半全局匹配方法

半全局影像匹配为防止噪声引起的匹配代价计算误差以及由此引起的深度污染扩散，将一个额外的约束加入到能量函数中：

$$E(D) = \sum_p e(p, d) = \sum_p \left\{ \begin{array}{l} c(p, d) + \sum\limits_{q \in N_p} P_1 T(|d - d_q| = 1) \\ + \sum\limits_{q \in N_p} P_2 T(|d - d_q| > 1) \end{array} \right\} \qquad (7\text{-}35)$$

式中，第一项是当前视差下所有像素点匹配代价的总和即数据项；第二项是通过 P_1 对像素点 p 与其邻域内像素点视差存在较小变化的情况进行了惩罚，第三项是通过 P_2 对存在较小变化的情况进行了惩罚。显然 $P_1 < P_2$，第二项和第三项构成了半全局匹配的平滑项。$T[\ ]$ 是判断函数，当参数为真时返回 1，否则返回 0。

附加平滑约束并通过能量函数最小的方法是全局匹配的基本思想，半全局匹配的思想体现为其将二维图像 NP（non-deterministic polynomial）问题的完全解问题，转化为通过多个方向的一维平滑约束来近似一个二维平滑约束的方法，这极大地减少了计算量。图 7-9 中的左图为全局匹配的无向图，右图为半全局匹配的无向图，实线为匹配路径，线段间的节点为匹配路径经过的像素点，其中 S 为源点、T 为终点。半全局匹配的路径相比全局匹配的路径要少得很多，因此得名。由于只在一个方向上进行一维优化，经典

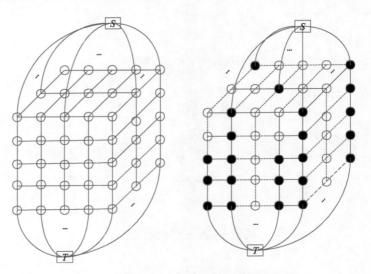

图 7-9　全局匹配与半全局匹配的无向图对比

动态规划算法的匹配结果会出现严重的拖尾效应。半全局匹配算法是在多方向上同时进行一维优化，这可以理解为二维优化函数的一维拟合，所以通常半全局匹配算法可得到较好的匹配结果。

$$L_r(p,d) = c(p,d) + \min \left\{ \begin{array}{l} L_r(p-r,d) \\ L_r(p-r,d\pm1)+P_1 \\ \min_{i=d_{\min},\cdots,d_{\max}} L_r(p-r,i)+P_2 \end{array} \right\}$$

$$- \min_{i=d_{\min},\cdots,d_{\max}} L_r(p-r,i) \tag{7-36}$$

$$L_r(p_0,d) = c(p_0,d) \tag{7-37}$$

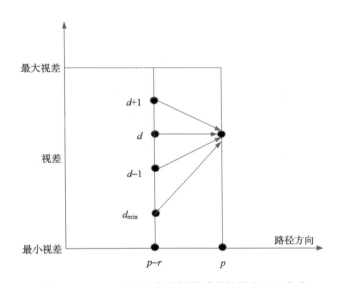

图 7-10　$p-r$ 方向包含了惩罚系数的最小匹配代价

　　如图 7-10 所示，半全局匹配算法在每一条路径上按照式(7-36)和式(7-37)进行计算。式(7-36)中的第一项在视差为 d 时像素点 p 的匹配代价；第二项是在当前路径上的前一个像素点 $p-r$ 的最小匹配代价；第三项对匹配结果不产生任何影响，加入该项的是用来解决由于 L 过大而导致的内存溢出问题，使得 $L \leqslant C_{\max} + P_2$。将各个方向上的匹配代价相加形成总的匹配代价，见式(7-38)。图 7-11 为多方向匹配代价聚合的示意图。

$$S(p,d) = \sum_r L_r(p,d) \tag{7-38}$$

　　在通过匹配代价聚合更新 $S(p,d)$ 得到所有像点对的匹配代价后，最终视差值采用竞争获胜的办法(win-all)来确定。基准图像上像点 p 的视差对应总匹配代价最小的视差值即 $d_p = \min_d S(p,d)$。同理，反过来参考图像 I_m 中的像素点 q 对应的最终视差值为 $d_m = \min_d S(e_{mb}(q,d),d)$。如图 7-12 所示，为最小代价匹配的路径。采用式(7-39)对 D_b 和 D_m 进行一致性检查，可以对遮挡和错误匹配进行判断。若两者的差值在阈值范围内，认为是匹配正确，否则将其标识为误匹配点 D_{inv}。

$$D_p = \begin{cases} D_{bp} & |D_{bp} - D_{mq}| \leqslant 1, \quad q = e_{mb}(p, D_{bp}) \\ D_{inv} & \text{其他} \end{cases}$$ （7-39）

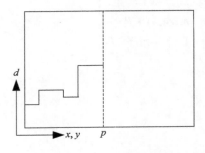

图 7-11　多方向匹配代价聚合

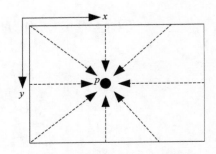

图 7-12　最小匹配代价路径

为使半全局匹配的结果达到亚像素级，把正确视差 d、$d+1$ 和 $d-1$ 位置所求得的代价值进行抛物线拟合，得到亚像素坐标。设抛物线方程的一般式为

$$f(d) = A + Bd + Cd^2$$ （7-40）

设 S_{d-1}，S_d，S_{d+1} 为代价值，将坐标系平移到 d 点，可得

$$\begin{cases} A = S_d \\ B = (S_{d+1} - S_{d-1})/2 \\ C = S_{d+1} + S_{d-1} - 2S_d \end{cases}$$ （7-41）

则亚像素位置的视差值为

$$d = d - \frac{B}{C}$$ （7-42）

综上所述，半全局匹配算法在数据项的基础上增加了平滑项，对噪声有较好的鲁棒性。通过多个方向上的一维路径优化来拟合二维平滑约束，不仅提高了匹配的效率，而且也保证了匹配结果的可靠性。

7.5　匹配代价聚合与视差后处理优化策略

在匹配代价聚合优化过程中，采用根据具体应用的需要采用一些优化策略可以起到很好的效果，这些优化策略包括金字塔匹配、参数自适应调整等，本书以半全局匹配方法为例介绍这些优化策略的实现方法。

7.5.1　金字塔分层匹配

在半全局匹配代价约束聚集过程中，采用金字塔分层影像匹配策略有三个好处：第一，降低匹配的计算量进而加快影像匹配的速度，如图 7-13 所示。第二，使影像的匹配过程始终处于分层控制下，提高匹配的稳定性。第三，节约匹配使用的内存量，特别是对于高分辨率影像的匹配，显得尤为重要，并且使得匹配方法更容易实现 GPU 并行化改造。

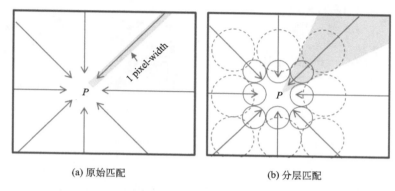

(a) 原始匹配　　　　　　　　(b) 分层匹配

图 7-13　分层匹配与原始匹配的趋近路线对比

首先对基准影像和匹配影像做金字塔重采样，使得影像分辨率从低到高分成 n 层。匹配的过程首先是在低分辨率的影像上进行，与一般的分层匹配所不同，本书的分层匹配不仅传递视差值而且同时传递代价值。对于最顶层金字塔($n=1$)的路径代价值计算，仍按照式(7-36)的方法进行。当 $n>1$ 时的路径代价值计算按照式(7-43)所示：

$$L_r(p,d,n) = c(p,d,n) + \min\left\{\begin{array}{c} L_r(p-r,d,n-1) \\ L_r(p-r,d\pm1,n-1)+P_1 \\ \min\limits_{i=d_{\min},\cdots,d_{\max}} L_r(p-r,i,n-1)+P_2 \end{array}\right\} \tag{7-43}$$
$$- \min\limits_{i=d_{\min},\cdots,d_{\max}} L_r(p-r,i,n-1)$$

式中，$L_r(p,d,n)$ 为第 n 层影像路径代价值，$d_{\min}$ 和 $d_{\max}$ 为根据上一层影像的匹配结果计算的视差搜索范围，见式(7-44)。

$$\begin{cases} d_{\min} = D_p(n-1) \times m\_scale - m\_scale \\ d_{\max} = D_p(n-1) \times m\_scale + m\_scale \end{cases} \tag{7-44}$$

式中，$D_p(n-1)$ 为上层金字塔计算的视差值，m_scale 为金字塔影像相邻层间的缩放系数。如图 7-14 是分层匹配节约计算量示意图，如分辨率为 10328×7760 的高分辨率无人机影像、视差搜索范围为 128，并以金字塔影像相邻层间的缩放系数为 2 将影像分为 3 层，采用分层半全局匹配的计算量是原始半全局匹配计算量的 6.4%，计算过程如下：

$$(\frac{1}{16} \times \frac{128}{4} + \frac{1}{4} \times 5 + 1 \times 5) / 128 = 6.4\%$$

分层匹配也是以 $d_p = \min_d S(p,d)$ 来确定最后的视差值，但其视差确定的过程区别于原始半全局匹配是一种由粗到细的过程，是一种更符合人类视觉机制的过程(Won et al.,2011)，如图 7-15 所示。

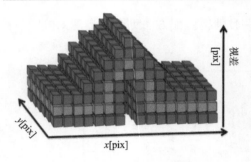
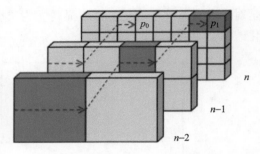

图 7-14　分层匹配节约计算量示意图　　　　图 7-15　分层半全局匹配示意图

　　顶层金字塔影像视差没有任何的先验信息，采用固定区域大小盲搜索的方法不仅耗时而且容易导致误匹配，因此采用基于 GPU 的 SIFT 算法快速提取左右影像的同名像点，利用同名像点以 RANSAC 的方法计算单应矩阵，根据单应矩阵剔除误匹配点对，得到良好的同名像点对。由于 Delaunay 三角形具有易构建和结构稳定的特点，如图 7-16 是以良好的同名点构建的 Delaunay 同名三角网，这相当于施加了三角形局部连续性约束（刘少华等，2004）。

图 7-16　Delaunary 同名三角网

　　如图 7-17 所示为同名三角形，三角形内部各点的视差概略值可根据三角形的三个顶点坐标，利用最小二乘的方法可以计算，具体见式（7-45）。

$$\begin{cases} x' = a_0 + a_1 x + a_2 y \\ y' = b_0 + b_1 x + b_2 y \end{cases} \tag{7-45}$$

　　采用密集匹配的方法快速得到顶层金字塔初始视差值。对于图 7-15 中右上角的红色椭圆形区域，由于其没有纳入到同名三角网内部，因此无法施加三角形局部连续性约束。对于这些区域，通过计算特征点的平均位置和视差范围，然后以 2 倍的视差范围进行搜索匹配。

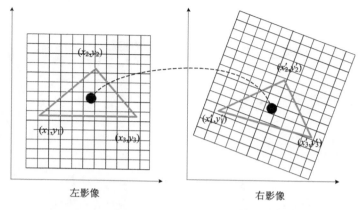

图 7-17　同名三角网对应像点匹配示意图

7.5.2　参数自适应调整

在初始视差计算结果的基础上，采用显著性检验的方法确定半全局匹配中的参数 P_1 和 P_2，其基本原理为：像素的视差是通过匹配代价选择的，一般认为匹配代价越小，则其对应视差正确的可能性就越大，在正常情况下，一个像素在正确视差下的匹配代价应该远远小于其他匹配代价。同理，若最优视差对应的匹配代价并不是最小，或者比其他视差对应的匹配代价小得不够明显，那么这样的视差很有可能是错误的 (Gorbachev, 2014)。根据此原理，定义匹配代价比率 C_r 如式 (7-46) 所示：

$$C_{ri} = M_{si} / M_{fi}, \quad i \in N_{ip} \tag{7-46}$$

式中，M_{fi} 是最小的匹配代价值；M_{si} 是次小的匹配代价值；N_{ip} 是待检测的像素点个数。根据式 (7-46) 可知，若该点的 C_{ri} 值比较大则表明该点视差值具有较大置信度，反之则表示该点具有较小的置信度。因此若某点的 C_{ri} 大于设定的阈值 τ_r，则认为该点是可靠像素点，采用统计领域内最小匹配代价值和次小匹配代价值差值的平均值来表示 P_2，P_1 设定为 P_2 的一半，具体如式 (7-47) 所示：

$$\begin{cases} p_2 = \dfrac{1}{N_{cp}} \sum_{i \in N_{cp}} (M_{si} - M_{fi}) \\ p_1 = p_2 / 2 \end{cases} \tag{7-47}$$

式中，N_{cp} 为可靠像素点的个数。式 (7-47) 即给出了半全局匹配平滑参数的自适应计算方法。

采用本书方法和半全局匹配 (semi-global matching, SGM) 方法分别对任选的一组无人机立体影像进行处理，其中原始半全局匹配方法的平滑参数 (p_1, p_2) 设定为 (15，20；70，220)，不同平滑参数配置得到的视差图如图 7-18 所示。如图 7-18 (b) 所示，采用 SGM 方法将 (p_1, p_2) 设定 (15，20) 时，由于得平滑约束的作用力不足，导致出现了大量的噪声，表现在视差图上则为大量的黑点。如图 7-18 (c) 所示，采用 SGM 方法将 (p_1, p_2) 设定 (70，220) 时，由于得平滑约束的约束力太强，导致很多小物体被淹没掉，表现在视差图上则为图像过于平滑。而参数自适应方法无论在视差不连续处还是在非遮挡区域均取得了良好的匹配效果。

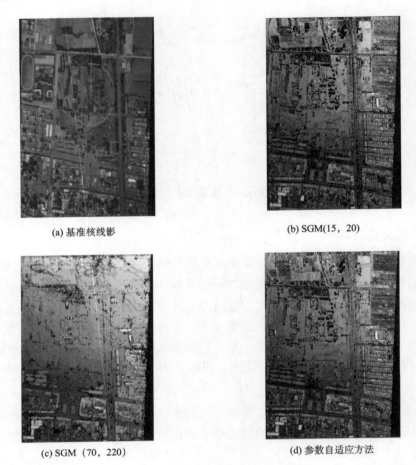

(a) 基准核线影　　　　　　　　　　　　　　(b) SGM(15，20)

(c) SGM（70，220）　　　　　　　　　　　(d) 参数自适应方法

图 7-18　视差图对比

7.5.3　像方控制点约束

在构建匹配的全局能量函数时，在数据项的基础上增加了平滑约束，这些额外约束使得一个像点的匹配结果会对其后像点的匹配结果产生影响。这种匹配结果传递的效应，解决了无纹理区域难匹配的问题，但是这种效应是一把双刃剑，若前一个像点的匹配结果是错误的，就会导致更多错误的匹配。在影像匹配中使用控制点 GCP（ground control point）是指视差图中绝对可信的点，即认为是具有"真实"视差的点。针对立体匹配的缺陷，Bobick 和 Intille（1999）提出控制点修正算法，利用事先确定的正确匹配点作为匹配的像方控制点，在动态规划过程中对寻优过程进行指导。控制点约束的使用包含两个方面内容：第一是如何寻找可靠的像方控制点，第二是在匹配过程中如何使用像方控制点（Wang et al.,2011）。

1) 像方控制点的确定

关于像方控制点的确定，可以采用相关灰度重复匹配的方法、基于不变特征提取的方法和 volumetric 算法(Zitnick et al.,2000)。像方控制点应该满足可信、"从众"和非均匀区域点等三个要求。从数据处理的全过程来看，在空中三角网平差阶段获取了大量的连接点，这些连接点经过了平差的检验，因此在影像密集匹配的过程中连接点作为像方控制点满足可信的要求。"从众"的要求就是要保证视差曲线具有一定的平滑性，避免 GCP 落在毛刺点上，可以通过式(7-48)来判断。

$$\begin{cases} |d(p_i) - d(p_{i-1})| < \delta_3 \\ |d(p_i) - d(p_{i+1})| < \delta_3 \end{cases} \tag{7-48}$$

式中，$d(p_i)$ 为 p_i 点的视差值；δ_3 为设定的阈值，通常为 2 或者 3。判断点 (i,j) 不在均匀区域的方法如式(7-49)所示，以 (i,j) 为中心开辟大小为 $2k \times 2k$ 大小的局部窗口 L，计算该窗口的方差，若方差大于最小浮点数 $F_{\min}$，则 (i,j) 没有落在均匀区域。

$$\mathrm{var}_{i,j}^2(I^L) = \sum_{m=i-k}^{i+k} \sum_{n=j-k}^{j+k} (I_{m,n} - \bar{I}_{m,n}^L) > F_{\min} \tag{7-49}$$

2) 像方控制点的使用

通过上面的方法获得相当数量的像方控制点(同名点)，这些像方控制点因坐标已知可直接确定其视差，相应的匹配代价亦可唯一给出，则 SGM 多路径动态规划优化计算可修改为(吴军等，2015)：

$$L_r'(p,d) = \begin{cases} L_r(p,d) & p \notin P \\ C(p,d) & p-q = d, p \in P \\ \text{invalid} & p-q \neq d, p \in P \end{cases} \tag{7-50}$$

式中，P 为同名点集，(p,q) 为 P 中的某一对同名点。由式(7-50)不难发现，新的 SGM 多路径动态规划优化计算中，已知同名点的像素匹配代价不受其所在路径前面像素的影响，相反的还可起到"阻断"错误匹配代价向后传播、对错误匹配路径进行纠正的作用。如图 7-19 所示，令 p_i 表示像素，d_i 表示视差，C_{d_i} 表示该像素点视差为 d_i 的匹配代价，黄色线段表示正确匹配路径(最小路径代价)，红色线段表示错误匹配路径，则当该错误路径上某一像素，如 p_{i+4} 为已知匹配点时，通过将其匹配代价 C_d 的计算限制在规定视差

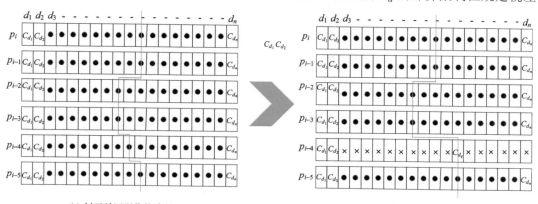

(a) 纠正前匹配代价路径　　　　　　　　　　(b) 纠正后匹配代价路径

图 7-19　匹配代价纠正示意图

[其余视差对应的匹配代价均置为×(无效值)，见图 7-19(b)]，可强制使动态规划路径经过该像素，从而对后续错误匹配路径进行纠正，见图7-19(b)绿色线段。基于上述认识，将稀疏匹配阶段获得的同名点像素引入到 SGM 影像密集匹配过程中，作为"锚点"对 SGM 匹配代价计算路径进行限制，从而达到减少错误匹配代价传播进而提高匹配质量的目的。

7.5.4　视差优化后处理

经过视差求取后，视差仍存在大量错误及空洞，因此需要进一步进行视差检查和空洞填充。考虑到立体视觉中左右视图是同一场景，根据视差一致性约束，稳定点在水平方向上从左至右和从右至左匹配应是相同的，若两个方向匹配不一致，则为不稳定或遮挡点。

设 D_L 与 D_R 分别表示左右视差图，$D_L(x,y)$ 与 $D_R(x,y)$ 分别表示左、右视差图在点 (x,y) 处的视差值，则稳定点的视差应满足：

$$\begin{cases} D_L(x,y) = D_R(x - D_L(x,y), y) \\ D_R(x,y) = D_L(x + D_R(x,y), y) \end{cases} \tag{7-51}$$

不满足上述情况的点为不稳定或遮挡点，表明这些位置出现视差计算错误。若视差错误较小，则将左右视图的视差值进行插值，否则将其置为 0，视为错误视差。

一般可通过线性插值方法补全错误视差。首先寻找错误点 (x_{error}, y_{error}) 上侧视差 $D(x_{error}, y_{top})$ 大于 0 的稳定点 (x_{error}, y_{top}) 及下侧的稳定点 (x_{error}, y_{bottom})。考虑到错误点周围的稳定点并不可靠，搜索区域为错误点周围 $D_{max}/4$ 至 $D_{max}/2$ 之间的区域，D_{max} 指最大视差。而后按照稳定点至错误点距离对错误点 (x_{error}, y_{error}) 按列进行加权线性插值得到修复视差图。

$$\begin{aligned} D_F(x_{error}, y_{error}) = &(D(x_{error}, y_{top}) \times (y_{error} - y_{top}) \\ &+ D(x_{error}, y_{bottom}) \times (y_{bottom} - y_{error})) \\ &/ (y_{bottom} - y_{error}) \end{aligned} \tag{7-52}$$

为尽可能减少空洞区域，在按列插值完成后以相同的方法再次进行按行插值并进行中值滤波，得出精确视差图。

7.6　多视视差图融合生成 DSM

视差图是对核线影像进行立体匹配而直接得出的，因此，视差图的像点代表的是视差值。视差值可通过三角测量原理转换成深度值或高程值，从而视差图也可被转换为深度图或高程分布图，但这和仍然是有区别的，因为视差图是基于像方的高程分布图，而是基于物方的高程分布图。将视差图转换为 DSM 一般有两种方法，分别是物方融合的 DSM 生成方法和像方融合的 DSM 生成方法。

7.6.1　基于单视差图的三维重建

如图 7-20 所示，密集匹配结束后进行三维重建时，通常需根据核线纠正的单应矩阵将视差图像反算到原始影像，得到原始影像上的同名像点对，再利用原始影像的外方位元素前方交会得到空间三维点坐标。

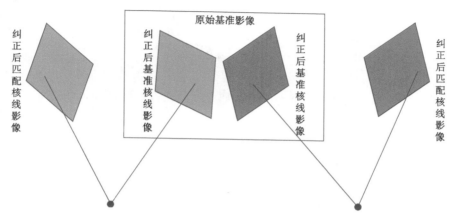

图 7-20　三维重建示意图

这种计算思路相当于进行了两遍影像重采样，显然是费时费力的。下面推导直接基于视差图进行快速三维重建的公式。

设基准影像旋转矩阵和平移矩阵为 $\boldsymbol{R}_{\text{base}}$ 和 $\boldsymbol{T}_{\text{base}}(T_{\text{base}\_x},T_{\text{base}\_y},T_{\text{base}\_z})$，匹配影像的旋转矩阵和平移矩阵为 $\boldsymbol{R}_{\text{match}}$ 和 $\boldsymbol{T}_{\text{match}}(T_{\text{match}\_x},T_{\text{match}\_y},T_{\text{match}\_z})$，空间中的一点 $P(x,y,z)$ 分别在两张影像上成像，即 $(x_{\text{base}},y_{\text{base}})$ 和 $(x_{\text{match}},y_{\text{match}})$，根据共线方程则有

$$
\begin{aligned}
\begin{bmatrix} X - T_{\text{base}\_x} \\ Y - T_{\text{base}\_y} \\ Z - T_{\text{base}\_z} \end{bmatrix} &= \boldsymbol{R}_{\text{base}}^{-1} \begin{bmatrix} x_{\text{base}} \\ y_{\text{base}} \\ -f \end{bmatrix} \\
\begin{bmatrix} X - T_{\text{match}\_x} \\ Y - T_{\text{match}\_y} \\ Z - T_{\text{match}\_z} \end{bmatrix} &= \boldsymbol{R}_{\text{match}}^{-1} \begin{bmatrix} x_{\text{match}} \\ y_{\text{match}} \\ -f \end{bmatrix}
\end{aligned}
\tag{7-53}
$$

式中，f 为相机焦距；设基准影像和匹配影像投影到对应核线影像上的变换矩阵分别为 $\boldsymbol{R}_{\text{base}}^{\text{POE}}$ 和 $\boldsymbol{R}_{\text{match}}^{\text{POE}}$；原始影像上的同名像点对应在核线影像的点坐标为 (u_{base},v) 和 $(u_{\text{base}}+d,v)$；d 为视差图 (u_{base},v) 位置上的灰度值，则有

$$
\begin{aligned}
\begin{bmatrix} x_{\text{base}} \\ y_{\text{base}} \\ -f \end{bmatrix} &= \boldsymbol{R}_{\text{base}}^{\text{POE}} \begin{bmatrix} u_{\text{base}} \\ v \\ -f \end{bmatrix} \\
\begin{bmatrix} x_{\text{match}} \\ y_{\text{match}} \\ -f \end{bmatrix} &= \boldsymbol{R}_{\text{match}}^{\text{POE}} \begin{bmatrix} u_{\text{base}}+d \\ v \\ -f \end{bmatrix}
\end{aligned}
\tag{7-54}
$$

将式(7-53)代入式(7-54)，得

$$\begin{bmatrix} X - T_{\text{base}\_x} \\ Y - T_{\text{base}\_y} \\ Z - T_{\text{base}\_z} \end{bmatrix} = \boldsymbol{R}_{\text{base}}^{-1}\boldsymbol{R}_{\text{base}}^{\text{POE}} \begin{bmatrix} u_{\text{base}} \\ v \\ -f \end{bmatrix}$$

$$\begin{bmatrix} X - T_{\text{match}\_x} \\ Y - T_{\text{match}\_y} \\ Z - T_{\text{match}\_z} \end{bmatrix} = \boldsymbol{R}_{\text{match}}^{-1}\boldsymbol{R}_{\text{match}}^{\text{POE}} \begin{bmatrix} u_{\text{base}} + d \\ v \\ -f \end{bmatrix}$$

(7-55)

由式(7-55)可列误差方程, 根据最小二乘前方交会可解得 $P(x,y,z)$。

7.6.2　视差物方融合的 DSM 生成方法

物方融合的 DSM 生成方法严格来说属于 2.5 维的 DSM 生成方法, 其本质上属于基于单视差图三维重建联合高程插值的方法, 具体步骤如下所示:

(1) 依据影像的外方位元素和影像同名角点坐标通过前方交会可概略确定影像对应的地面范围, 即 $(X_{\min}, X_{\max})$ 和 $(Y_{\min}, Y_{\max})$。

(2) 根据用户需要 DSM 点云密度, 在地面划分 X 和 Y 方向的均匀格网。

(3) 对每一对立体影像采用上述基于单视差图三维重建方法进行处理得到物方点坐标, 由于影像的外方位元素均在全局坐标系下, 因此得到的物方数据可直接合并。

(4) 这些物方空间点并非规则分布, 因此再经过数字高程内插即可得到 DSM(如图 7-21 所示, 白点表示通过前方交会计算的物方点, 黑点表示数字高程模型的规则格网点), 数字高程内插的方法有移动曲面拟合法, 多面函数内插法和一次样条有限元内插法等。

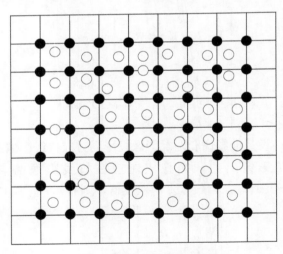

图 7-21　高程内插示意图

7.6.3　视差像方融合的 DSM 生成方法

在所有立体像对匹配结束后, 将以同一张图像作为基准图像进行立体匹配的得到的视差图作为一组待融合的视差图。在基准影像上有像点 x_b, 在第 1 幅图像上对应的同名

像点为 x_1，其在第二幅影像上的同名像点为 x_2，依次类推追踪到其在第 n 张图像的同名像点 x_n，这些点均为准确的同名点（邹峥嵘等，2014）。需要注意的是上述像点坐标均为原始影像上的坐标，而匹配是在核线影像下完成的，这需要进行坐标的转换。以基准影像和第幅 j 幅影像构成的立体影像为例，基准影像和第 j 幅影像生成核线影像时的变换矩阵分别为 $\boldsymbol{H}_b$ 和 $\boldsymbol{H}_j$，设该立体核线影像上任一对同名像点分别为 x'_b 和 x'_j，且同名像点对应的视差为 D_{bj}，则有如下公式：

$$\begin{cases} x'_b = \boldsymbol{H}_b \cdot x_b \\ x'_j = x'_b - D_{bj}(x'_b) \\ x_j = \boldsymbol{H}_b^{-1} \cdot x'_j \end{cases} \tag{7-56}$$

由于转换后的像点坐标为浮点值，因此在获取对应视差值时需要进行双线性内插。根据上述方法依次类推即可得到一个完整的同名像点追踪序列 $\{x_b, x_1, \cdots, x_n\}$，利用多片前方交会便可计算得到该同名像点序列对应的物方点坐标以及其对应的平均反投影误差 σ_r，反投影误差按式 (7-57) 进行计算。

$$\sigma_r = \sum_{j=0}^{n} \sqrt{(x'-x)^2 + (y-y')^2} / n \tag{7-57}$$

式中，(x, y) 为原始影像点坐标；(x', y') 为利用多片前交物方点反投影到原始影像的像点坐标。

虽然在立体像对视差图生成过程中利用一般用左右一致性检验、斑块剔除和中值滤波等方法进行处理，依然会存在一些粗差点，通过设置多片前方交会的最少影像数目 N（默认取 3）和像点平均反投影误差阈值 ε（默认取 5.0 像素）可以有效剔除潜在的粗差点，大大减少后续滤波处理的复杂度和耗时；此外，由于多片前交过程中充分利用了冗余观测值信息，相比于直接利用立体像对生成点云或视差融合的方法，重建的密集点云精度更高。

7.7　CPU-GPU 协同并行匹配实现

立体匹配算法虽然通过金字塔分层匹配和视差限制等方法策略可以一定程度提高匹配的效率，然而对于无人机地理影像直播或者无人飞行器实时避障等对实时性要求比较高的场合而言，要求算法的效率必须更进一步的提高，采用 GPU 技术对立体匹配算法进行合理的并行加速是当前比较有效的解决方案。

NVIDIA 提供了大量 32 位 SIMD 指令以进一步加速计算。为了提高计算速度，在 SGM 计算中，单个线程利用 SIMD 指令同时处理两个连续的视差值，并使用 shuffle 操作减少对全局内存的访问。在 GPU 处理期间，CPU 基本处于闲置状态。因此可采用一种混合流水线的模式方法，以充分利用嵌入式平台的计算能力。将立体匹配算法分割为预处理、代价计算、SGM 计算、视差计算、后处理五部分。预处理及后处理中的中值滤波使用 CPU 进行处理，而代价计算、视差计算及后处理中的其他部分由 GPU 完成。

　　CUDA 编程将待并行的任务分成若干个核(kernel)函数的方法进行处理,立体匹配算法需要 GPU 计算的匹配代价计算、匹配代价聚集和视差值确定分成三个核函数进行处理。

　　在 NVIDIA 的 GPU 内存体系结构中,每个线程拥有独立的寄存器(registers),线程块共享一组共享内存(shared memory),而任意线程均可访问全局内存(gloal memory)。各个等级内存的访问速度有明显差异,共享内存的访问延迟比全局内存低数十倍, 而寄存器访问速度又较共享内存更快。

　　匹配代价计算核函数 CUDA_ COST _KERNEL,对于如 Census 匹配代价计算这类访存复杂度远高于计算复杂度、而在相邻线程间又有大量的数据关联性的数据密集型计算任务, 使用共享内存有利于提升计算速度。如图 7-22 中所示的线程格(grid)中拥有 21 个线程块(block),每个线程块包含 7×7 个线程。这些线程所处理像素的邻域是相互重叠的。因此可将整个线程块所需的数据分 4 个区域拷贝共享内存,再使用共享内存计算 Census 特征。

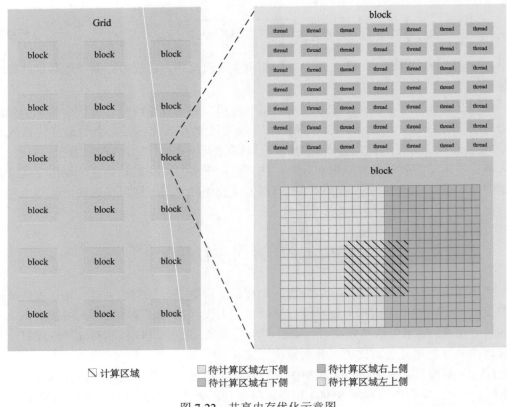

图 7-22　共享内存优化示意图

　　将待处理的匹配代价传入并始终存储于 GPU 显存;然后,同时开启在视差空间中每个深度平面上由左到右、由上到下、由左上到右下、由右上到左下以及它们的反方向共 8 个方向上的工作流,整个半全局优化过程和后续处理都在显存上完成,以便交给 GPU

足够多的任务；最后，处理结束后将结果传回内存，这样仅需要两次显存和内存的数据交换就能完成优化任务，并且能够充分利用 GPU 上的多核流处理器。

　　匹配代价聚集核函数 CUDA_CONGREGATE_KERNEL，每个像素代价聚集值的计算过程不是相互独立的，而是需要用到当前路径上前一个像点的代价聚集值，因此按照传统的对图像矩阵进行分块的方法不能使用，本书按照扫描行对匹配代价立方体进行了分块。如图 7-23 所示，在计算从上到下或者从下到上的三个方向 $L_r(p,d)$ 时，图像的每一行被分割为 $N = \text{width} / \text{PixelAmount}$ 段，每一段由一个包含 $\text{PixelAmount} \times D$ 个线程的线程块来进行计算，计算过程中每个线程要循环执行 height 次来扫描整幅图像。只需要从上到下和从下到上扫描两遍即可实现六个方向匹配代价的聚合。

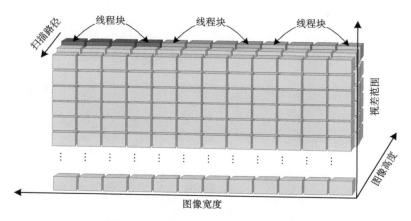

图 7-23　匹配代价聚集的 GPU 并行化

　　视差值确定核函数 CUDA_CONFIRM_KERNEL，这个过程是独立的计算过程，每个像素需要从 D 个匹配代价聚集值中找到最小的匹配代价聚集值对应的视差 d。因此可规划 width×height 个线程同时计算，每个线程计算一个像素的视差值。

7.8　实　验　分　析

7.8.1　大范围匹配实验

　　如图 7-24 所示，在嵩山摄影测量与遥感定标综合实验场，利用 Z5 旋翼无人机搭载自主研制的 V3 型三轴稳定光电吊舱(PHASE ONE iXA180 面阵相机和 POS/AVTM310 传感器)在相对航高 500m 高度沿东西方向有效飞行了 14 条航线，影像航向重叠度为 83%，旁向重叠度为 55%，无人机影像的地面分辨率约为 0.05m，影像的像素数为 10328×7760。采用 POS 辅助光束法区域网平差方法对影像进行处理获取了精确的影像外方位元素，平差后像点平均残差为 0.463pixel。

　　采用半全局匹配方法并使用 7.6 节的全部优化策略，点云生成选用视差像方融合的 DSM 生成方法，得到了登封区域大约覆盖地面 300km^2 的 DSM 数据。如图 7-25 所示，本书方法得到的 DSM 的效果达到了与商业软件媲美的程度。

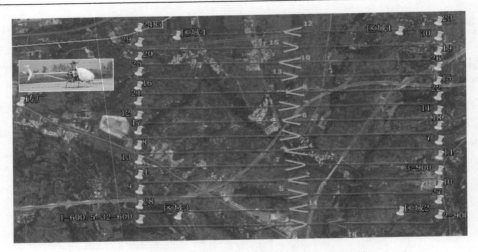

图 7-24　旋翼无人机三轴稳定平台本次飞行区域

图 7-25　半全局匹配方法匹配得到的登封 DSM

　　如图 7-26(a) 所示为本次飞行的 8 张无人机影像拼接的结果，拼接影像覆盖地域有农田、植被、道路、房屋以及孤立的高大建筑非常适合对本书匹配算法的效果进行测试。采用半全局匹配方法并使用 7.6 节的全部优化策略，点云生成选用视差物方融合的 DSM 生成方法生成了 0.05m 大小格网间隔的 DSM，从图 7-26(b) 可见本书算法对白色椭圆形里的无纹理区域依然实现了较好的匹配效果，对黑色椭圆形里的建筑边缘匹配结果也非常清晰，尽管匹配的结果中特别是树林区域还有一些误差点，但这可通过后期的点云滤波算法予以剔除，因此整体来说取得了非常好的效果。

(a) 无人机影像拼接图像　　　　　　　　　(b) 半全局匹配改进方法匹配结果

图 7-26　原始影像与半全局匹配改进方法匹配结果

7.8.2　匹配精度实验

1. 相对匹配精度实验

本实验所用数据为 SYA 数据（见本书 3.3.4 节），具体方法将 LPS(leica photogrammetry suite)软件提取的高精度同名特征点作为检查点，然后将本书算法提取的结果与之比较来测试匹配的精度。比较结果如表 7-4 所示，其中，Y 坐标差值是核线影像制作精度，X 坐标差值反映匹配的精度为 0.321pixel。

表 7-4　像方精度验证结果　　　　　　　　（单位：pixel）

点名	检查点		半全局匹配改进方法		X 坐标差值	Y 坐标差值
	X 坐标	Y 坐标	X 坐标	Y 坐标		
TARGET01	6874.667	592.212	6874.361	592.000	0.306	0.212
TARGET02	3986.660	1167.345	3986.402	1167.000	0.258	0.345
TARGET03	3975.646	1704.124	3975.251	1704.000	0.395	0.124
TARGET04	2464.855	2303.075	2465.050	2303.000	−0.195	0.075
TARGET05	2440.737	3985.010	2440.202	3985.000	0.535	0.01
TARGET06	3185.039	3972.112	3185.117	3972.000	−0.078	0.112
TARGET07	6204.239	4530.246	6204.276	4530.000	−0.037	0.246
TARGET08	4275.872	5702.301	4275.901	5702.000	−0.029	0.301
TARGET09	3960.384	6310.093	3960.295	6310.000	0.089	0.093
TARGET10	6164.009	2299.251	6163.214	2299.000	0.795	0.251
TARGET11	3621.723	923.104	3621.260	923.000	0.463	0.104
TARGET12	3940.900	1402.208	3941.020	1402.000	−0.12	0.208

点名	检查点		半全局匹配改进方法		X 坐标差值	Y 坐标差值
	X 坐标	Y 坐标	X 坐标	Y 坐标		
TARGET13	5621.537	2763.021	5621.056	2763.000	0.481	0.021
TARGET14	5989.213	5853.261	5989.352	5853.000	−0.139	0.261
TARGET15	3990.846	6292.022	3990.000	6292.000	0.846	0.022
TARGET16	4640.329	2311.059	4640.689	2311.000	−0.36	0.059
TARGET17	6618.684	2777.019	6618.549	2777.000	0.135	0.019
TARGET18	4339.717	4108.049	4339.262	4108.000	0.455	0.049
TARGET19	6927.245	4100.094	6927.534	4100.000	−0.289	0.094
TARGET20	5020.557	7607.031	5020.146	7607.000	0.411	0.031
RMS					0.321	0.132

2. 绝对匹配精度实验

本实验所用数据为 SYA 数据（见本书 3.3.4 节），所用控制点为嵩山摄影测量与遥感定标综合实验场的地面控制点。如图 7-27 所示，地面控制点在左右两张影像上成像，以人机交互的方法得到控制点在左影像上的像点坐标。然后，采用本书匹配方法对左右两张影像进行密集匹配，得到左影像上的像点坐标在右影像上的视差值。最后，利用基于视差图的快速三维重建算法得到地面控制点的坐标，将匹配得到的地面坐标与外业控制点坐标进行比较以验证本书匹配方法在物方的精度。

图 7-27　地面控制点在立体像对上成像

本实验选取了 16 个控制点，从表 7-5 物方精度验证结果可以知本书匹配方法得到的匹配结果进行前方交会在 X 方向的统计精度为 0.141m，在 Y 方向的统计精度为 0.198m，在 Z 方向的精度为 0.293m。基于地面控制点的匹配精度实验从物方的角度证明了本书匹配算法的精度，但是与像方验证的 0.321pixel 的精度相比，物方的精度明显偏低。分析产生这种现象的原因，包含如下几个方面：

（1）在使用区域网平差得到的影像外方位元素的同时，也将其误差引入进来，造成了精度的降低。

（2）地面控制点在灰度图像中呈现近二值图像的效果，在影像密集匹配过程中，这种位置的匹配精度不会很高。

（3）人机交互方法得到控制点在左影像上像点坐标的环节存在人为误差，这也会造成物方精度的降低。

表 7-5　物方精度验证结果

控制点名	立体影像	X坐标/pixel	Y坐标/pixel	d视差/pixel	地面坐标 ΔX/m	地面坐标 ΔY/m	地面坐标 ΔZ/m
W12	77 和 78	4261.333	4861.163	104.715	0.129	0.248	0.319
W5	82 和 83	5045.242	6755.303	101.128	0.078	0.211	0.285
W14	80 和 81	3963.903	3543.369	89.670	0.012	0.23	0.372
W16	84 和 85	5547.663	3528.858	98.655	0.025	0.133	0.354
W20	106 和 107	4128.446	669.144	152.439	0.157	0.074	0.266
W24	113 和 114	2509.915	3389.625	88.084	0.210	0.234	0.321
W44	171 和 172	7107.841	2130.588	146.360	0.169	0.247	0.289
W51	208 和 209	4194.440	3376.493	109.556	0.106	0.255	0.264
W52	209 和 210	4000.314	1499.150	121.996	0.257	0.188	0.204
W56	201 和 202	5181.587	1408.451	118.367	0.098	0.243	0.259
W60	196 和 197	1723.980	4942.595	96.549	0.284	0.268	0.285
W67	259 和 260	4311.101	1583.812	148.235	0.226	0.256	0.244
W81	299 和 300	2890.725	4773.125	162.335	0.109	0.101	0.266
W151	496 和 497	7032.110	4216.063	174.069	0.167	0.159	0.323
W172	539 和 540	2508.593	3861.589	151.025	0.089	0.197	0.371
W190	572 和 573	2485.783	3901.780	165.367	0.135	0.132	0.262
	RMS				0.141	0.198	0.293

7.8.3　匹配速度实验

为验证半全局匹配方法的 GPU 加速效果，随机挑选了 20 对立体像对，分别进行了本书算法的 GPU 并行匹配和 CPU 串行匹配。实验平台 1 为个人计算机，NVIDIA Quadro FX 580 并行加速卡，Intel core i52.80 GHz CPU。如图 7-28 所示，实验平台 2 为美国 AMAX 公司的 PSC-2N 桌面超级计算机，NVIDIA Tesla C2050 并行加速卡，Intel E5620 2.40 GHz CPU。

图 7-28　PSC-2N 桌面超级计算机

所用影像的尺寸为 10320 像素×7752 像素，相邻金字塔的缩放倍率为 3，实验平台 1 的匹配时间统计结果如表 7-6 所示，实验平台 2 的匹配时间统计结果如表 7-7 所示。随着影像尺寸的变大，并行匹配的加速比也呈现加速增大的趋势，这是因为小尺寸影像没有充分利用 GPU 并行计算资源。对比表 7-6 和表 7-7，专业并行加速卡的加速效果远远好于普通的并行加速卡。从匹配的绝对速度来看，在专业并行加速卡计算环境下，本书匹配算法可在 1 分钟内完成重叠区域为 5840 万像素的立体影像匹配任务（单幅影像分辨率是 8000 万像素，航向重叠度是 73%），这证明了本书算法在处理高分辨无人机影像上的速度优势。

表 7-6　实验平台 1 匹配时间统计结果

金字塔层数	GPU 并行/ms	CPU 串行/ms	加速倍数
顶层	13667	31346	2.294
第二层	20047	122493	6.110
原始层	194354	3102047	15.96
总体	228068	3255886	14.276

表 7-7　实验平台 2 匹配时间统计结果

金字塔层数	GPU 并行/ms	CPU 串行/ms	加速倍数
顶层	3906	36432	9.327
第二层	6252	127689	20.423
原始层	45116	3115160	69.048
总体	55274	3279281	59.328

第 8 章　粗差探测与真正射微分纠正

通过影像匹配获取大量的匹配点，交会得到地面三维点坐标，进而得到 DSM。近年来，多视匹配方法得到广泛深入的研究，取得一些成果，匹配的密度和精度都有所提高。但通过这种方式获取的 DSM 中，由于存在误匹配，导致结果中包含有一些高程异值点，影响了 DSM 的精度，也影响滤波得到的 DEM 的精度，进而影响后续生成的真正射影像的精度，所以要对 DSM 进行粗差探测与剔除，去除误匹配点的影响，提高 DSM 的精度。

根据 DSM 进行遮挡检测后，利用遮挡检测的结果以 DSM 为基础进行正射纠正，可以避免纠正后影像上的重复映射现象。对于影像上的可见区域，相应的真正射影像区域纹理的获取与正射影像一致，即通过数字微分纠正获得；对于遮挡区域，先简单地赋零值进行标记，然后通过检测相邻影像的可见区域进行纹理补偿。在微分纠正的过程中，影像灰度内插是计算密集区域，且具备独立性，像元间的处理不存在相关性，非常适合进行 GPU 并行处理。在获得小区域的真正射影像后，需要将其拼接为更大区域的真正射影像。在拼接过程中，需要自动提取拼接线并绕开建筑物等地面目标，同时调整影像间的色彩平衡，获取几何和辐射拼接效果都较好的真正射影像。

8.1　DSM 数据粗差探测

影像匹配得到的 DSM 点云中可能存在的粗差点包括极高点、极低点、孤立粗差点以及簇群粗差等。粗差点的分布没有特定的规律，但它们会对 DSM 的精度和质量产生很大的影响，必须从点云数据中剔除。影像匹配获取的点云数据中，每个匹配点或线都可以在影像上找到对应的位置，但由于缺乏纹理信息、遮挡等原因的影响，可能会产生误匹配现象，相对于地形表面，会出现一些局部突起或局部凹陷现象。

8.1.1　算法基本原理

粗差探测过程需要对原始点云数据进行处理，若在粗差探测前进行内插处理，则未剔除的粗差会对内插得到的结果产生较大的负面影像，对得到的结果再来做粗差探测意义不大。由于虚拟格网能保持源数据的特征，本书采用虚拟格网的方式(Cho et al.,2004)对数据进行组织。虚拟格网的数据组织形式如图 8-1 所示，黑色点代表离散的 DSM 点，可以按照式(8-1)计算其对应的虚拟格网的行列号。

$$\begin{cases} I = (Y - Y_{\min})/d/c \\ J = (X - X_{\min})/d/c \\ c = \sqrt{n/((X_{\max} - X_{\min})(Y_{\max} - Y_{\min}))} \end{cases} \tag{8-1}$$

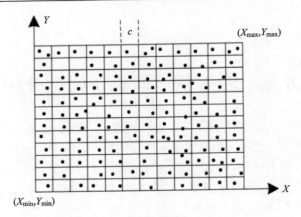

图 8-1　虚拟格网示意图

式中，I、J 为行列号；d 为虚拟格网的间距；c 为 DSM 数据的密度；n 为 DSM 点的总数；X 为当前点的横坐标；Y 为当前点的纵坐标；X_{max}、X_{min}、Y_{max}、Y_{min} 为 DSM 数据区域的最大、最小横纵坐标。

基于虚拟格网的 DSM 粗差探测算法基本思路是：首先剔除对虚拟格网影响大的明显粗差点，然后利用未剔除的 DSM 脚点构建虚拟格网，保留所有 DSM 数据的所有脚点信息，保证 DSM 数据粗差探测的准确性和可靠性，最后进行阈值计算，并将所有脚点按照一定的判断规则与计算出的阈值相比较，将大于阈值的点判定为粗差点，具体流程如图 8-2 所示。

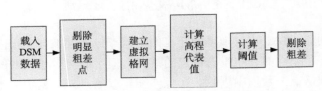

图 8-2　DSM 数据粗差探测的流程

1. 剔除明显粗差点

明显粗差点是指那些明显高于或低于附近点的点，这些点对虚拟格网的影响很大，可能会导致局部范围判断失效。因此，在构建虚拟格网前必须先剔除明显粗差点。算法的基本思路是：地形的变化是连续的，对高程进行分段，按照概率统计理论，每个高程段都应包含一定的点数，若一个高程段内的点数小于一定的阈值，则可以判定这些点是明显粗差点。具体步骤如下：

步骤 1：载入 DSM 数据，统计高程最大和最小值，并将其从低到高分成若干段；

步骤 2：遍历所有的 DSM 点，根据高程值将其归入所在的高程段内，统计各个高程段内的高程频数；

步骤 3：设定一定的阈值，若高程频数低于这个值，则判断这一高程段内的所有的点为明显粗差点，将其进行剔除。

2. 建立虚拟格网，确定每个点的虚拟格网行列号

虚拟格网的大小由区域内所有点的最大最小横、纵坐标以及格网的间隔确定。按照式(8-1)确定其所在的虚拟格网行列号 I 和 J，并将其加入到对应的格网点集中。

3. 计算高程代表值

高程代表值是指格网内除自身以外的所有点的平均高程值。对于一个含有 k 个点的格网内的一点 p，其高程代表值 M_P 由式(8-2)计算：

$$M_P = \left(\sum_{i=1}^{k} H_i - H_p \right) / (k-1) \tag{8-2}$$

式中，H_i 格网内第 i 个点的高程值；H_p 为 p 点的高程值。

4. 确定阈值

对于点 p，根据高程代表值计算其高程差值 V_P，计算公式如式(8-3)所示：

$$\begin{cases} V_p = M_p - H_p \\ V_p = 0 \end{cases} \tag{8-3}$$

统计除明显粗差点外的全部点的其平均高程差值 U 和标准偏差 SD，以此确定判断粗差的阈值。

$$U = \sum_{i=1}^{n} V_i / (n-m) \tag{8-4}$$

$$\mathrm{SD} = \sqrt{\sum_{i=1}^{n} (V_i - U)^2 / (n-m-1)} \tag{8-5}$$

式中，n 为区域内所有点数；m 为明显粗差点数。

5. 剔除粗差

根据数据粗差探测与剔除的准则，阈值 T 一般设置为标准偏差的 3 倍，对于任一点 p，如果满足式(8-6)所示条件，则判断点 p 被为粗差点；否则认为 p 为正常点。

$$|V_p - U| > T \tag{8-6}$$

经过上述的粗差探测步骤后，DSM 数据中可能还存在着一些孤立点和孤立点簇未能剔除，再结合以下方法对数据进行处理。

孤立点和孤立点簇剔除方法：以当前点为中心，搜索半径为 R 的虚拟格网内存在的其他点，如果点数小于给定的阈值，则判断当前点为粗差点。

8.1.2　GPU 并行处理方案

基于虚拟格网的 DSM 数据粗差探测与剔除属于计算密集型算法，为提高算法的效率，本书设计了该算法的 GPU 并行处理方案，在 CUDA 平台上的实现主要分为两个步

骤：一是剔除明显粗差点，二是剔除族群粗差点。明显粗差点的剔除包括统计高程频数和剔除高程频数低的点两个模块，族群粗差的探测过程主要包括计算高程代表值、计算高程差值、计算平均值、计算标准差和剔除粗差 5 个模块，每个模块利用一个内核函数实现。由于所有模块的计算都依赖前一模块的计算结果，核函数调用时，需要使用同步函数设置同步屏障，保证后面的核函数能读取到正确有效的数据。本书在实验中采用线程组织的方式来设计核函数。为了利用最大化利用 GPU 并行处理能力，各种计算数据的初始化工作都在 GPU 上进行，同时为了节省 GPU 的显存空间，所有数据均遵循即时申请、用完释放的原则。

1. 剔除明显粗差点

由地形变化的连续性可知，将一个区域的高程进行分段以后，每个高程段都会包含一定的点数，进行高程频数统计时，不同的线程可能会访问全局存储器的同一个地址，如图 8-3 所示。为了保证能进行正确的高程频数统计，需要利用同步函数__syncthreads（）进行块内线程的同步，只有当所有线程均达到此同步点时，才执行下一个操作。一个高程段内高程频数的统计操作实际上是串行的，只有当前一个线程成完成访问时一个线程才能进行操作。在本书的实验中，高程差为 0.1m，高程段数的计算如式(8-7)所示：

$$n = [(Z_{max} - Z_{min}) / 0.1] + 1 \tag{8-7}$$

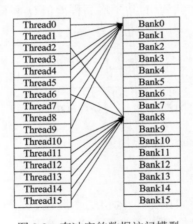

图 8-3　有冲突的数据访问模型

高程频数统计完以后，高程频数已经确定，如果点 p 所在高程段的高程频数小于 10，则点 p 被判定为点为明显粗差点，对该点进行标记赋值–1，剔除该高程段内的所有点。粗差点探测完毕后，立即释放进行高程频数统计的显存空间。

2. 进行虚拟格网统计

首先是计算虚拟格网行列号。虽然已经剔除的明显粗差点不参与后面的运算，但是为了避免 GPU 不擅长的判断运算，提高算法的执行速度，统计虚拟格网时，所有 DSM 脚点按照式(8-8)在 GPU 上计算每个脚点所在虚拟格网的行列号。

$$
\begin{cases}
[\text{index}] = (\text{int})\left(\dfrac{Y[\text{index}] - Y_{\min}}{d}\,/\,c\right) \\[3mm]
J[\text{index}] = (\text{int})\left(\dfrac{X[\text{index}] - X_{\min}}{d}\,/\,c\right)
\end{cases}
\tag{8-8}
$$

其次，统计各虚拟格网所包含的点数以及这些点的高程之和，虚拟格网大小由式(8-9)确定。

$$
\begin{cases}
\text{gridWidth} = \dfrac{X_{\max} - X_{\min}}{d}\,/\,c \\[3mm]
\text{gridHeight} = \dfrac{Y_{\max} - Y_{\min}}{d}\,/\,c
\end{cases}
\tag{8-9}
$$

式中，d 为虚拟格网间距；c 为 DSM 数据密度；$X_{\max}$、$X_{\min}$、$Y_{\max}$、$Y_{\min}$ 为区域最大、最小横纵坐标。同高程频数的统计，虚拟格网一个块内可能包含多个脚点，对虚拟格网的访问也会有冲突，需要进行线程同步才能获得正确的统计结果。

3. 计算阈值

高程代表值的计算与脚点所在的块包含的脚点数 n 有关，GPU 并行计算公式如式(8-10)所示：

$$
\begin{cases}
M[\text{index}] = \dfrac{\left(\text{windowZ}\big[I[\text{index}] \times \text{gridWidth} + J[\text{index}]\big] - H[\text{index}]\right)}{\left(\text{windowNum}\big[I[\text{index}] \times \text{gridWidth} + J[\text{index}]\big] - 1\right)} & n > 1 \\[4mm]
M[\text{index}] = (Z_{\max} + Z_{\min})\,/\,2 & n = 1
\end{cases}
\tag{8-10}
$$

式中，windowNum 为格网所包含的点数；windowZ 为该格网内所有点的高程值之和；$H[\text{index}]$ 为显存索引为 index 点的高程值。高程差值和高程代表值初始化和计算都在同一个核内实现，进行计算时需要先判断脚点属性(非明显粗差点)，因此只能在判断语句外进行同步，否则会造成 GPU 线程的挂起或者其他不可预料的影响。

平均值 U 的计算主要有以下几个步骤：

(1) 为 float U[block_num]申请显存空间，内核函数执行配置中的 block 按照一维的方式组织，每个 block 拥有 256 个 thread；

(2) 为每个 block 申请 shared memory，并按照 block_num×256 的步长，将所有高程差值加总到对应的 shared memory 中；

(3) 在同一个 block 中，将所有的数据加总到 shared[0]中，并将结果写入到 U[bid]中；

(4) 最后，在 bid 等于 0 的块中完成求和，计算平均值并将结果写到 U[0]中。

标准偏差 SD 的计算方和平均值的计算相同。平均值 U 和阈值 SD 的计算涉及大量数据的求和，为了进一步提升运算效率，在同一个 block 内求和时，并采用透过树状的加法实现求和算法优化。透过树状加法的基本思想是：将要求和的数据看成一棵树的树枝，由树尖开始搜索，当遇到节点时，将数据加总到节点位置，然后继续向前搜索，直到所有数据汇总到树干，完成求和，实现过程如图 8-4 所示。在 GPU 的实现过程中，每个节点都要进行同步，保证下一个节点计算的数据正确有效。

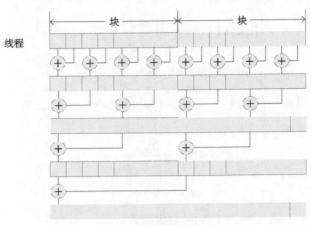

图 8-4 透过树状的加法

SD 计算完毕以后，回传到 host 端，然后再以参数传递给进行粗差给粗差剔除的内核函数，利用式(8-6)的判断规则，剔除粗差。最后将粗差剔除结果回传到 host 端，并保存处理结果。

8.1.3 实验分析

为验证 DSM 数据 CPU-GPU 协同加速并行处理的正确性和有效性，本书采用了 3组 DSM 数据进行了对比实验。其中 Sample1 和 Sample3 为航空影像经过多视立体匹配方法生成的 DSM 点云数据，Sample2 是 Sample1 加入了粗差点的模拟数据，表 8-1 给出了这 3 组数据的相关信息。

表 8-1　实验数据相关信息

数据名称	Sample1	Sample 2	Sample3
脚点数量	28862	28894	2062500
点云密度 c	1.0259753 个/m²	1.0271129 个/m²	1.2387368 个/m²
高度变化	226.94~343.951m	226.94~399.239m	431.67~321.43m
区域大小	161.5m×174.188m	161.5m×174.188m	1463m×2162m

实验结果如表 8-2，图 8-5、图 8-6 和图 8-7 分别为三组数据粗差剔除前后的点云显示图，图 8-5(a)、图 8-6(a) 和图 8-7(a) 均为原始 DSM 数据的点云显示图，图 8-5(b)、图 8-6(b) 和图 8-7(b) 均为经过粗差剔除处理后的 DSM 数据的点云显示图。通过对实验

表 8-2　粗差探测结果

数据名称	Sample1	Sample 2	Sample3
脚点数量	28862	28894	2062500
高频小于 10 点数	400	425	431
阈值大于 3SD 点数	820	827	43332
共剔除点数	1220	1252	43763

(a) 粗差探测前　　　　　　　　　　　　　(b) 粗差探测后

图 8-5　Sample1 数据粗差探测实验结果

(a) 粗差探测前　　　　　　　　　　　　　(b) 粗差探测后

图 8-6　Sample2 数据粗差探测实验结果

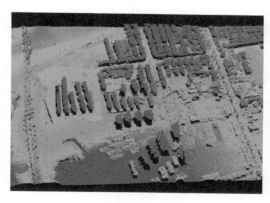

(a) 粗差探测前　　　　　　　　　　　　　(b) 粗差探测后

图 8-7　Sample3 数据粗差探测实验结果

结果的比较能够看出, 基于虚拟格网的 DSM 数据粗差探测 GPU 并行处理方法能有效地剔除 DSM 数据中的单点粗差, 对簇群粗差也有一定的处理能力。

在实验过程中还分别记录了 3 组数据 CPU 处理时间和 GPU 处理时间 (单位: ms), 如表 8-3 所示, 其中加速比为 CPU 串行处理时间与 CPU-GPU 协同并行处理时间的比值。表 8-3 中实验数据表明, DSM 数据粗差探测 GPU 并行处理方法加速效果明显, 且数据量越大, 加速比越大。

表 8-3　DSM 数据处理时间统计

任务	脚点数/个	CPU 处理时间/ms	CPU-GPU 协同处理时间/ms	加速比
Sample1	28862	2456	167	14.71
Sample 2	28894	2490	168	14.82
Sample 3	2062500	28539	737	38.72

8.2　影像遮挡区域检测

8.2.1　遮挡形成的原因

传统正射纠正过程中由于采用了只包含地形信息的 DEM 为基础，造成正射影像上建筑物、桥梁、制备等人工目标偏离了其正确的几何位置。但是，如果在纠正过程中仅仅简单地利用 DSM 代替 DEM，也并不能取得理想的真正射效果。在被建筑物等地物遮挡的区域，会存在重复映射现象(刘军，2007)，在其纠正结果影像上会造成信息的混乱，其效果甚至不如传统的正射影像。重复映射现象如图 8-8 所示，利用 DSM 直接进行纠正，建筑物的顶部在纠正结果影像上出现两次。

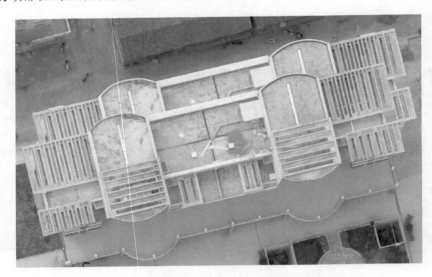

图 8-8　利用 DSM 进行正射纠正产生的重复映射现象

产生重复映射现象的原理如下：由共线条件方程可知，像点坐标(x, y)与地面点坐标(X, Y, Z)之间是一对一，而地面点坐标(X, Y, Z)与其相应的像点坐标(x, y)之间则是多对一的，即对于给定的地面点，其对应像点坐标可以唯一确定；然而对于给定的像点 p，其对应的地面点则可能有多个。如图 8-9 所示，位于摄影光线 S_p 上的地面点 A、B、C、D、E 都成像在焦平面上的像点 p 处，但像点 p 只保存了点 A 的灰度信息，即 A 遮挡了其他各点。但是在正射纠正的过程中，正射影像上的 a、b、c、d、e 各点都将被赋予像

点 p 的灰度值，由此导致点 A 的像在正射影像上出现多次，形成重复映射。基于以上分析，制作真正射影像必须要进行遮挡区检测，标记出遮挡区域；根据遮挡检测的结果，对可见区域进行正射纠正，遮挡区域赋零值；最后在相邻影像上搜索遮挡区域的可见纹理，进行纹理补偿。

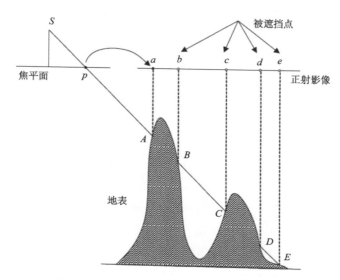

图 8-9　透视成像时的遮挡示意图

8.2.2　遮挡检测方法

根据遮挡判断准则的不同，可以将目前的遮挡检测方法分为两类：基于距离的方法和基于角度的方法。

1. 基于距离的遮挡检测方法

基于距离的遮挡检测，以处于同一摄影光线上的多个地面点与摄影中心的距离大小作为依据来判断地物点的遮挡情况。Z-Buffer 算法为典型的基于距离的遮挡检测方法，其基本原理如图 8-10 所示（Amhar et al.,1998）。

Z-Buffer 算法遮挡检测的基本思想是：处于同一摄影光线上与摄影中心距离近的地物遮挡距离远的地物。通过建立三个与影像大小一致的二维矩阵（称为 Z-Buffer 矩阵），用于存储影像上的每一个像点可能对应的多个物点中距离摄影中心最近的物点坐标 (X, Y) 及其距离信息；同时在物方建立一个与 DSM 格网大小一致的可见性矩阵，用于存储每个 DSM 格网点的可见性标识信息。

利用 Z-Buffer 算法进行遮挡检测时，初始化可见性矩阵的所有位置为可见状态。如图 8-10 所示，遍历 DSM 中的格网点进行判断，当遍历到 A 点时，利用共线条件方程求得其相应的像点坐标 (x, y)，并将 A 点的地面坐标 (X, Y) 及其到投影中心的距离 L 存储到 Z-Buffer 矩阵中。当遍历到建筑物点 B 时，利用共线条件方程求得其相应的像点坐标，发现其与点 A 的像点坐标一致，则比较两点到投影中心之间的距离。通过计算发现点 B

的距离比点 A 的更小，于是判断点 B 可见，点 A 被遮挡，则更新可见性矩阵和 Z-Buffer 矩阵中的相应位置处的信息。

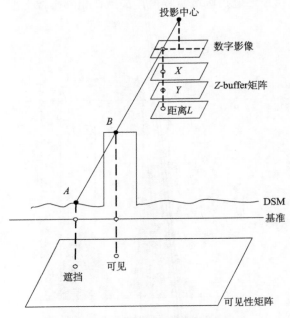

图 8-10　　Z-Buffer 算法遮挡检测

　　由上文分析可见，使用 Z-Buffer 算法进行遮挡检测其过程较为复杂，且需要开辟较大的系统内存空间。而且，该方法是假设 DSM 的分辨率与影像的地面分辨率是一致的。当 DSM 的分辨率与影像的地面分辨率不一致时，就会造成误检测。第一种情况是，DSM 的分辨率比影像的地面分辨率小时，会产生伪遮挡噪声。如图 8-11 所示，在实际中 A、B、C、D、E 并不存在遮挡现象，但由于 DSM 分辨率小于影像的地面分辨率，而根据共线条件方程计算它们对应的像点坐标，发现都对应于同一个像点，通过比较它们与投影中心之间的距离，最终只有距离最小的点 E 为可见状态，其他点都被误判为被遮挡，从而产生伪遮挡噪声。

　　误检测的第二种情况是，当 DSM 的分辨率大于影像的地面分辨率时，会导致伪可见噪声的出现(杨靖宇，2012)。如图 8-12 所示，点 A 投影到影像上对应的红色像素，为可见状态；点 B 和点 E 都投影到对应的蓝色像素，比较它们与投影中心的距离，判断点 E 为可见，点 B 为被遮挡；根据同样的原则判断点 F 为可见，点 D 为被遮挡；点 C 投影到绿色像素，虽然建筑物顶面的点与投影中心的距离更小，然而由于 DSM 的分辨率大于影像的地面分辨率，在建筑物顶面上没有点投影到该绿色像素，因此判断点 C 为可见，由此产生伪可见噪声。

　　由以上分析可见，利用 Z-Buffer 算法进行遮挡检测时，为了得到正确的结果，需要确保 DSM 的分辨率与影像的地面分辨率大小一致。但这种情况在实际中是很难做到的，只有在地形没有起伏的区域垂直投影的方式下才能出现。在透视投影方式下，影像中心

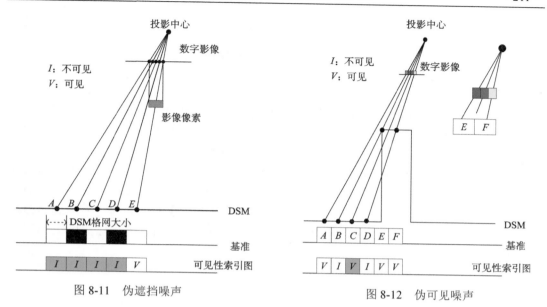

图 8-11 伪遮挡噪声 图 8-12 伪可见噪声

的分辨率大小与影像边缘的分辨率大小存在差异，因此无法确保所有的 DSM 分辨率与影像的地面分辨率大小完全相同。

Z-Buffer 算法遮挡检测存在的另一个问题是 M-Portion 问题。这是由狭长建筑物造成的伪可见问题。如图 8-13 所示，狭长建筑物的墙面在面向投影中心的一侧会占有较多的像素并对地面产生遮挡，因在 Z-Buffer 算法中没有对建筑物墙面造成的遮挡情况进行检测，在微分纠正的结果中被墙面遮挡的点获取了墙面的灰度，导致伪可见噪声的产生。

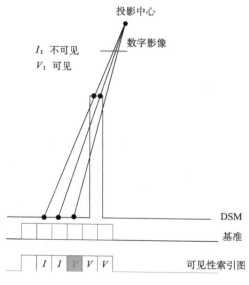

图 8-13 M-Portion 问题

为解决 M-Portion 问题，需要对建筑物墙面进行检测，通过引入伪地面点来解决建筑物墙面的遮挡问题。

2. 基于角度的遮挡检测方法

Habib 等(2007)提出一种基于角度的遮挡检测方法，通过比较摄影光线与铅垂线的夹角大小来判断遮挡情况，如图 8-14 所示。在透视投影成像的过程中，由于投影误差的影响，使得建筑物的顶部与底部不在同一位置上，这种畸变是从像底点出发，沿着在径向方向发生的。基于角度的遮挡检测方法的基本思想是：以当前检测点与地底点连线为搜索路径，比较搜索路径上前后点摄影光线与铅垂线的夹角变化情况来判断遮挡。从地底点出发，摄影光线与铅垂线的夹角是沿着径向方向逐渐增大的。当遇到遮挡区域时，高程值会突然变小，同时夹角也会随之变小，直到夹角恢复到原来的大小则走出遮挡区域。

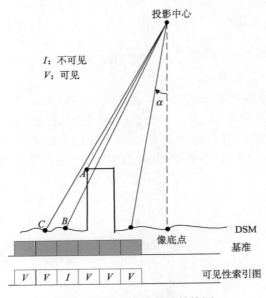

图 8-14　基于角度的遮挡检测

由上述分析可见基，于角度的方法仅依据 DSM 格网点进行遮挡检测，其理论严密，可以避免由于 DSM 的分辨率和影像的地面分辨率不一致导致的伪遮挡、伪可见以及 M-Portion 问题。但该方法计算过程也较为复杂，其关键是如何快速地对 DSM 格网进行扫描。在扫描过程中，既要确保每个格网点都能被检测到，也要避免进行过多的重复检测。尤其在 DSM 的边缘区域时，重复扫描现象将更加严重。为此，Habin 等(2017)提出自适应径向扫描和螺旋扫描方法。但是这两种方法其扫描顺序都较为复杂，都不适合于 GPU 的单指令多数据并行处理方式。

8.2.3　改进的基于 DSM 排序法遮挡检测

　　基于 DSM 排序的遮挡检测方法是由 Bang 和 Habin（2007）提出的，其基本思想是：对待检测的 DSM 数据按照其高程值大小进行排序，在进行纠正时，按照高程值顺序依次进行；构建一个与原始影像大小相同的二维矩阵，来对像素的使用进行标记；当原始影像上某一像素的灰度值被使用时，查找对应的矩阵位置处有无使用标记，无使用标记时才对其进行灰度内插及赋值；若有使用标记，说明当前点被遮挡。经过排序后进行纠正，对于竞争同一个像素的多个地物点，原始影像中的像素只赋予了高程值最大的点，对随后的其他点则判断为遮挡。如此能够有效避免正射纠正过程中重复映射现象的出现。

　　如图 8-15 所示，假设有 5 个 DSM 格网点，按照其高程值由大到小进行排序，在正射纠正的过程中按照其高程值排列顺序进行灰度内插和赋值。通过共线条件方程计算发现 5 号点和 2 号点投影到原始影像上同一像素位置；在纠正 2 号点时，通过判断该位置的像素没有被使用过，将对应的灰度值赋予它，同时对该像素位置进行使用标记；在纠正 5 号点，在判断时发现该像素位置已经被标记使用过，因此该点判定为被遮挡。

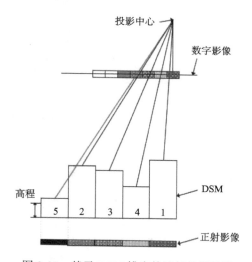

图 8-15　基于 DSM 排序的遮挡检测算法

　　基于 DSM 排序的遮挡检测方法中最大的计算量集中在对 DSM 格网进行排序的过程。在完成 DSM 排序后，后续的遮挡判断和正射纠正是比较快速的。这种方法与前文所述的 Z-buffer 方法的相比其优越性在于计算方法简单，对内存空间的需求较小。

　　DSM 排序算法遮挡检测的计算量主要集中在对于 DSM 数据进行排序，使用快速排序算法最坏的情况下其复杂度为 $o(n2)$。由于 DSM 的数据量比较大，达到几百万甚至几千万个点，对其进行排序将耗费大量的时间。

　　在传统的遮挡检测算法中，没有顾及地物竞争同一个像素时前与后的先验确定性。在基于 DSM 排序的遮挡检测算法中，检测过程虽然不需要进行遮挡判断，但由于对需要整个 DSM 高程数据进行排序，耗时非常大，影响了真正射影像生成的速度。在透视成像的方式下，对于建筑物密集的城区影像，由于投影误差的影响，使得建筑物的顶部与底部不在同一位置上，这种畸变是从像底点出发，沿着底点辐射方向发生的。因此，遮挡现象只可能存在于底点辐射方向上，不在同一底点辐射线上则不会产生遮挡现象。本书依据这种特征提出一种基于分块 DSM 排序的遮挡检测算法，以地底点为中心，按照底点辐射线方向将 DSM 进行分块，如图 8-16 所示。对分块后的 DSM 进行排序，降低排序算法的时间复杂度，从而提高遮挡检测的效率。

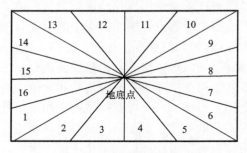

图 8-16　DSM 分块示意图

　　由影像匹配获取的 DSM 只是多视影像重叠区域的，与原始影像大小并不一致，此时并不能根据 DSM 的中心点来进行分块，因为此时的 DSM 中心点并不是地底点，只有在 DSM 的区域与是原始影像大小一致且像主点无偏移时才能用 DSM 中心点来进行分块。若 DSM 中心点与地底点不重叠，直接用 DSM 在物方进行分块效率不高，此时可以将 DSM 分块由物方转到像方，再由像方转到扫描坐标系中进行。实际上，遮挡现象最终也是体现在像方上，因此将 DSM 分块由物方转到像方上是可行的。改进的 DSM 排序法遮挡检测是一种物方与像方相结合的方法。

　　(1)由共线方程，将待计算的 DSM 点投影至像方，取其最邻近像素点值；

　　(2)然后根据原始影像以像主点为中心的分块，确定待计算的 DSM 所属的分块号；

　　(3)遍历所有的 DSM 点，完成 DSM 分块；

　　(4)将每一块 DSM 点按高程进行排序；

　　(5)根据排序后的 DSM 在正射纠正的过程中进行遮挡检测。

　　基于距离的遮挡检测方法和基于角度的遮挡检测方法由于需要进行频繁的逻辑判断运算，所以并不适合于 GPU 并行化处理。为了利用 GPU 强大的并行处理能力，提高算法的效率，在提出的 DSM 分块排序法遮挡检测方法中，在对 DSM 进行分块后，可以对分块后的 DSM 排序进行并行化处理。

8.2.4　实验分析

　　图 8-17 所示是遮挡检测实验区域的影像及其对应的 DSM 点云显示图，相机的 CCD 大小为 9μm，影像行列像素个数为 11500×7500，焦距为 101.4mm，DSM 的格网间隔为 0.2m。图 8-18 为利用改进的基于 DSM 排序法遮挡检测对影像上对应 DSM 区域进行遮挡检测结果，对于遮挡区域，直接赋零值涂黑显示。由实验结果可见，该方法能对遮挡

区域进行正确的检测。

图 8-17　影像与对应区域 DSM 点云显示图

图 8-18　影像遮挡检测结果

　　表 8-4 所示为几种方法所需遮挡检测时间比较。由表中数据可见，基于角度的方法由于计算较为复杂，所需的时间较多；Z-Buffer 方法需要占用较大的内存空间，但花费的时间较基于角度的方法要少。DSM 排序法由于要对大量的 DSM 点进行排序，花费的

时间比 Z-Buffer 方法要多；本书提出的 DSM 分块排序法由于借助 GPU 的强大计算能力，使得程序运行的时间减少，提高了算法的运行效率。

表 8-4　遮挡检测时间比较

遮挡检测方法	遮挡检测时间/s
Z-Buffer 方法	26.3
基于角度的方法	64.7
DSM 排序法	39.5
DSM 分块排序法	18.7

8.3　正射纠正基本原理

8.3.1　数字微分纠正

数字微分纠正是指根据有关的参数与数字地面模型，利用相应的构像方程式，或按一定的数学模型用控制点解算，从原始非正射的数字影像获取正射影像。它的基本功能是在原始影像和纠正后影像之间实现几何变换。以很小的区域作为纠正的基本单元，使用该纠正基本单元的地面高程值作为约束纠正的元素，实现从原始影像的中心投影到结果影像的正射投影之间的准确几何变换。设某一个像元在原始影像和结果影像中坐标分别为 (x, y) 和 (U, V)，则两者存在以下映射关系：

$$\begin{cases} x = F_x(U,V) \\ y = F_y(U,V) \end{cases} \tag{8-11}$$

$$\begin{cases} U = f_U(x,y) \\ V = f_V(x,y) \end{cases} \tag{8-12}$$

式(8-11)是由结果影像上的坐标 (U,V) 反求其在原始影像上的坐标 (x, y)，这种方法称为反解法数字微分纠正(或间接法数字微分纠正)；式(8-12)是由原始影像上坐标 (x, y) 出发求其在结果像上的坐标 (U,V)，这种方法称为正解法数字微分纠正(或直接法数字微分纠正)。利用正解法微分纠正后的影像上所得的像点排列是不规则的，有的可能无像点，而有的可能出现多个像点，因此较难实现灰度内插，获得排列规则的纠正影像。因此，在实际应用中大多是利用反解式(8-11)求解其在原始影像上的坐标，经灰度内插，把内插后的灰度值赋给纠正后的像元素。

基于格网内插的 DSM 数据进行反解法数字微分纠正，分为 4 个步骤。

(1)计算地面点坐标。

设纠正后影像任意一点 $P(U,V)$ 对应的地面坐标为 (X, Y, Z)，由 DSM 格网左下角点地面坐标 (X_0, Y_0) 计算 (X, Y) 的公式为

$$\begin{cases} X = X_0 + U \times M_x \\ Y = Y_0 + V \times M_y \end{cases} \tag{8-13}$$

式中，M_x、M_y 分别为 DSM 格网行列方向的格网间隔。

（2）计算像点坐标。

利用反解公式求解对应的像点坐标 $p(x, y)$。对于无人机面阵影像，反解公式为式 (8-14)所示的共线方程。

$$\begin{cases} x - x_0 = -f \dfrac{a_1(X - X_s) + b_1(Y - Y_s) + c_1(Z - Z_s)}{a_3(X - X_s) + b_3(Y - Y_s) + c_3(Z - Z_s)} \\ y - y_0 = -f \dfrac{a_2(X - X_s) + b_2(Y - Y_s) + c_2(Z - Z_s)}{a_3(X - X_s) + b_3(Y - Y_s) + c_3(Z - Z_s)} \end{cases} \tag{8-14}$$

式中，(x, y) 为像点的像平面坐标；x_0、y_0、f 为内方位元素；X_s、Y_s、Z_s 为外方位线元素；a_1、a_2、a_3、b_1、b_2、b_3、c_1、c_2、c_3 为旋转矩阵对应的系数；Z 是 DSM 格网点的高程值。

（3）灰度内插。

步骤（2）中得到的像点坐标可能并不处于原始影像的像素中心位置，所以需要进行灰度内插计算像点 p 的灰度值 $g(x, y)$。

（4）灰度赋值。

将步骤（3）中灰度内插结果赋给纠正后影像的像点 P，即 $G(U, V) = g(x, y)$ 遍历纠正后影像上的每个像点，进行上述步骤，就能得到纠正后的结果影像。

8.3.2 基于 GPU 影像的正射纠正

由上述反解法微分纠正步骤分析，正射纠正的主要计算任务是坐标变换系数的求解和灰度内插两部分。影像灰度内插操作是典型的计算密集型模块，其处理过程相对固定，对每一个像点的计算形式一致，像点之间相互独立，具有内在的并行性，因此非常适合 GPU 并行处理。由于遥感影像处理的数据量通常较大，与计算坐标变换系数相比较，灰度内插所占据的时间更多，所以正射纠正并行优化的着重点应该是灰度内插操作的并行化。

由以上正射纠正并行化分析可见，正射纠正中的灰度重采样操作适合进行 GPU 并行处理。利用反解法基于 CUDA 的正射纠正并行处理流程如图 8-19 所示。

其主要步骤包括：

（1）读取影像与参数；

（2）进行 CUDA 初始化；

（3）分配设备端内存及由主机内存向设备端内存进行数据传输；

（4）调用反解法数字微分纠正的内核 Kernel 函数进行并行计算；

（5）设备端内存向主机内存传输计算结果；

（6）重采样影像保存。

其中步骤（4）的内核 Kernel 函数是利用 GPU 多线程并发执行的。在内核 Kernel 函数中，GPU 线程通过 CUDA 的内置变量(线程块索引 blockIdx 和线程索引 threadIdx)来定位像素并进行处理。

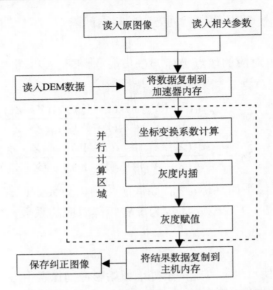

图 8-19　基于 CUDA 的正射纠正流程图(莫得林，2014)

　　通过编写重采样操作内核 Kernel 函数和相应的内核 Kernel 函数调用代码，即可实现重采样过程的 GPU 并行化，然后将 GPU 实现的并行化处理步骤替代传统的串行处理流程中与之对应的步骤，即可实现整个正射纠正处理流程的 GPU-CPU 协同处理。若 GPU 并行化实现的区域在传统 CPU 串行处理过程中占用的时间比较多，就可以利用 GPU 的强大并行计算能力实现明显的加速。

　　直接将程序的并行部分放到 GPU 上进行运算，并不能取得很好的加速效果，需要根据 CUDA 的特点进行优化。对 CUDA 程序进行优化要解决下面的几个方面的问题：①确定计算任务中的哪些是串行执行的，哪些是可以并行执行的，按照算法确定数据和任务的划分方式；②优化显存访问的模式，避免由于显存访问造成程序加速的瓶颈；③优化指令流与资源均衡，注意各种显存大小的限制，以免超出范围；④与主机通信优化，根据任务量的大小，可以将并行任务划分为多个阶段，充分利用其异步执行特性，减少数据传输所占用的时间。在程序优化过程中，各种因素相互制约，上述几种优化策略很难同时达到最优。在实际优化过程中需要根据处理的问题、性能瓶颈做具体的分析。本书采用合理的任务划分、共享存储器优化和纹理存储器优化进行正射纠正算法的优化，使程序的运行效率得到大大的提高。

　　具体的优化策略主要有以下 3 个方面。

　　(1)任务划分及配置优化。

　　CUDA 构架将 CPU 看作主机(host)，GPU 作为主机的计算设备(device)。在 CUDA 构架中，CPU 和 GPU 共同工作，CPU 负责需要进行较多逻辑判断的事务处理和串行计算，GPU 用来处理计算密度较大而逻辑判断较少的工作。在 GPU 上运行的函数称核函数，核函数通过<<<dimGrid, dimBlock>>>运算符调用。核函数通常按照线程格网-线程块-线程的方式组织，一个线程格网包含有若干个线程块，而一个线程块又包含若干个线程。按照 CUDA 的执行模型，每个线程块都会被映射到 GPU 的流多处理器中执行。

（2）存储器优化。

CUDA 存储器模型包括片内存储器和板载显存。片内存储器包括寄存器和共享存储器，可以被一个线程块访问；板载显存包括全局存储器、局部存储器、常量存储器以及纹理存储器。

（a）共享存储器优化：在正射纠正过程中，利用反解式(8-14)求解的坐标变换系数，对整幅影像而言相同的，且数据量很小，可以将其从全局存储空间转移至共享存储空间来，以提高数据的访问效率。将坐标变换系数放在共享存储器中，位于同一线程块中的其他线程都可以对其进行访问，而且其访问速度能和访问寄存器速度相比拟，可实现线程间通信的最小延迟。

（b）纹理存储器优化：没有经过特别的声明，使用 cudaMalloc（）函数分配和使用 __device__ 关键字定义的变量的空间都在全局存储器中。全局存储器不含有缓存，其访存延迟较大，常常是程序性能提升的瓶颈。在正射纠正过程中，灰度重采样操作需要对原始影像数据进行大量的读取。本书将原始影像数据绑定到纹理存储器中，通过纹理拾取函数对纹理存储器进行访问。正射纠正中使用的 DEM 数据，经过处理后也可以存储为二维数组结构，从而将其绑定到纹理存储中。使用纹理存储器有以下好处：原始影像数据为二维数据，非常适合绑定到纹理存储器中；纹理存储器中设置有缓存，可提高访问效率；不必进行合并访问优化，也能获得很高的访问速度；可以使用线性滤波和自动类型转换等功能调用硬件的不可编程计算资源，而不必占用可编程计算单元。

（c）常量存储器优化：常量存储器中包含有缓存，因此可以节约带宽，使访问速度得到增加。常量存储器是只读的，没有缓存一致性的问题。若有数据量较大而不能放在寄存器或共享存储器中的常量，考虑把它加入到常数存储器中以提高访问速度。

（3）指令流优化。

指令流优化是指使用最少的指令完成相同的运算，从而使得指令吞吐量最大化。在满足精度的条件下，尽量使用高吞吐量的数据和函数。如使用 float 类型代替 double 类型，使用 GPU 的硬件函数代替常规函数，利用位操作代替常规运算。

8.3.3　实验分析

实验中所使用的实验数据为 2009 年 12 月 19 日获取的河南登封检校场航摄影像，像片为利用带机载 POS 系统的 120mm 主距 Z/I DMC 相机成像。测区为 8km×8km，航高为 2825～2600m，航向重叠度 60%～70%，旁向重叠度 50%～60%，地面采样间隔为 0.5m。实验中所用的实验平台为美国 AMAX 公司的 PSC-2N 桌面超级计算机，该实验平台的硬件配置情况如表 8-5 所示。

表 8-5　实验平台的硬件配置

处理器	显卡	内存	系统
Intel(R) Xeon(R) E5620 @ 2.40GHz（双 CPU，各 8 核，共 16 核）	NVIDIA Tesla C2050（3GB 显存）	24 GB	Windows7 64bit

　　图 8-20 和图 8-21 分别是原始影像和采用本书方法得到的纠正结果影像。实验中还通过裁剪不同大小的影像区域进行正射纠正的对比，验证由于影像大小(数据量)对加速比造成的影响。其中 7680 像素×13824 像素为原始影像大小。

图 8-20　原始影像

图 8-21　纠正结果影像

　　表 8-6 中给出了正射纠正加速比结果。GPU 处理总时间包括数据在 CPU 和 GPU 之间的传递时间以及 GPU 计算坐标变换系数和灰度重采样的时间 GPU 具有比 CPU 强大得

多的浮点运算能力，目前主流的 GPU 单精度浮点处理能力已经达到了同周期 CPU 的 10 倍，而外部存储器带宽则是 CPU 的 5 倍。基于 GPU 的解决方案在性能、成本和开发时间上较传统的 CPU 解决方案有显著优势。

表 8-6 CPU 多核并行下灰度重采样时间结果表

影像大小/pixel	灰度重采样时间/s		
	CPU 单核	GPU	加速比
512×512	0.030	0.002	15
1024×1024	0.119	0.004	29.75
2048×2048	0.478	0.011	43.45
4096×4096	1.909	0.042	45.45
7680×13824	12.606	0.243	51.88

参 考 文 献

白亚茜, 刘著平, 凌建国. 2016. 基于纹理特征的 SIFT 算法改进. 红外技术, 38(8): 705-708.

曹菁. 2007. 电动舵机模糊自适应 PID 控制方法. 微电机, 40(10): 89-92.

陈大平. 2011. 测绘型无人机系统任务规划与数据处理研究. 郑州: 解放军信息工程大学硕士学位论文.

陈华, 邓喀中, 张以文, 等. 2015. 结合 SIFT 和 RANSAC 算法的 InSAR 影像配准. 测绘通报, (12): 30-33.

陈慧南. 2001. 数据结构(使用 C++ 语言描述). 西安: 西安电子科技大学出版社.

陈水利, 李敬功, 王向公. 2011. 模糊集理论及应用. 北京: 科学出版社.

程效军. 2002. 数字近景摄影测量在工程中的应用研究. 上海: 同济大学博士学位论文.

董国红. 2015. 轻小型无人机 POS 系统海岛礁无控制测图技术研究. 阜新: 辽宁工程技术大学硕士学位论文.

冯其强, 李宗春, 李广云. 2012. 基于有限元模型的数字工业摄影测量相机二次检校. 兰州: 第四届测绘科学前沿技术论坛.

冯其强. 2010. 高精度工业数字摄影测量技术研究与系统集成. 郑州: 解放军信息工程大学博士学位论文.

耿则勋, 张保明, 范大昭. 2010. 数字摄影测量学. 北京: 测绘出版社.

谷同祥, 徐小文, 刘兴平, 等. 2017. 迭代方法和预处理技术(下册). 北京: 科学出版社.

郭宝录, 李朝荣, 乐洪宇. 2008. 国外无人机技术的发展动向与分析. 舰船电子工程, (28)9: 46-49, 112.

郭复胜. 2003. 无人机图像的三维重建方法研究. 北京: 中国科学院大学博士学位论文.

何海清, 张永军, 黄声享. 2014. 相位相关法辅助的重复纹理区低空影像匹配. 武汉大学学报 (信息科学版), 39(10): 1204-1207.

侯群群, 王飞, 严丽. 2013. 基于灰度共生矩阵的彩色遥感图像纹理特征提取. 国土资源遥感, 25(4): 26-32.

黄桂平. 2005. 数字近景摄影测量关键技术研究与应用. 天津: 天津大学博士学位论文.

纪华, 吴元昊, 孙宏海, 等. 2009. 结合全局信息的 SIFT 特征匹配算法. 光学精密工程, 17(2): 439-444.

纪松, 张永生, 范大昭, 等. 2018. 基于特征点引导的多视影像择优匹配方法. 武汉大学学报(信息科学版), 43(1): 37-45.

纪松. 2012. 多视匹配策略与优化方法研究. 郑州: 解放军信息工程大学博士学位论文.

姜翰青, 赵长飞, 章国锋, 等. 2015. 基于多视图深度采样的自然场景三维重建. 计算机辅助设计与图形学学报, 27(10): 1805-1815.

李德仁, 李明. 2014. 无人机遥感系统的研究进展与应用前景. 武汉大学学报(信息科学版), 39(5): 505-513.

李德仁, 袁修孝. 2012. 误差处理与可靠性理论. 武汉: 武汉大学出版社.

李能能, 柯涛. 2016. 航空影像落水区域空三自动分区方法研究与应用. 陕西理工学院学报(自然科学版), 32(2): 24-28.

李珊, 李浩, 王莎, 等. 2017. 基于 ADCensus 的改进半全局匹配方法. 甘肃科学学报, 29(3): 19-23.

林国余, 张为公. 2006. 基于控制点的分层双向动态规划立体匹配算法. 信息与控制, 35(3): 411-416.

刘军, 王冬红, 张永生, 等. 2008. IMU/DGPS 辅助 ADS40 影像直接定位及其精度分析. 武汉大学学报(信息科学版), (11): 1138-1141.

刘军, 张永生, 王冬红, 等. 2004. POS AV 510-DG 系统外方位元素的计算方法. 测绘技术装备, 4(6): 6-9.

刘军. 2007. GPS/IMU 辅助机载线阵 CCD 影像定位技术研究. 郑州: 解放军信息工程大学博士学位论文.

刘少华, 程朋根, 史文中. 2004. 约束 Delaunay 三角网生成算法研究. 测绘通报, (3): 4-8.

刘天亮, 霍智勇, 朱秀昌, 等. 2012. 基于 DAISY 描述符和改进型权重核的快速局部立体匹配. 南京邮电大学学报(自然科学版), 32(4): 70-76.

刘英杰. 2011. 基于动态规划和置信传播的立体匹配算法的研究. 秦皇岛: 燕山大学硕士学位论文.

卢俊, 张保明, 郭海涛, 等. 2016. 利用并查集的多视匹配点提取算法. 计算机应用, 36(6): 1659-1663.

马莉, 范影乐. 2009. 纹理图像分析. 北京: 科学出版社.

明洋. 2009. 特殊航空影像自动匹配的关键技术研究. 武汉: 武汉大学博士学位论文.

莫得林. 2014. 基于 GPU 的遥感影像真正射纠正技术研究. 郑州: 解放军信息工程大学硕士学位论文.

秦明, 朱会, 李国强. 2007. 军用无人机的发展趋势. 飞航导弹, (6): 36-38.

单小军, 唐娉. 2015. 图像匹配中误匹配点检测技术综述. 计算机应用研究, (9): 2561-2565.

申二华. 2013. 小基高比条件下高精度影像匹配技术研究. 郑州: 解放军信息工程大学硕士学位论文.

孙健, 倪训友. 2017. 无人机国内外发展态势及前沿技术动向. 科技导报, (9): 111.

孙晓昱. 2015. 多视立体匹配中的影像择优技术研究. 郑州: 解放军信息工程大学硕士学位论文.

孙岩标. 2015. 极坐标光束法平差模型收敛性和收敛速度研究. 北京: 北京大学博士学位论文.

滕日, 周进, 蒋平, 等. 2016. 局部不变特征点的精度指标. 中国图象图形学报, 21(1): 122-128.

王冬红. 2011. 机载数字传感器几何标定的模型与算法研究. 郑州: 解放军信息工程大学博士学位论文.

王海江, 陈瑾, 徐卫忠. 2004. 基于 Matlab 编程方法实现模糊推理及解模糊的方法研究. 现代电子技术, 23: 43-46.

王军政, 朱华健, 李静. 2013. 一种基于 Census 变换的可变权值立体匹配算法. 北京理工大学学报, 33(7): 704-712.

王云峰, 吴炜, 余小亮, 等. 2018. 基于自适应权重 AD-Census 变换的双目立体匹配. 四川大学学报(工程科学版), 50(4): 153-160.

王昭娜. 2016. 全局立体影像匹配算法研究与实现. 北京: 北京建筑大学硕士学位论文.

吴福朝, 胡占义. 2002. 多平面多视点单应矩阵间的约束. 自动化学报, 28(5): 690-699.

吴福朝. 2008. 计算机视觉中的数学方法. 北京: 科学出版社.

吴军, 姚泽鑫, 程门门. 2015. 融合 SIFT 与 SGM 的倾斜航空影像密集匹配. 遥感学报, (3): 431-441.

肖进丽, 潘正风, 黄声享. 2007. GPS/INS 组合导航系统时间同步方法研究. 测绘通报, 4: 27-29.

谢岚. 2011. 高空长航时无人机飞行控制系统设计. 长沙: 湖南大学硕士学位论文.

徐青, 吴寿虎, 朱述龙, 等. 2000. 近代摄影测量. 北京: 解放军出版社.

许金山, 王一江, 程徐, 等. 2016. 单应性矩阵自适应估计方法. 计算机工程与应用, 52(5): 160-164.

许金鑫, 李庆武, 刘艳, 等. 2017. 基于色彩权值和树形动态规划的立体匹配算. 光学学报, 37(12): 289-297.

许志华, 吴立新, 刘军, 等. 2015. 顾及影像拓扑的 SfM 算法改进及其在灾场三维重建中的应用. 武汉大学学报(信息科学版), 40(5): 599-606.

薛武, 张永生, 于英, 等. 2017. 沙漠地区无人机影像连接点提取. 测绘科学技术学报, (4): 78-83.

薛武. 2014. 无人机视频地理信息定标与直播处理技术. 郑州: 解放军信息工程大学硕士学位论文.

杨化超, 姚国标, 王永波. 2011. 基于 SIFT 的宽基线立体影像密集匹配. 测绘学报, 40(5): 537-543.

杨健. 2010. 基于 SIFT 算法的影像匹配精度评价研究. 中国科技论文在线: 1-5.

杨靖宇. 2012. 摄影测量数据 GPU 并行处理若干关键技术研究. 郑州: 解放军信息工程大学博士学位论文.

于英, 张永生, 薛武. 2017. 影像连接点均衡化高精度自动提取. 测绘学报, 46(1): 94-101.

于英, 张元源, 薛武. 2013. 基于 CUDA 的核线影像并行生成技术. 测绘通报, (7): 27-29.

于英. 2014. 无人机动态摄影测量若干关键技术研究. 郑州: 解放军信息工程大学博士学位论文.

袁修孝, 李然. 2012. 带匹配支持度的多源遥感影像 SIFT 匹配方法. 武汉大学学报(信息科学版), 37(12): 1438-1442.

袁修孝, 陈时雨, 张勇. 2016. 利用 PCA-SIFT 进行特殊纹理航摄影像匹配. 武汉大学学报(信息科学版), 41(9): 1137-1144.

袁修孝. 2008. POS 辅助光束法区域网平差. 测绘学报, 37(3): 402-406.

张保明, 龚志辉, 郭海涛. 2008. 摄影测量学. 北京: 测绘出版社.

张超平. 2015. 基于消息传递约束的置信传播立体匹配算法. 广州: 华南理工大学硕士学位论文.

张红民, 吕晓华, 占成. 2007. 基于 LabVIEW 的随机扫描成像系统高速时间同步方法. 仪器仪表学报, 28(3): 404-407.

张丽娟. 2010. 三种插值方法的应用与比较. 赤峰学院院报(自然科学版), 26(3): 1-3.

张强, 吴云东, 张超. 2012. 低空遥感小型三轴陀螺稳定平台的设计与实现. 测绘科学技术学报, 29(4): 276-280.

张彦峰, 艾海滨, 杜全叶, 等. 2014. 基于金字塔影像分割的水域提取在海岛礁空中三角测量中的应用. 测绘通报, (12): 70-73.

张永军, 张祖勋, 张剑清. 2007. 利用二维 DLT 及光束法平差进行数字摄像机标定. 武汉大学学报(信息科学版), 27(6): 566.

张永生. 2013. 机载对地观测与地理空间信息现场直播技术. 测绘科学技术学报, 30(1): 1-5.

张永生. 2012. 高分辨率遥感测绘嵩山实验场的设计与实现——兼论航空航天遥感定位精度与可靠性的基地化验证方法. 测绘科学技术学报, 29(2): 79-82.

张永生. 2011. 现场直播式地理空间信息服务的构思与体系. 测绘学报, 40(1): 1-4.

张永生. 2010. 旋翼无人机动态遥感测绘的机遇与对策. 军事测绘, (6): 1.

赵云景, 龚绪才, 杜文俊, 等. 2015. PhotoScan Pro 软件在无人机应急航摄中的应用. 国土资源遥感, 27(4): 179-182.

甄云卉, 路平. 2009. 无人机相关技术与发展趋势. 兵工自动化, 28(1): 14-16.

郑经纬, 安雪晖, 黄绵松. 2014. 基于 CUDA 的大规模稀疏矩阵的 PCG 算法优化. 清华大学学报(自然科学版), (8): 1006-1012.

朱孔粉. 2015. 深度图像局部立体匹配算法的研究. 太原: 太原科技大学硕士学位论文.

朱映映, 周洞汝. 2003. 一种从压缩视频流中提取关键帧的方法. 计算机工程与应用, (18): 13-14.

邹峥嵘, 邹小丹, 刘合凤, 等. 2014. 基于半全局多视近景影像匹配的三维建模方法. 测绘通报, (2): 34-36.

Aaron F, Bobick, Stephen S. 1999. Intille large occlusion stereo. International Journal of Computer Vision, 33(3): 181-200.

Ackermann F. 1994. Practical experience with GPS supported aerial triangulation. Photogrammetric Record, 14(84): 860-874.

Ahmadabadian A H, Robson S, Boehm J, et al. 2013. Image selection in photogrammetric multi-view stereo methods for metric and complete 3D reconstruction. SPIE Optical Metrology, 8791: 7-18.

Amhar F, Jansa J, Ries C. 1998. The generation of true orthophotos using a 3D building model in conjunction with a conventional DTM. International Archives Photogrammetry and Remote Sensing, 32(4): 16-22.

Aravkin A, Styer M, Moratto Z, et al. 2012. Student's trobust bundle adjustment algorithm. Proceeding of

Internation Conference on Image Processing: 1757-1760.

Baltsavias E P. 1991. Multiphoto geometrically constrained matching. Mitteilungen, 49: 221.

Bang K I, Habib A F. 2007. Comparative analysis of alternative methodologies for true ortho-photo generation from high resolution satellite imagery. ASPRS 2007 Annual Conference Tampa. Florida: American Society for Photogrammetry and Remote Sensing.

Bäumker M, Heimes F J. 2001. New Calibration and Computing Method for Direct Georeferencing of Image and Scanner Data Using the Position and Angular Data of an Hybrid Inertial Navigation System. Hannover, Germany.

Birchfield S, Tomasi C. 1998. Depth Discontinuities by Pixel to Pixel Stereo. Bombay: International Conference on Computer Vision. 1073-1080.

Blais J. 1983. Linear least-squares computations using Givens transformation. Canadian Surveyor, 37: 225-233.

Bobick, Intille. 1999. Large occlusion stereo. International Journal of Computer Vision, 33(3): 181-200.

Brown D C. 1976. The bundle adjustment – process and prospects. IAPRS, 21(3): 33.

Cho W, Jwa Y, Chang H, et al. 2004. Pseudo-grid Based Building Extraction Using Airborne Lidar Data. Istanbul, Turkey: 20th ISPRS Congress.

Colomina I, Molina P. 2014. Unmanned aerial systems for photogrammetry and remote sensing: A review. ISPRS Journal of Photogrammetry and Remote Sensing, 92: 79-97.

Committee A E E. 1982. ARINC Characteristic 705-Attitude and Heading Reference System. Annapolis, Maryland.

Cramer M, Przybilla H J, Zurhorst A. 2017. Uav Cameras: overview and geometric calibration benchmark. ISPRS-International Archives of the Photogrammetry, Remote Sensing and Spatial Information Sciences, XLII-2/W6: 85-92.

Furukawa Y , Curless B , Seitz S M , et al. 2010. Towards Internet-scale Multi-view Stereo. San Francisco: The Twenty-Third IEEE Conference on Computer Vision and Pattern Recognition.

Galler B A, Fischer M J. 1964. An improved equivalence algorithm. Communications of the ACM, 7(5): 301-303.

Gorbachev V A . 2014. Dense terrain stereoreconstruction using modified SGM. Journal of Computer and Systems Sciences International, 53(2): 212-223.

Gruen A. 1982. An optimum algorithm for on-line triangulation. Photogrammetry, Remote Sensing and Spatial Information Sciences, 24: 1-22.

Habib A F, Kim E M, Kim C J. 2007. New methodologies for true orthophoto generation. Photogrammetric Engineering and Remote Sensing, 73(1): 25-36.

Hernández-López D, Cabrelles M, Felipe-García B. 2012. Calibration and direct georeferencing analysis of a multi-sensor system for cultural heritage recording. Photogrammetrie Fernerkundung Geoinformation, 3: 237-250.

Hirschmüller H. 2005. Accurate and Efficient Stereo Processing by Semi-Global Matching and Mutual Information. San Diego: IEEE Conference on CVPR.

Huang Z H. 2015. On block diagonal-Schur complements of the block strictly doubly diagonally dominant matrices. Journal of Inequalities and Applications, (1): 80.

Kuzmin A, Mikushin D, Lempitsky V. 2017. End-to-end Learning of Cost-volume Aggregation for Real-time Dense Stereo. Tokyo: 2017 IEEE 27th International Workshop on Machine Learning for Signal

Processing (MLSP).

Lee H K, Lee J G, Jee G I. 2002. Calibration of measurement delay in global positioning system/strapdown inertial navigation system. Journal of Guidance Control and Dynamics, 25(2): 240-247.

Lhuillier M, Quan L. 2005. A quasi-dense approach to surface reconstruction from uncalibrated images. IEEE Transactions on Pattern Analysis and Machine Intelligence, 27(3): 418-433.

Lingua A, Marenchino D, Nex F. 2009. Performance analysis of the SIFT operator for automatic feature extraction and matching in photogrammetric applications. Sensors, 9(5): 3745-3766.

Liu J, Ji S P. 2019. Deep learning based dense matching for aerial remote sensing images. Acta Geodaetica et Cartographica Sinica, 48(9): 1141-1150.

Lowe D G. 2004. Distinctive image features from scale-invariant keypoints. International Journal of Computer Vision, 60(2): 91-110.

Maltezos E, Doulamis N, Doulamis A, et al. 2017. Deep convolutional neural networks for building extraction from orthoimages and dense image matching point clouds. Journal of Applied Remote Sensing, 11(4): 1-22.

Masiero A, Guarnieri A, Vettore A, et al. 2014. On the use of INS to improve Feature Matching. The International Archives of Photogrammetry, Remote Sensing and Spatial Information Sciences, 40(1): 227.

Mcglone J C, Mikhail E M, Bethel J. 2004. Manual of Photogrammetry, 5th Edition. Maryland: Amercial Society of Photogrammetry and Remote Sensing.

Mikhail E, Helmering R. 1973. Recursive methods in photogrammetric data reduction. Photogrammetric Engineering, 39: 983-989.

Moulon P, Monasse P, Marlet R. 2012. Adaptive Structure from Motion with a Contrario Model Estimation. Berlin Heidelberg: Springer: 257-270.

Paris S, Sillion F X, Quan L. 2006. A surface reconstruction method using global graph cut optimiztion. International Journal of Computer Vision, 66(2): 141-161.

Pesaresi M, Gerhardinger A, Kayitakire F. 2008. A robust built-up area presence index by anisotropic rotation-invariant textural measure. IEEE Journal of Selected Topics in Applied Earth Observations and Remote Sensing, 1(3): 180-192.

Pons J P, Keriven R, Faugeras O. 2007. Multi-view stereo reconstruction and scene flow estimation with global image-based matching score. International Journal of Computer Vision, 72(2): 179-193.

Singer P W. 2009. A Revolution Once More: Unmanned Systems and the Middle East. Washington D C: The Brookings Institution.

Taylor J W R, Munson K. 1997. Jane's Pocket Book of Remotely Piloted Vehicles: Robot Aircraft Today. New York: Collier Books.

Wang L X. 1997. A Course in Fuzzy System and Contro. Prentice-Hall, Inc, USA.

Wang L, Yang R. 2011. Global Stereo Matching Leveraged by Sparse Ground Control Points. Washington D C: The 24th IEEE Conference on Computer Vision and Pattern Recognition.

Won K H, Jung S K. 2011. h SGM: Hierarchical Pyramid Based Stereo Matching Algorithm. Berlin Heidelberg: Springer.

Wu B, Zhang Y, Zhu Q. 2012. Integrated point and edge matching on poor textural images constrained by self-adaptive triangulations. ISPRS Journal of Photogrammetry and Remote Sensing, 68: 40-55.

Wu C. 2011. SiftGPU: A GPU implementation of scale invariant feature transform. http://cs.unc.edu/~

ccwu/siftgpu.[2016-5-27].

Xiao X, Guo B, Pan F, et al. 2013. Stereo Matching with Weighted Feature Constraints for Aerial Images. Qingdao: Seventh International Conference on Image and Graphics, IEEE Computer Society: 562-568.

Yasutaka F, Jean P. 2010. Accurate, dense, and robust multi-view stereopsis. IEEE Transactions on Pattern Analysis and Machine Intelligence, 32(8): 1362-1376.

Zaharescu A, Boyer E, Horaudr. 2007. Transformesh: Atopology-adaptive mesh-based to surface evolution. Asian Conference on Computer Vision, (2): 166-175.

Zhang L. 2000. Automatic Digital Surface Model(DSM) Generation from Linear Array Images. Zurich, Swizerland: Institute of Geodesy and Photogrammetry.

Zitnick C L, Kanade T. 2000. A cooperative algorithm for stereo matching and occlusion detection. IEEE Transactions on Pattern Analysis and Machine Intelligence, 22(7): 675-684.